Josef H. Reichholf
Das Rätsel der Menschwerdung

Josef H. Reichholf

Das Rätsel der Menschwerdung

Die Entstehung des Menschen im
Wechselspiel mit der Natur

Deutsche Verlags-Anstalt · Stuttgart

Mit Zeichnungen von Fritz Wendler

CIP-Titelaufnahme der Deutschen Bibliothek
Reichholf, Josef:
Das Rätsel der Menschwerdung : die Entstehung des
Menschen im Wechselspiel mit der Natur /
Josef H. Reichholf.
[Mit Zeichn. von Fritz Wendler]. – Erstveröff. – 3. Aufl.
Stuttgart : Deutsche Verlags-Anstalt, 1991
ISBN 3-421-02756-0

3. Auflage
Erstveröffentlichung 1990:
Deutsche Verlags-Anstalt GmbH, Stuttgart
© 1990 Deutscher Taschenbuch-Verlag GmbH & Co. KG,
München
Alle Rechte vorbehalten
Typographische Gestaltung: Christine Wegener
Satz: Setzerei Lihs, Ludwigsburg
Druck und Bindearbeit: May & Co, Darmstadt
Printed in Germany

Inhalt

Vorwort 7

1. Kapitel
Eva kam aus Afrika 13

2. Kapitel
Die Suche nach der Wiege des Menschen 23

3. Kapitel
Australopithecus 32

4. Kapitel
Jahrmillionen zurück 44

5. Kapitel
Unsere Menschenaffen-Verwandtschaft 52

6. Kapitel
Grasland, Großwild, schnelle Beine 57

7. Kapitel
Die Drift der Kontinente 70

8. Kapitel
Die Geburt des Golfstroms 80

9. Kapitel
Die Wechselbäder der Eiszeit 86

10. Kapitel
Gestreifte Pferde 96

11. Kapitel
Die Tsetse-Fliege 106

12. Kapitel
Das übergroße Gehirn 115

13. Kapitel
Der aufrechte Gang 125

14. Kapitel
Die Nacktheit 142

15. Kapitel
Die schmerzhafte Geburt 150

16. Kapitel
Die Sprache 162

17. Kapitel
Das Feuer 171

18. Kapitel
Der erste Exodus 183

19. Kapitel
Eiszeitleben 188

20. Kapitel
Der Neandertaler 201

21. Kapitel
Das große Sterben 213

22. Kapitel
Die Entstehung des Homo sapiens sapiens 224

23. Kapitel
Der dritte Exodus 230

24. Kapitel
Die Vertreibung aus dem Paradies 239

25. Kapitel
Der Garten Eden 247

26. Kapitel
Die verschlungenen Pfade der Menschwerdung 258

Nachwort und Dank 265
Literaturverzeichnis 267
Register 277

Vorwort

Der Mensch entstand in Afrika. Die Heimat unserer Urahnen lag in den fruchtbaren Savannen des ostafrikanischen Hochlandes; dort, wo ein gewaltiger Riß in der Erdkruste den Kontinent teilt. In den wildreichen Grasländern unter dem Äquator entwickelte sich die Stammeslinie der Gattung Mensch.

Sie tauchte vor gut zwei Millionen Jahren nicht einfach aus dem Nichts auf. Ihr Ursprung reicht viel weiter zurück, und je mehr wir ihm nachzuspüren versuchen, um so klarer zeigt sich, daß unsere ganze Geschichte untrennbar mit der Entwicklungsgeschichte der Lebewesen verbunden ist. Wir sind ein Produkt der natürlichen Evolution, wenngleich ein höchst ungewöhnliches und in mancher Hinsicht auch ein unfertiges. Unsere biologische Ausstattung macht uns eine Menge Schwierigkeiten. Wir müssen uns kleiden, weil wir weitgehend nackt sind. Wir haben mit Haltungsschäden zu kämpfen, weil wir, obwohl ursprünglich Vierfüßer, aufrecht gehen. Wir werden unter großen Schmerzen geboren, weil unser hochentwickeltes Gehirn so viel Platz beansprucht, daß der Kopf kaum durch den Geburtskanal paßt. Und wir müssen sehr auf unsere Ernährung achten, weil es so etwas wie eine natürliche Nahrung für uns Menschen nicht gibt.

Zieht man diese Unzulänglichkeiten in Betracht, so könnte man die »Krone der Schöpfung« beinahe für einen »Unfall der Evolution« halten. Beide Gedanken sind freilich gleichermaßen unsinnig. Aber es ist nicht von der Hand zu weisen, daß wir fast überall auf der Welt fehl am Platze sind. Nirgends passen wir hinein in die natürlichen Lebensräume, so wie Löwe oder Büffel, Wolf oder Gorilla ihren Platz haben im Haushalt der Natur. Wir brauchen eine große Menge von Hilfsmitteln zum Überleben: Wir müssen das Land bebauen, um Nahrung ernten zu können, und die Natur der Erde so verändern, daß sie für uns bewohnbar wird. Darin weichen wir grundsätzlich ab von anderen Organismen, auch wenn es deren viele gibt, die ihren Lebensraum verändern. Nie hat eine einzelne Art die Abläufe in der Natur so nachhaltig und so massiv beeinflußt wie wir Menschen. Die Unterschiede sind übergroß, wenn wir die heutige Menschheit in ihrer kulturell geschaffenen Umwelt mit jenen gar nicht so fernen Vorfahren vergleichen, die sich vor einigen zehntausend Jahren anschickten, Afrika zu verlassen, um in die Welt hinauszuziehen.

Was mag sie dazu bewogen haben? Warum sind sie nicht in der ostafrikanischen Heimat geblieben? Für eine Art, die im Einklang mit der Natur lebt, haben gleichsam »paradiesische« Verhältnisse in den Savannen und Steppen geherrscht. Großwild gab es im Überfluß, das Klima war günstig, und die Urahnen der Menschheit lebten schon jahrmillionenlang mit den natürlichen Feinden zusammen, vor denen man sich in acht zu nehmen hatte. Die Bedrohung durch die Raubtiere müßte sich plötzlich erheblich vergrößert haben, um den Auszug zu bewirken. Doch dafür liegen keinerlei Anhaltspunkte vor.

Würden die Fakten der Evolution ergeben, daß die Menschheit ganz allmählich entstanden ist, und zwar nicht nur in einem kleinen Gebiet in Ostafrika, das kaum mehr als ein Fleckchen auf der Erde bildet, sondern im ganzen riesigen Raum zwischen Westafrika und Ostasien bis hinunter nach Australien, wäre die Menschwerdung weit weniger rätselhaft. Noch bis in die jüngste Zeit war dies die herkömmliche Sicht der Evolution des Menschen. Träfe sie zu, hätten nicht alle Menschen einen gemeinsamen Ursprung. Die Befunde, welche die moderne Forschung aus den verschiedensten Quellen schöpft, sprechen dagegen. Nicht an mehreren oder vielen Stellen hat sich die Menschwerdung vollzogen, sondern nur an einer einzigen. Mit dem Auszug aus Afrika waren die grundlegenden Schritte der Evolution des modernen Menschen, den die Wissenschaft *Homo sapiens sapiens* nennt, längst vollzogen. Die Entwicklung verlief rasch, und sie betraf nur kleine Gruppen. Unsere Ahnen verlieren sich nicht im Dunkel der Vorzeit. Ihr Weg läßt sich zurückverfolgen.

Doch dieser Weg ist keine gerade Linie. Eher läßt er sich mit einem verschlungenen Pfad vergleichen, der mehrfach vom Hauptstrom der Entwicklung abzuweichen scheint. Denn – auch das lehrt uns die moderne Forschung – wir sind nicht die ersten aus der Gattung des Menschen, die den Auszug aus Afrika gewagt haben und die Welt eroberten. Zwei vielversprechende, aber am Ende doch erfolglose Anläufe, in die Welt hinauszukommen, hat es schon vorher gegeben. Bereits der erste Vertreter unserer Gattung, der »aufrechte Mensch« *(Homo erectus)* genannt, drang nach Europa und bis nach Nordostasien vor. Die ersten

Europäer waren nicht Angehörige unserer eigenen Art, sondern Erectus-Menschen. Sie besiedelten Europa bereits vor rund einer Million Jahren; die ältesten Knochenfunde dieses Menschentyps sind gut 600 000 Jahre alt. Jahrhunderttausende währte die Anwesenheit dieser anderen Menschenart in Eurasien. Nach Australien kam sie nicht, weil sie noch nicht in der Lage war, Boote zu bauen, um das Meer zu überqueren. Verglichen mit ihrer Lebensspanne als Art sind wir modernen Menschen noch ausgesprochene Neulinge, die langfristig ihre Überlebensfähigkeit erst beweisen müssen.

Diese Erectus-Menschen verschwanden spurlos aus Eurasien. Die Linie des Menschen wäre mit ihnen ausgelöscht worden, wenn sich nicht inzwischen in der afrikanischen Heimat ein zweiter Menschentyp entwickelt hätte, den wir als Neandertaler kennen. Er unternahm den zweiten Anlauf, und auch dieser schien sehr erfolgreich zu verlaufen. Der im Vergleich zu seinen Vorfahren hochentwickelte Neandertaler breitete sich aus Afrika über weite Bereiche Europas, des Vorderen Orients und Westasiens aus. Er wurde zu einer die Tierwelt beherrschenden Figur der letzten zweihunderttausend Jahre: zum Menschen der Eiszeit. Als sie zu Ende ging, verschwand der Neandertaler genauso spurlos wie seine Vorgänger, und wenn nicht die Linie des Menschen durch die primitiven Neandertaler, die in Ostafrika verblieben waren, erhalten worden wäre, hätte auch der zweite Versuch in einer Sackgasse geendet.

So aber lief gleichsam hinter der eiszeitlichen Hauptbühne des Geschehens der dritte Akt der Menschwerdung an, bevor noch der zweite abgeschlossen war – und erst dieser dritte brachte den modernen Menschen hervor. Er breitete sich vor rund 70 000 Jahren in Afrika aus und drang vor 40 000 Jahren nach Europa und Asien vor. Rasch besiedelte er diesen riesigen Nordkontinent, erreichte auf dem Wasserweg Australien und über die vor 12 000 Jahren trockenliegende Bering-Landbrücke den amerikanischen Kontinent. Rasch drangen die Menschen dort bis in den äußersten Süden vor und besiedelten auch die Hochländer der Anden. Sie fuhren von allen Kontinenten auf die Meere hinaus, bis sie fast jeden Winkel der Erde erreicht hatten.

Von den frühen Primaten, die entwicklungsgeschichtlich noch weit entfernt vom Menschen waren, bis zur Ausbreitung des Menschen über die ganze Erde läßt sich der Ablauf des Geschehens detailliert nachzeichnen. Die Forschung fördert unablässig weitere Befunde zutage, die das Bild ergänzen und verfeinern. Viele Bücher sind darüber geschrieben worden.

Dennoch bleibt selbst die genaueste Geschichte der Menschwerdung unvollständig, ja unverständlich, wenn sie nichts darüber vermitteln kann, *warum* der Ablauf so gewesen ist – so und nicht anders.

Der Weg zum Menschen kann nicht auf einer Verkettung von Zufällen beruhen. Die Evolution schafft nie Neues ohne Grund, ohne Zwang, ohne »evolutionären Druck«. Solange sich das Gute bewährt und sich eine Veränderung nicht als Vorteil auswirkt, kann die natürliche Auslese auch nicht verändernd wirken. Bleibt die Umwelt konstant, wirkt sie sich stabilisierend aus: Sie bringt Abweichendes zum Verschwinden und erhält, was sich bewährt hat. Neues kommt dabei nicht heraus. Die Evolution »spielt« nicht frei mit allen Möglichkeiten, sondern nur im Wechselspiel mit der Umwelt. Erst durch Umweltveränderungen, zumal wenn sich neue Verhältnisse ziemlich schnell einstellen, wird der Zufall kanalisiert und damit dem Evolutionsprozeß Richtung verliehen.

Hätte sich die Umwelt, in der sich die Evolution zum Menschen vollzog, nicht in ganz bestimmter Weise verändert, wäre eine Weiterentwicklung nicht möglich gewesen. Damit sind wir bei den Ursachen der Menschwerdung – bei der Frage, warum der Mensch zum Menschen wurde. Sie wird sich als roter Faden durch das Buch ziehen.

Warum verließen Vertreter der Gattung Mensch dreimal ihre afrikanische Heimat und zogen in den Norden? War Afrika überfüllt? Darauf deutet so gut wie nichts hin. Afrika ist bis heute der am dünnsten von Menschen besiedelte Kontinent, wenn man die großen Wüstengebiete der Erde und die polaren Eiszonen ausklammert.

Jenseits von Afrika herrschte die Eiszeit. Wie kann eine Gattung, deren Urheimat die Tropen sind, in die Kälte der Eisrandgebiete ziehen und dort zu größerer Blüte gelangen als in ihrem Ursprungsgebiet? Alle wesentlichen und kennzeichnenden körperlichen Anpassungen entsprechen dem Leben in der wechselfeuchten Savannenzone der Tropen. Außerhalb der Tropenzone werden gerade die in langen Entwicklungsprozessen gewonnenen Errungenschaften zum Handicap.

Warum spielte ausgerechnet Ostafrika eine so zentrale Rolle in der Entstehung des Menschen? Hätte sich die Menschwerdung nicht auch in Asien oder gar in Europa vollziehen können? Was steckt hinter diesen so rätselhaft erscheinenden Vorgängen?

Fügt man die vorliegenden Befunde zu einem neuen Bild, ergeben sich die Antworten fast von selbst. Die Bausteine des Mosaiks passen sehr gut zusammen, wenn wir das Augenmerk auf die großen Zusammenhänge und die Hintergründe lenken und vom oftmals verwirrenden

Detail absehen. Erstaunlicherweise ergeben dann bedeutende Abschnitte aus der biblischen Genesis einen ganz konkreten Sinn.

Die Mosaiksteine passen nicht nur zusammen, sondern sie bedingen einander gegenseitig. Auf diesem Weg erhält vor allem die Eiszeit einen ganz neuen Inhalt. Die eiszeitlichen Veränderungen werden zum Schlüssel für das Geschehen und zum Schrittmacher für Weg und Geschwindigkeit in der Evolution des Menschen. Weltweite Umwälzungen wirkten zusammen und verketteten sich zu einem auf Ostafrika und Europa konzentrierten Geschehen. Auch dafür gibt es gute Gründe. Die biblische »Vertreibung aus dem Paradies« wird zu einer sehr wirklichkeitsnahen Umschreibung der Vorgänge. Mit dem Ende der Eiszeit begann die »schlechte Zeit« für den Menschen, und seine Wanderlust wurde zur unabdingbaren Überlebensstrategie.

Dieses Buch beabsichtigt, die Menschwerdung so darzustellen, daß das aus den Befunden gewonnene Bild nachvollziehbar ist. Jede Interpretation ist auf Widerlegbarkeit ausgerichtet – eine Grundforderung für naturwissenschaftliches Argumentieren. Wo sie spekulativ erscheint, mag der Hinweis auf die umfangreiche Literatur zur Vertiefung verhelfen. Viele Details, die sich in der Fachliteratur nachschlagen lassen, sind um der Klarheit willen weggelassen worden. Wenn es darum geht, Evolutionsprozesse verständlich zu machen, Querverbindungen aufzuzeigen und Zusammenhängen nachzuspüren, muß manche Einzelheit auf der Strecke bleiben und manche Vergröberung hingenommen werden. Die Forschung wird ohnehin unablässig neue Fakten zutage fördern, die das Bild verfeinern oder auch da und dort verändern.

Die Entwicklung der letzten Jahre hat aber ganz klar gezeigt, daß die großen Linien mit jedem neuen Befund bestätigt werden. Das Dunkel unserer Herkunft hat sich zu lichten begonnen. Die Konturen werden sichtbar, weil die Forschung auf breiter Front voranschreitet. Längst sind es nicht mehr nur Archäologie und Anthropologie oder einige wenige Fachdisziplinen der naturwissenschaftlichen Forschung, die an der Erhellung unserer Vergangenheit arbeiten, sondern Richtungen wie Physik, Meteorologie, Ozeanographie und Ökologie, die ganz wesentliche Bausteine liefern. Gegenwärtig ist die moderne Genetik am Zuge, und gleichzeitig beginnen Sprachforschung und Humanbiologie immer wichtiger zu werden.

Zuletzt eine Frage, deren Antwort dem Leser anheimgegeben ist: Was kann uns die Kenntnis der Vergangenheit für die Zukunftsbewältigung bringen? Dafür mag aufschlußreich sein, unter welchen Bedingungen der Mensch im Einklang mit der Natur lebte. Hatte er jemals in seiner modernen Form als *Homo sapiens sapiens* zu einem Gleichgewicht gefunden? Ohne Kenntnis der Umstände, unter denen der Mensch entstanden ist, werden sich solche grundlegenden Fragen nie wirklich klären lassen.

Das Buch handelt von der Entstehung des Menschen im Wechselspiel mit der Natur. Es will die biologische Evolution des Menschen verständlich machen, die Zusammenhänge und die Rahmenbedingungen erläutern, aber es handelt nicht von der kulturellen und geistigen Evolution des Menschen. Dies sind andere Dimensionen des Menschseins, auch wenn sie die biologische Ausstattung des Menschen zur Voraussetzung haben. Vielleicht ist die biologische Entstehungsgeschichte des Menschen interessant genug, um für sich betrachtet zu werden. Wer hätte schon daran gedacht, daß man aus ein paar Stückchen Erbsubstanz, die nicht einmal dem menschlichen Erbgut direkt angehört, ablesen kann, daß Eva aus Afrika kam? Mit dieser überraschenden Feststellung soll unsere Darstellung der Menschwerdung beginnen.

Josef H. Reichholf

1. Kapitel
Eva kam aus Afrika

Neue wissenschaftliche Befunde pflegen meist in den Fachjournalen steckenzubleiben. Diesmal war es aber anders. Die Nachricht schlug ein wie eine Bombe. Dabei war das Ergebnis nicht einmal so unerwartet ausgefallen, hatten sich doch seit Jahren die Anzeichen fast zur Gewißheit verdichtet, daß der Mensch in Afrika entstanden ist. Fossilfunde in großer Zahl bilden das Beweismaterial dafür.

Aber so sehr die Funde auch überzeugten, sie konnten den Einwand nicht ausräumen, daß anderswo auf der Welt, in Südostasien etwa, Ähnliches abgelaufen war und daß sich somit die Menschwerdung an mehreren Stellen unabhängig voneinander vollzogen hatte. Würde diese Sicht der Evolution des Menschen die Vielfalt der Rassen nicht ungleich besser erklären? Man sieht doch, wie groß die Unterschiede sind! Verständlich, daß viele von einer Menschwerdung »auf breiter Front« überzeugt waren.

Nun änderte sich alles mit einem Schlag. Forschungen an der Universität von Berkeley in Kalifornien hatten Erstaunliches zutage gefördert. Die Nachricht wurde Anfang 1987 in einer der führenden Wissenschafts-Zeitschriften der Welt, in »Nature« (Band 325), veröffentlicht. Kurze Zeit später machte sie Schlagzeilen in der Presse. Die Annahmen zum Ursprung des Menschen in Afrika hatten nämlich eine höchst überraschende, in ihrer Logik faszinierende Bestätigung bekommen, und zwar über einen Weg, den vorher noch niemand beschritten hatte.

Allan Wilson war auf die geniale Idee gekommen, dem Ursprung des Menschen mit Hilfe der neuen Möglichkeiten der Genetik nachzuspüren. Das hatten andere vorher auch schon versucht. Doch sie kamen deswegen nicht weiter, weil sich die Menschen in früheren Zeiten – nicht anders als heute – immer wieder vermischten und keine »reinen Linien« entstehen ließen. Das ist auch der Grund dafür, weshalb die großen Rassen mehr oder minder kontinuierlich ineinander übergehen. Selbst die abgeschiedensten Gruppen von Menschen blieben nicht ohne Einfluß von Erbgut, das von außerhalb hereingetragen worden ist. Die Vielfalt, die sich aus dieser Vermischung der Menschen untereinander aufgebaut hat, ist so groß, daß sie sich einer Ahnenforschung über lange Zeitspannen weitestgehend entzieht. Je weiter der Weg zurückführt, um so mehr verwischen sich die Spuren und um so unsicherer werden die Schlußfolgerungen. Nicht einmal die nobelsten der Adelsgeschlechter lassen sich weiter als ein paar Dutzend Generationen zurückverfolgen. Nur mit dem Trick der namengebenden männlichen Erbfolge blieben sie scheinbar frei von äußeren Einflüssen. Aber eben nur scheinbar, weil die eingeheirateten Frauen nicht berücksichtigt wurden. In genetischer Hinsicht brachten sie aber ebenso viele Erbeigenschaften mit wie die männliche Linie.

In genau diesem Beitrag der Frauen steckt aber, nach Allan Wilson, ein wenig mehr. Und dieses »Wenig-Mehr« war bislang einfach unbeachtet geblieben, weil ihm keine Bedeutung beigemessen worden war. Es steckt nämlich nicht in der eigentlichen, im Zellkern zusammengefaßten Erbinformation, im Genom, sondern in kleinsten Partikelchen verteilt im ganzen Zellkörper. Die Rede ist von jenen merkwürdigen Gebilden, die erst entdeckt wurden, als leistungsfähige Mikroskope entwickelt worden waren. Es sind dies die Mitochondrien.

Ihre wahre Natur offenbarte erst das Elektronenmikroskop. Das herkömmliche Lichtmikroskop reichte nicht aus, um Vergrößerungen zu erzielen, wie sie benötigt werden, um den Feinbau der Mitochondrien zu studieren. Ab einer 20 000fachen Vergrößerung kann man sehen, was in diesen winzigen, stäbchenförmigen Gebilden steckt. Sie sind für die Zellen unentbehrliche Bestandteile. Man hat sie sehr treffend als die »Kraftwerke der Zellen« charakterisiert, weil sich in den Mitochondrien äußerst Lebenswichtiges abspielt. Sie setzen auf chemischem Wege Energie in eine Form um, wie sie von den Lebensprozessen in der Zelle benötigt wird. Die Zelle ist auf die Leistungen der Mitochondrien angewiesen. Dennoch gehören sie, genau genommen, gar nicht zur Zelle. Vielmehr handelt es sich um Abkömmlinge winziger Bakterien, die irgendwann in ferner erdgeschichtlicher Vergangenheit von den damals wahrscheinlich noch einzeln und freilebenden Zellen aufgenommen worden sind. Ursprünglich mögen diese Mitochondrien als Nahrung gedient haben. Vielleicht waren sie auch Krankheitserreger oder Parasiten, die in die Urzellen eindrangen und sie nach und nach zerstörten.

Jedenfalls gehören sie nicht zu all jenen Bestandteilen der Zelle, welche diese selbst herstellt. Die moderne Biologie neigt daher zu der

Ansicht, es handle sich bei den Mitochondrien um fremde Helfer der Zelle, die darin unter kontrollierten Bedingungen wachsen und gedeihen. Ein solches Zusammenleben bezeichnet man als »Symbiose«. Es ist für beide Partner von Vorteil: für die Zelle, weil sie von den Mitochondrien mit Energie versorgt wird, und für die Mitochondrien, weil sie in den Zellen ideale Lebensbedingungen vorfinden.

Das klingt fast zu schön, um wahr zu sein: Zwei Partner arbeiten zusammen und bringen es somit zu höherer Leistung. Das mit der Leistung stimmt auf jeden Fall, weil Zellen ohne Mitochondrien bei weitem nicht so viel leisten können. Das läßt sich an einfachen, mitochondrienfreien Zellen messen und im Experiment bestimmen. Doch sagt ein solcher Befund nichts darüber aus, ob es sich bei den Mitochondrien wirklich um zellfremde Symbionten oder um zelleigene Bildungen handelt. Die Zellen enthalten ja so viele und so phantastische Strukturen, daß die Annahme fremder Gäste nicht gerade naheliegt. Und doch dürfte sie aller Wahrscheinlichkeit zutreffen – und den Bogen zur afrikanischen Eva schließen.

Die Mitochondrien besitzen nämlich eigenes Erbgut, das unabhängig ist vom Erbgut der Zelle, letzteres im Zellkern zuammengeballt zu Chromosomen. Die Fachbezeichnung für das Erbgut der Mitochondrien ist »mitochondriale Desoxyribonukleinsäure«. Vernünftigerweise verkürzt man diesen komplizierten Namen auf mt-DNS. Das Entscheidende ist aber, daß dieses Erbgut die Mitochondrien in die Lage versetzt, eigenständig in der Wirtszelle zu leben und sich zu vermehren. Die Mitochondrien verhalten sich tatsächlich so wie Bakterien, die in eine Zelle eingedrungen sind. Haben sie genügend Material um sich gesammelt, teilen sie sich und geben jedem Teilstück eine vollständige Kopie ihres Erbgutes mit. Wäre das nicht der Fall, könnten die Tochterbakterien gar nicht weiterleben, weil im Erbgut die Rezeptur für all die chemischen Prozesse steckt, von denen ihre Existenz und Lebendigkeit abhängt. Das Erbgut der Mitochondrien kopiert sich daher immer wieder, tausendfach im Leben der einzelnen Zelle, millionen- und abermillionenfach im Verlauf der Geschichte der Lebewesen. Und es bleibt dabei gänzlich unabhängig vom Erbgut der Wirtszellen. Das ist das Entscheidende. Denn so behält es seinen eigenen Weg bei.

Dieser »Weg« durch die Geschichte des Menschen ist nun der aufschlußreiche Aspekt, hinter dem sich die wissenschaftliche Sensation verbirgt. Die Erbinformation der Mitochondrien verändert sich nämlich im Laufe der Zeit: sie mutiert. Das bedeutet, daß sich Feinheiten der Zusammensetzung Stückchen für Stückchen ein wenig verändern. Man bezeichnet den Vorgang als »Ticken der molekularen Uhr«, was ausdrücken soll, daß im Laufe langer Zeiträume die molekularen Feinstrukturen des Erbgutes, als die kleinsten chemischen Verbindungen, mutieren. Am Ausmaß der Mutationen läßt sich sodann die Zeitspanne abschätzen, die vergangen ist. Eine solche Interpretation setzt natürlich voraus, daß die Veränderungsrate ziemlich konstant ist. Darüber weiß man zwar noch wenig, aber ein Umstand spricht dafür, daß keine schnellen Veränderungen anzunehmen sind. Die Mitochondrien befinden sich nämlich im Zellinneren in einer außerordentlich konstanten Umwelt, die – anders als die Umwelt, der die Organismen selbst ausgesetzt sind – keine sich mehr oder weniger häufig wechselnden Ansprüche an die Mitochondrien stellt. Sie leben vielmehr in einem gleichbleibenden Milieu. Unbeeinflußt vom äußeren Zwang, kann daher die molekulare Uhr weiterticken. Das ist der eine wichtige Punkt, der für die Beurteilung des mitochondrialen Erbgutes von Bedeutung ist: Die molekulare Uhr kann ungestört laufen.

Das allein würde aber nicht genügen, um daraus Schlüsse über den Ursprung des Menschen ziehen zu können. Bekäme nämlich jeder Mensch bei der Befruchtung der Eizelle auch vom väterlichen Erbteil Mitochondrien mit, müßten sie sich mit denen der Mutter vermischen. Selbst wenn jedes für sich eigenständig bliebe, könnte hinterher niemand mehr sagen, welches Mitochondrium vom Vater und welches von der Mutter stammt. Genau das aber passiert nicht: Die Samenzelle bringt zwar den väterlichen Teil des Erbgutes mit, das bei der Verschmelzung mit der Eizelle den Beginn des neuen Menschen ausmacht, aber sie fügt der befruchteten Eizelle keine Mitochondrien zu. Diese stammen alle von der mütterlichen Linie ab. Damit ist es gleichgültig,

---

Das Erbgut des Menschen steckt in feinen Doppelfäden, DNA (Desoxyribonucleinsäure, deutsch DNS) genannt, in den Chromosomen im Zellkern. Die Kernbasen Adenin, Thymin, Cytosin und Guanin bilden darin das Alphabet des Lebens; eine Schrift, die genaue Anweisungen für das Funktionieren der Zellen enthält. Während diese DNA im Zellkern die eigentliche Erbsubstanz des Menschen darstellt, findet sich davon unabhängig zusätzliche Erbsubstanz in den Mitochondrien. Sie sind die energieliefernden »Kraftwerke« der tierischen und menschlichen Zellen. Sie vermehren sich eigenständig und von der Erbsubstanz im Zellkern gänzlich unabhängig. Da bei der Befruchtung einer menschlichen Eizelle durch die Samenzelle keine Mitochondrien übertragen werden, gibt ausschließlich die Mutterlinie das Erbgut dieser Mitbewohner der Zellen weiter. An Änderungen in der Abfolge der vier Buchstaben, die das Alphabet des Lebens in Form der Kernbasen enthält, lassen sich stammesgeschichtliche Veränderungen ablesen.

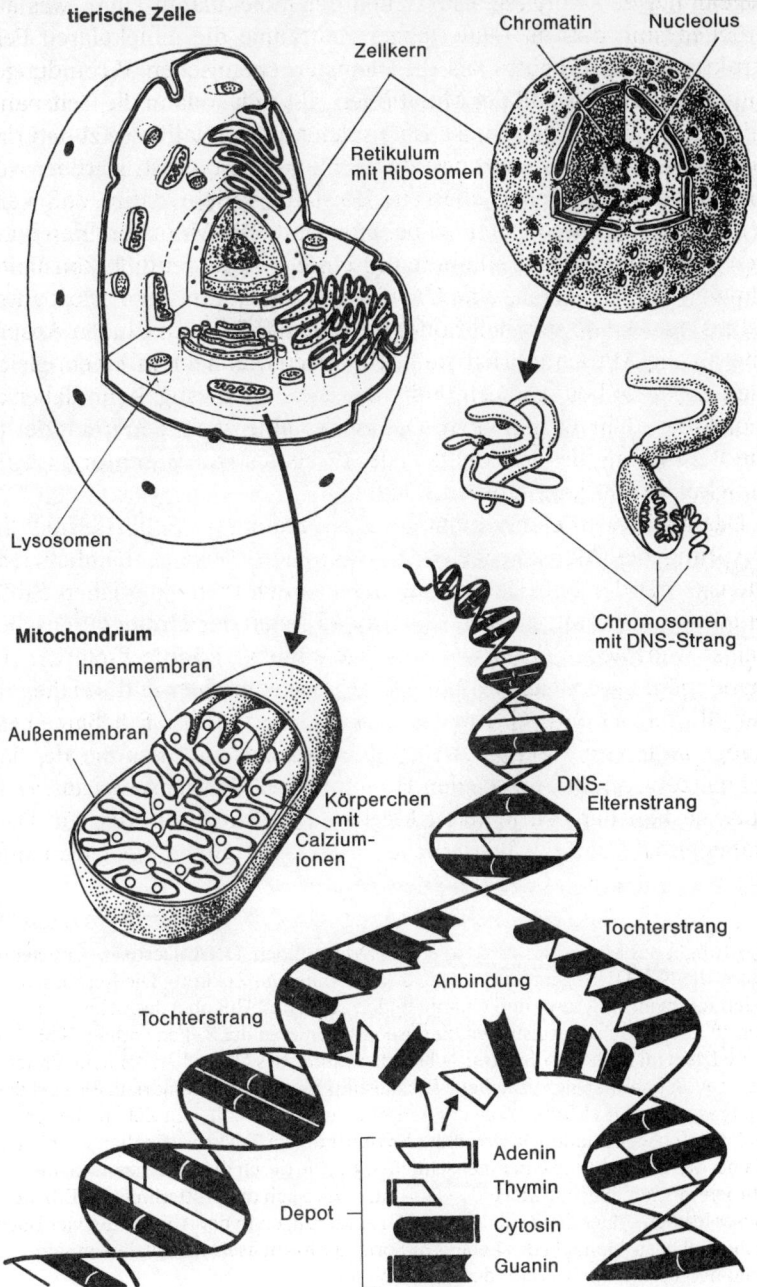

wie oft und wie stark das menschliche Erbgut durchmischt wird; für die Mitochondrien bleibt alles beim alten. Sie werden von den Müttern über die Töchter zu den Enkeln weitergegeben, ohne daß dieser Strom jemals abreißen könnte. Es entsteht daraus eine reine »Mutterlinie«.

Für die Mitochondrien selbst ist dies aller Wahrscheinlichkeit nach völlig bedeutungslos. Sie vermehren sich auf ihre Weise, und wenn eine Mutation eine so starke Veränderung hervorgerufen haben sollte, daß ihr winziger Körper nicht mehr richtig funktioniert, stirbt das betreffende Mitochondrium ab und wird von der Zelle aufgelöst. So bleiben nur die unschädlichen Mutationen erhalten. Sie können sich ansammeln; daher der Vergleich mit dem Ticken einer Uhr. Das Ergebnis ist eine gewisse Variabilität im Aufbau der mt-DNS, und diese läßt sich mit raffinierten biochemischen Methoden bestimmen und »ausmessen«.

Hier setzten die neuen Untersuchungen an. Die Forscher um Jim Wainscoat von der Universität Oxford sagten sich, wenn man die Variation der mitochondrialen DNS bei den verschiedenen Rassen und Verwandtschaftsgruppen des Menschen untersucht, müßte sich aus den Ergebnissen ablesen lassen, ob der moderne Mensch an mehreren Stellen entstanden ist, also aus einem geographisch breit gefächerten Bestand einer »Vorläufer-Art« hervorging, oder ob er seinen Anfang an einer ganz bestimmten Stelle genommen hat. Gesetzt den Fall, die erste Annahme wäre richtig, sollte die Variation in der mt-DNS ungefähr gleich groß sein, wenn Menschen verschiedenster geographischer Herkunft untersucht werden. Trifft aber die zweite Annahme zu, dann müßte die Variation zunehmend geringer werden, je weiter der räumliche wie zeitliche Abstand vom Ursprung wird.

Genau dies zeigte sich in den Untersuchungsergebnissen. Mehr noch: Es waren deutlich zwei Gruppen zu unterscheiden. Die eine ist durch eine hohe Variabilität gekennzeichnet: Dies sind die Afrikaner. Und die andere Gruppe sind alle übrigen Menschen. Ihre Variabilität ist beträchtlich geringer im Hinblick auf Unterschiede in der mt-DNS. Ja, es sieht so aus, als ob ein »Flaschenhals« ausgebildet wäre, welcher die Fülle der Variation in der afrikanischen Population mit einer geringeren in den außerafrikanischen Menschengruppen verbindet. Je weiter diese

Der Auszug aus Afrika spiegelt sich in der Bandbreite der Variation der Mitochondrien-DNS. Die Variation ist innerhalb Afrikas viel größer als in den außerafrikanischen Menschengruppen, die bei ihrer Ausbreitung vier Hauptrichtungen genommen haben. Die Populationen des Vorderen Orients und Europas liegen diesem »genetischen Flaschenhals« nahe.

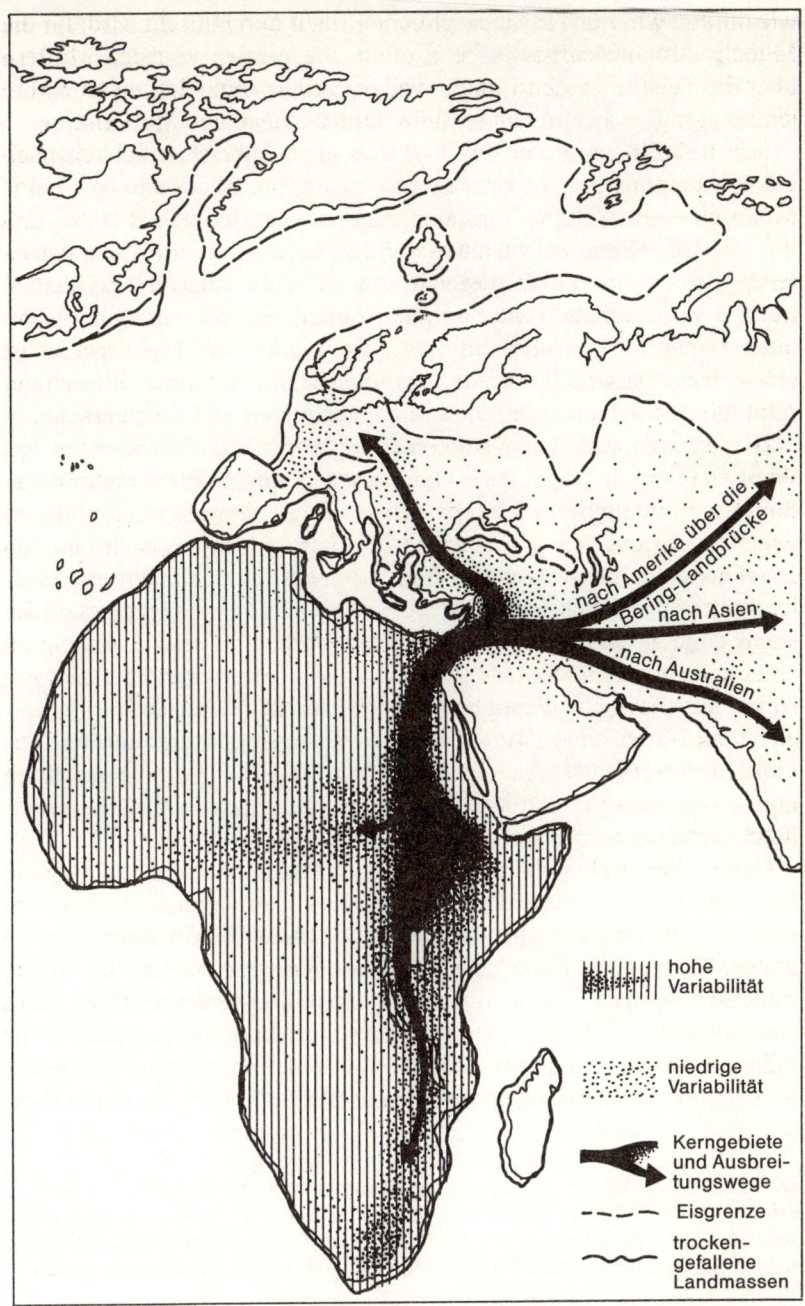

von Afrika entfernt sind, desto größer werden die Unterschiede, und um so mehr Zeit muß vergangen sein, die diese Unterschiede hervorgerufen hat. Es entsteht das Bild eines sich verzweigenden (Stamm-)Baumes, dessen weitgefächertes Wurzelwerk in Afrika liegt, und der seine Krone in alle Welt hinausfächert. Die Verbindung schafft der Stamm, der zwischen Wurzeln und Krone vermittelt.

Nur eine Erklärung verträgt sich mit diesem Phänomen: Der Mensch hat sich in Afrika entwickelt. Irgendwann verließ dann eine kleine Gruppe die afrikanische Urheimat und breitete sich nach Vorderasien, Europa, Ostasien und später bis nach Australien und Amerika aus. Mit der Aufspaltung der ursprünglichen Gruppe in verschiedene Zweige setzte die Ausbildung der außerafrikanischen Menschenrassen ein. Aber alle gehen auf einen gemeinsamen Ursprung in Afrika zurück.

Damit ergibt das Schlagwort von der afrikanischen Eva durchaus Sinn, auch wenn die heutige Menschheit natürlich nicht im strengen Sinne von einer einzigen Stamm-Mutter abgeleitet werden kann. Doch daß es sich um eine verhältnismäßig kleine Gruppe von Menschen gehandelt hat, die seinerzeit Afrika verließen und in der Folge ihrer Ausbreitung die Welt eroberten, dafür sprechen die Befunde. Und sie machen auch jede spätere Einmischung recht unwahrscheinlich. Die aus Afrika kommenden Menschen konnten sich demnach nicht mit einem anderen Menschenschlag, den Neandertalern, gemischt haben, da sonst Mutterlinien vom Neandertaler vorhanden sein müßten. Sie hätten eine eher stärkere Variabilität zur Folge haben müssen, als sie sich schon innerhalb Afrikas entwickelt hatte. Das winzige Mitochondrium wird somit zum Testfall mit weitreichenden Folgen.

Den kalifornischen Forschern ließ diese phänomenale Entdeckung natürlich keine Ruhe. Hatten sie nun gleichsam einen möglichen Beweis für den afrikanischen Ursprung des Menschen in der Hand, so wollten sie auch herausbekommen, wann denn der Auszug aus Afrika stattgefunden hatte. Sie nahmen an, daß im konstanten Zellmilieu die molekulare Uhr in den Mitochondrien recht regelmäßig tickt. Man müßte sie folglich »eichen« können. Wenn dies gelänge, hätte man die Uhr gleichsam gestellt und man brauchte die Zeit, die verstrichen ist, nur noch abzulesen. Das ist der schwierigste Teil des ganzen Unterfangens. Die Mutationen geschehen nämlich so selten, daß sich in langen Zeiträumen nur ein ganz geringer Teil des mitochondrialen Erbgutes ändert. In einer Million Jahre macht das nur eine Veränderung von 2 bis 4 Prozent aus. Viel mehr dürfte es auch gar nicht sein, weil sonst die Funktionsfähigkeit der Erbinformation zugrunde gehen würde.

Das Erbmaterial zeichnet sich, verglichen mit allen anderen Vorgängen in der Natur, durch eine ungeheuer große Beständigkeit aus. Sie übertrifft alle anderen Systeme der Informationsübertragung, die wir kennen, um ein Vieltausendfaches an Präzision. Die geringfügige Veränderungsrate reicht aber aus, um zumindest einen Zeitbereich kalkulieren zu können. Allan Wilson von der Universität von Kalifornien kam zunächst zu dem Schluß, daß der Mensch zwischen 90 000 und 180 000 Jahren vor unserer Zeitrechnung Afrika verlassen haben muß. Die gesamte Bandbreite der Variation legt die Annahme nahe, daß sich die Entwicklung zum modernen Menschen in Afrika vor 140 000 bis 290 000 Jahren – also vor erstaunlich kurzer Zeit – vollzogen hat. Es dauerte gut 100 000 Jahre, bis Gruppen des Menschen bereit (und in der Lage) waren, ihre afrikanische Urheimat zu verlassen. Der größte Teil blieb zurück und begründete die Vielfalt an Menschen innerhalb von Afrika. Damit sind Ort und Zeitraum der Entstehung des Menschen ungleich genauer bestimmt, als dies mit allen bisherigen Methoden und Vorstellungen möglich gewesen war.

Mehr noch: Die neue Bestimmung war gänzlich unabhängig von den Fossilfunden erfolgt. Diese Erkenntnisse sind in keiner Weise davon abhängig, welche Funde vorliegen und wie diese zeitlich eingeordnet werden. Die Gefahr, daß man als Ergebnis erhielt, was erwartet worden war, bestand also nicht. Experimentelle Laboruntersuchungen dieser Art können jederzeit wiederholt, ergänzt und erweitert werden. Die Methode läßt sich nach streng naturwissenschaftlichen Kriterien überprüfen. Ähnlich wie bei der Bestimmung des Alters von Fossilien mit Hilfe der Zerfallszeiten von radioaktivem Kohlenstoff oder anderen radioaktiven Elementen hat die Forschung somit ein Werkzeug an die Hand bekommen, das hinreichend objektiv mißt. Die Befunde können ganz anders gewertet werden, als wenn sie nur der Intuition des Forschers entspringen, auch wenn er damit recht haben sollte. Man ist zuverlässigen Aussagen über den Ursprung des Menschen ein beträchtliches Stück näher gekommen.

Natürlich gibt es Wissenschaftler, die anderer Meinung sind, die ihre Positionen verteidigen, und sie werden nun mit voller Kraft daran arbeiten, Fehler aufzuspüren und den neuen Ansatz nach Möglichkeit zu widerlegen. Ob das gelingt oder ob die neue Sicht die Feuertaufe übersteht, muß vorerst offen bleiben. Selbst wenn sich dabei herausstellen sollte, daß die neue Sicht verfrüht oder vielleicht sogar ganz falsch war, so hat sie dennoch unsere Kenntnisse ganz erheblich erweitert. Wir haben aber sehr tragfähige Gründe anzunehmen, daß die Wiege der

Menschheit tatsächlich in Afrika stand. Die neuen Befunde fügen sich nahtlos in das bisherige Bild. Sie verfeinern es, klären strittige Punkte und bringen uns dem Verständnis der Menschwerdung ein gutes Stück näher.

Aber sie werfen auch Fragen auf, Fragen nach den tieferen Zusammenhängen: Warum entstand der Mensch in Afrika und nicht dort, wo sich gegenwärtig die größten Zusammenballungen von Menschen befinden, in Südostasien oder in Europa? Warum hat eine Gruppe von Menschen die afrikanische Heimat gerade in jener Zeit verlassen, als in Europa und Asien riesige Eismassen das Land fest im Griff hatten? Was mag diese Menschen veranlaßt haben, der Wärme ihrer äquatorialen Heimat zu entsagen und in die Kälte der Nordkontinente vorzudringen? Und schließlich: Warum blieb bis in unsere Zeit Afrika so dünn besiedelt, wo es doch die Urheimat des Menschen sein soll? Müßte man nicht gerade dort die meisten Menschen erwarten, wo der Mensch entstanden ist, wo er sich in langen Zeitspannen der Anpassung mit seiner Umwelt abgestimmt hat?

Fassen wir das Ergebnis der neuen Mitochondrien-Untersuchungen nochmals kurz zusammen: Der Mensch hat sich vor weniger als 300 000 Jahren in Afrika herausgebildet. Daran knüpft sich die erste Frage, die zu den Ursachen der Menschwerdung führen soll: Wo fand dies statt? Läßt sich der Ursprung genauer eingrenzen? Was waren das für Gebiete? Welche Lebensbedingungen herrschten darin?

Afrika ist ein großer Kontinent. Seine Natur ist vielgestaltig. Es ist ein großer Unterschied, in welchem der afrikanischen Lebensräume sich die Menschwerdung vollzogen hat, weil davon auch abhängt, welche Anpassungen, die der Mensch dort entwickelt hatte, im nachhinein für das Leben jenseits von Afrika taugten oder untauglich sein mußten.

Diese Frage nach dem genaueren Ort der Menschwerdung führt uns in die Steppen und Savannen des ostafrikanischen Hochlandes. Dort finden sich Überreste der frühen Vorläufer des Menschen in erstaunlicher Fülle.

2. Kapitel

Die Suche nach der Wiege des Menschen

Eine verwirrende Vielfalt von Knochen aus der Entstehungszeit des Menschen haben die Paläontologen zusammengetragen. Vieles paßte anfangs nicht zusammen, doch nach und nach klärte sich das Bild: Die Funde in Ost- und Südostasien, die anfänglich für die frühesten Zeugnisse der Menschwerdung gehalten worden sind, gehören nicht an den Anfang, sondern in eine späte Phase der Entwicklung. Sie repräsentieren »echte« Menschen, also im biologischen Sinn Vertreter der Gattung Mensch. Der Peking-Mensch und der Java-Mensch lebten im ausklingenden Eiszeitalter, als der Mensch schon weite Teile der Alten Welt erreicht und besiedelt hatte. Beide Formen stehen den Vorläufern des Menschen bereits fern. Sie gehören ohne Zweifel zur Gattung Homo.

Aber auch die Neandertaler, von denen es aus dem eiszeitlichen Europa eine Fülle von Funden gibt, waren bereits Menschen, wenngleich nur im Sinne der Gattungszugehörigkeit. Sie stellten keine Vorläufer des modernen Menschen dar, sondern einen eigenständigen Zweig am Stammbaum des Menschen, der gegen Ende der Eiszeit abstarb, ohne Nachkommen zu hinterlassen. Ihr Leben und ihr Aussterben wird noch in anderem Zusammenhang von Bedeutung sein. Vorerst genügt es, festzuhalten, daß der Neandertaler uns heutigen Menschen bereits recht nahe verwandt war, aber kein Zwischenglied in der Entwicklung zum Menschen darstellt.

Damit bleiben erstaunlicherweise keine weiteren Funde übrig: Alle Funde, die zu den Stufen zwischen hochentwickelten Menschenaffen und der Gattung Mensch gehören, liegen ausschließlich in Afrika. Außerhalb dieses Kontinents gibt es keinen einzigen Fund einer Zwischenstufe zum Menschen. Darüber ist so viel geschrieben worden, daß es hier genügt, festzuhalten, daß dem so ist.

Die Fossilfunde decken sich sehr genau mit den Befunden, die sich aus dem Vergleich der Veränderungen in der Erbsubstanz der Mitochondrien von heute lebenden Menschen ergeben haben. Beide Befunde sind voneinander unabhängig, weil die Fossilien nichts mit den heutigen Menschen zu tun haben, deren Mitochondrien untersucht worden sind. Beide weisen sie aber übereinstimmend in die gleiche Richtung: zurück nach Afrika.

Und für beide paßt die überschlagsmäßige Bestimmung der Zeitspannen für die Herausbildung der Gattung Mensch und für den Auszug aus Afrika. Es erscheint daher lohnend, die Verhältnisse in Afrika näher zu beleuchten. Wie verteilen sich die Fossilfunde auf diesem Kontinent? In welcher zeitlichen Folge stehen sie zueinander?

Das Ergebnis sieht überraschend einfach aus. Fossilien der Gattung Mensch (Homo) finden sich von Wüstenoasen in der Sahara bis hinunter nach Südafrika. Doch die Funde konzentrieren sich im ostafrikanischen Hochland, und zwar im Bereich von Südäthiopien bis Nordtansania mit Kern in einem Gebiet, das durch seinen Tierreichtum weltberühmt geworden ist. Es handelt sich um die Serengeti und das anschließende Kraterhochland. Olduvai ist der klangvolle Name der Schlucht, aus der besonders viele Fossilfunde stammen, welche die Stammesgeschichte des Menschen beleuchten. Gewiß, es wurde hier besonders intensiv gesucht. Aber Ergiebigkeit und Intensität der Suche bedingen einander. An allen anderen Stellen war man bislang bei weitem nicht so erfolgreich.

Weitere wichtige Fundplätze liegen an den Ufern des Turkana-Sees (Rudolf-See) und des Omo-Flusses in Nordkenia beziehungsweise Südäthiopien und am Viktoria-See. Hingegen fehlen Funde im feuchttropischen Tiefland des Kongo-Beckens. Das ist deshalb so merkwürdig, weil die menschliche Stammesgeschichte sehr eng mit Entstehung und Entwicklung der höheren Primaten, speziell der »anthropoiden Primaten« (Menschenaffen) zusammenhängt. Ihre heutigen Lebensräume befinden sich in den ausgedehnten Wäldern. Diese Diskrepanz muß geklärt werden, wenn man den Aufstieg des Menschen verstehen will. Denn es muß Gründe dafür geben, daß die nächsten Verwandten des Menschen in Wäldern leben, während sich die Fundstellen mit Belegen zur Entwicklung des Menschen im ganz andersartigen Lebensraum der Steppen und Savannen befinden.

An den Bedingungen für die Entstehung und Erhaltung von Fossilien kann es nicht gelegen haben, denn der Fund des Java-Menschen hätte zu diesen Überlegungen bestens gepaßt, weil die indonesische Inselwelt von tropischen Wäldern bedeckt ist, in denen einer der Menschenaffen, der Orang-Utan, lebt. Sein Name bedeutet »Wald-Mensch«, und ohne

Zweifel steht er dem Menschen verwandtschaftlich nahe. Doch nicht annähernd so nahe wie die beiden Schimpansen-Arten und der Gorilla. Darauf wird noch zurückzukommen sein.

Was im Falle des Java-Menschen nicht paßt, ist das Fehlen von Funden aus dem sogenannten »Tier-Mensch-Übergangsfeld«, also aus jener (langen) Phase der Entwicklung, welche die eigentliche Entstehung der

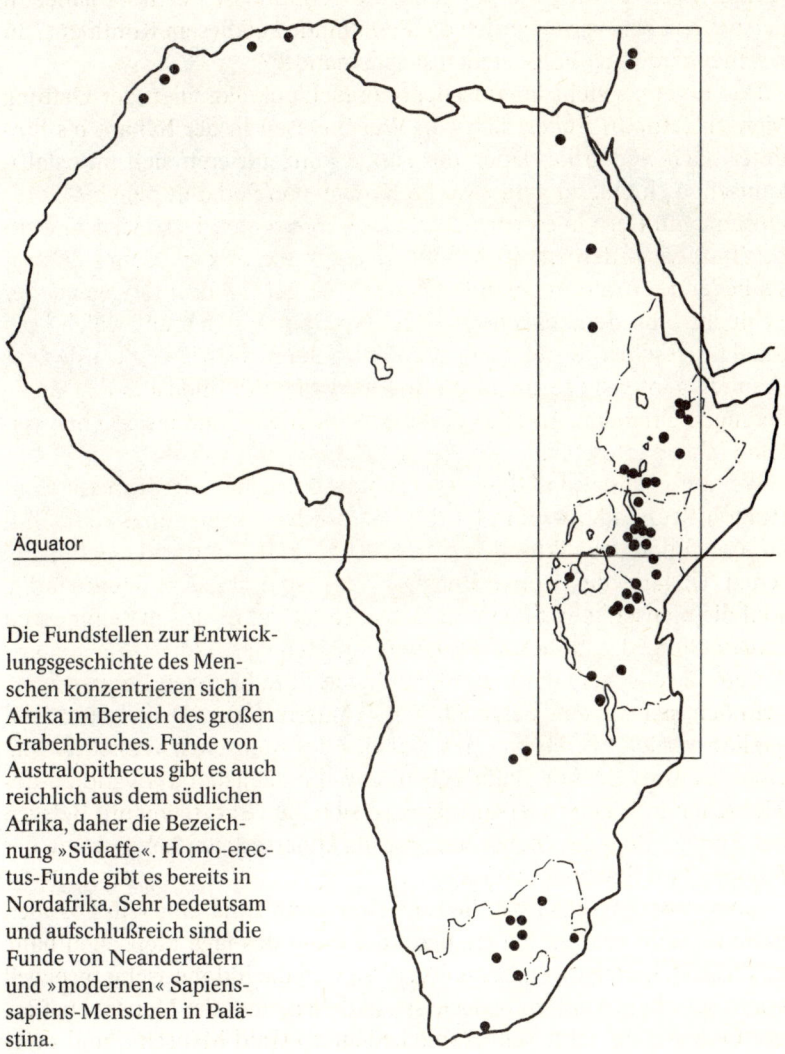

Die Fundstellen zur Entwicklungsgeschichte des Menschen konzentrieren sich in Afrika im Bereich des großen Grabenbruches. Funde von Australopithecus gibt es auch reichlich aus dem südlichen Afrika, daher die Bezeichnung »Südaffe«. Homo-erectus-Funde gibt es bereits in Nordafrika. Sehr bedeutsam und aufschlußreich sind die Funde von Neandertalern und »modernen« Sapienssapiens-Menschen in Palästina.

Gattung Mensch beinhaltet. Funde hierzu gibt es, wie schon betont, nur aus Afrika.

Sie konzentrieren sich im ostafrikanischen Raum zwischen Südäthiopien und Tansania. Zwei deutlich voneinander unterscheidbare Formen kristallisierten sich heraus: ein robuster und ein graziler Typ. Sie

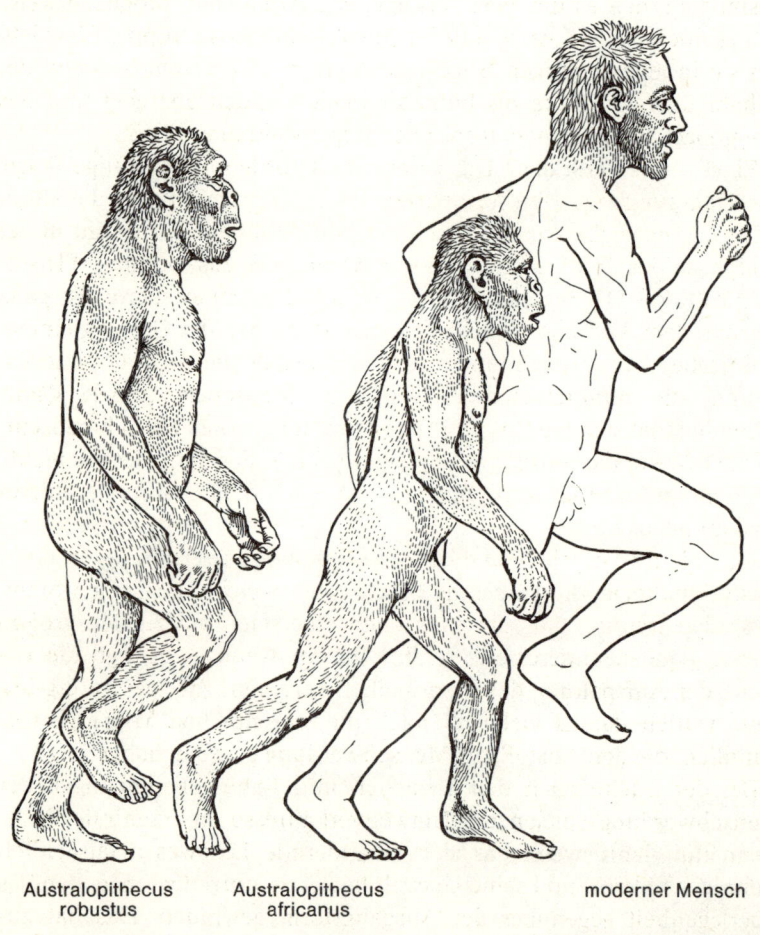

Australopithecus robustus   Australopithecus africanus   moderner Mensch

Der »Fort-Schritt« vom aufgerichteten Gang bei der kräftigen (robustus) und der grazilen Form (africanus) des Australopithecus zum kraftvollen Weitstreckenläufer, wie ihn der moderne Mensch nach seinem Körperbau repräsentiert.

erhielten die Gattungsbezeichnung Australopithecus; ein nicht sonderlich glücklicher wissenschaftlicher Name, der schlicht »Süd-Affe« bedeutet. *Australopithecus robustus* heißt der kräftige, robuste Typ; *Australopithecus africanus* der grazile. Man hatte zunächst vermutet, es handele sich um jüngere beziehungsweise ältere Mitglieder der gleichen Art, vielleicht sogar nur um Männchen und Weibchen, aber die genaueren Studien am inzwischen umfangreich vorliegenden Material bestätigten, daß es um zwei verschiedene Arten geht. Möglicherweise gab es noch weitere Arten aus der Australopithecus-Gruppe. Einst lebten sie in jenem riesigen Bogen, der sich in Afrika vom Südrand der Sahara über Ostafrika bis hinunter in den Süden erstreckt und das Kongobecken mit seinem tropischen Regenwald umschließt.

Einst – was heißt das? Das ist eine außerordentlich wichtige Frage. Die Datierungen weisen weit zurück. Der Zeitraum, in dem die »Süd-Affen« gelebt haben, umfaßt mehrere Jahrmillionen. Er beginnt in der Endphase des Tertiärs und geht am Anfang des Eiszeitalters (Pleistozän) zu Ende. Die Australopithecus-Verwandtschaft existierte also ganz klar vor dem Auftreten des eigentlichen Menschen der Gattung Homo. Die vorliegenden Befunde sprechen dafür, daß die Australopithecus-Gruppe die unmittelbaren Vorfahren des Menschen enthielt. Wahrscheinlich hat sich die Gattung Homo aus der grazilen Form herausentwickelt. Wenn das zutrifft, müssen wir das Rad der Stammesgeschichte noch ein gutes Stück zurückdrehen und nach dem Ursprung von Australopithecus fragen.

Ein solches Vorgehen ist allein schon deswegen vernünftig, weil vor Australopithecus die Gabelung liegen muß, welche die beiden Stammeslinien trennte, die zum Menschen einerseits und zu den großen Menschenaffen andererseits geführt haben. Wenn es gelingt, die Ursache der Aufspaltung des ursprünglich vereinten Zweiges zu ergründen, werden daraus vielleicht auch die wesentlichen Vorgänge verständlich, die den Anstoß zur Menschwerdung gegeben haben.

Bei der Suche nach den Ursachen und Rahmenbedingungen der Menschwerdung spielen die Umweltverhältnisse eine zentrale Rolle. Denn nur dann, wenn das sich verändernde Lebewesen tatsächlich mehr leisten kann und seine Umwelt besser zu nutzen vermag, kann es Überlegenheit gegenüber der Ausgangsform gewinnen. Das hat zunächst nicht viel mit dem oft diskutierten, häufig abgelehnten und im »Sozialdarwinismus« maßlos übersteigerten »Kampf ums Dasein« zu tun, sondern ganz einfach mit der Erfahrung, daß das Bessere das Gute ablöst.

Betrachten wir dazu ganz konkret die heutigen Menschenaffen. In ihrem Lebensraum sind Gorilla und Schimpanse ohne jeden Zweifel tauglicher und besser angepaßt als der Mensch. Es wäre völlig unsinnig anzunehmen, daß sich der Mensch aus dem Schimpansen entwickelt hat. Die heutigen Menschenaffen sind keinesfalls lebende Ahnen des Menschen; ganz im Gegenteil. Kein Weg könnte von ihnen zum Menschen führen, ohne ihr Angepaßtsein mehr oder minder stark zu stören, wahrscheinlich sogar zu zerstören. Kein Zwischenstadium zwischen Schimpanse und Mensch ist vorstellbar, das besser als der Schimpanse an die Umwelt angepaßt wäre. Die Evolution kann aber prinzipiell keine Wege beschreiten, die von einer gut angepaßten, leistungs- und überlebensfähigen Form über eine weniger angepaßte schließlich zu einer besseren führen sollten. Das würde zunächst – und für eine größere Zeitspanne – einen Rückschritt bedeuten. Der seit Darwin, also seit 125 Jahren, andauernde Streit um die Abstammung des Menschen »vom Affen« läßt sich durchaus verstehen. Die Gegner der Evolution werden so lange zu Recht die Herkunft des Menschen aus der Stammeslinie der höheren Affen in Zweifel ziehen, wie es nicht gelingt, den Übergang plausibel zu machen, ohne daß ein »Monster« zwischen Affe und Mensch stehen muß. Das »hoffnungsvolle Monster« der frühen Verfechter des Evolutionsgedankens hat sich längst als eine Fiktion erwiesen.

In dieser Situation können wir getrost Details der Fossilbelege zunächst zurückstellen. Es genügt, die großen Linien zu verfolgen. Sie enthalten genügend Einzelbelege, um nachzuweisen, daß fossile Übergangs- und Begleitformen vorhanden sind, die den Entwicklungsweg zum Menschen absichern. Dieser Weg hat keinen Anfang, und an seinem vorläufigen Ende stehen wir. »Kein Anfang«, das ist keineswegs im übertragenen Sinne gemeint, denn eine ungebrochene Kontinuität verbindet alles Leben auf der Erde. Wenn nicht alles täuscht, läßt sich die gleiche Kontinuität weiter zurückverfolgen bis in den nichtlebendigen Bereich der Materie – hochkarätige Physiker sind heute damit beschäftigt. Nirgends gibt es eine scharfe Grenze zwischen Leben und unbelebter Natur. Diese recht pauschale Feststellung erscheint notwendig, weil nur aus der Kontinuität aller Lebensformen der stammesgeschichtliche Zusammenhang zu verstehen ist und nur so die Wege der Entwicklung nachvollziehbar werden. Jeder Organismus, gleich ob der menschliche, der einer Pflanze oder eines Bakteriums, baut auf der Einheit des Lebendigen auf. Gäbe es diese Einheit, diese Kontinuität, nicht, könnten wir gleich die Seiten schließen und uns alle Überlegungen über

Ursprünge und Herkunft ersparen. Ohne den inneren Zusammenhang der Organismen würde keine Medizin funktionieren, müßte Chaos die Ordnung des Lebendigen ablösen.

Diese Betonung der Zusammengehörigkeit aller Lebewesen und der Einheit der Natur mag nun im Zusammenhang mit unserer Rückschau auf die Wurzeln des Menschen überzogen oder gar unnötig erscheinen. Sie ist es aber nicht. Vielmehr muß man sich wirklich bewußt machen, daß keine Art von Lebewesen im herkömmlichen Sinne einen Anfang genommen hat. Stets ging sie aus bereits vorhandenen hervor, baute auf dem Bestehenden weiter und verlor nie den Zusammenhang mit den Vorläufern.

Wir können daher keinen Beginn der Entwicklung zum Menschen suchen oder gar festlegen. Was wir hingegen können, um dennoch den Ursprung zu erhellen, ist viel anspruchsvoller: die Gabelungen zu suchen, an denen sich die neuen Linien von den alten abgespalten und damit den Gang der Entwicklung verändert haben. Das heißt, die Kontinuität zu wahren und dennoch die Änderungen zu erfassen, die sich zu bestimmten Zeitpunkten oder Zeitabschnitten vollzogen haben.

Die Fossilfunde geben dazu ganz brauchbare Anhaltspunkte. Sie lassen sich auf der Basis des gegenwärtigen Kenntnisstandes zu folgender Kette zusammenschließen: Vor etwa fünf Millionen Jahren zweigten die Australopithecus-Primaten von der allgemeinen Primatenlinie ab. Sie bildeten mehrere Arten über die folgenden eineinhalb Millionen Jahre. Eine davon, Australopithecus africanus, wurde vor rund zwei Millionen Jahren zum Ausgangspunkt eines neuen Zweiges, der als Homo erectus, als »aufrechter Mensch«, bezeichnet wird. Sein Name ist sehr treffend, weil er das besonders Charakteristische, den auffallenden Fortschritt beinhaltet, und das ist der aufrechte Gang. Während des Pleistozäns, das mittlerweile eingesetzt hatte, vor etwa zwei Millionen Jahren, zweigten dann wenigstens zwei Äste von der Homo-erectus-Linie ab. Vielleicht waren es auch mehr; das wissen wir nicht. Eine davon repräsentiert den Neandertaler, *Homo sapiens neanderthalensis*, die andere, die jüngste, den »modernen« Menschen *Homo sapiens sapiens*. Die letzte Abspaltung war vor etwa 250 000 Jahren vollzogen, aber wirksam wurde sie erst in großem Umfang, als sich eine kleine Gruppe moderner Menschen anschickte, aus Afrika auszuwandern, und die Welt eroberte.

Es ist eine verbreitete Vorstellung, daß man dieses moderne Ende der Entwicklung, an dem wir uns selbst wiederfinden, gleichsam als Schnur

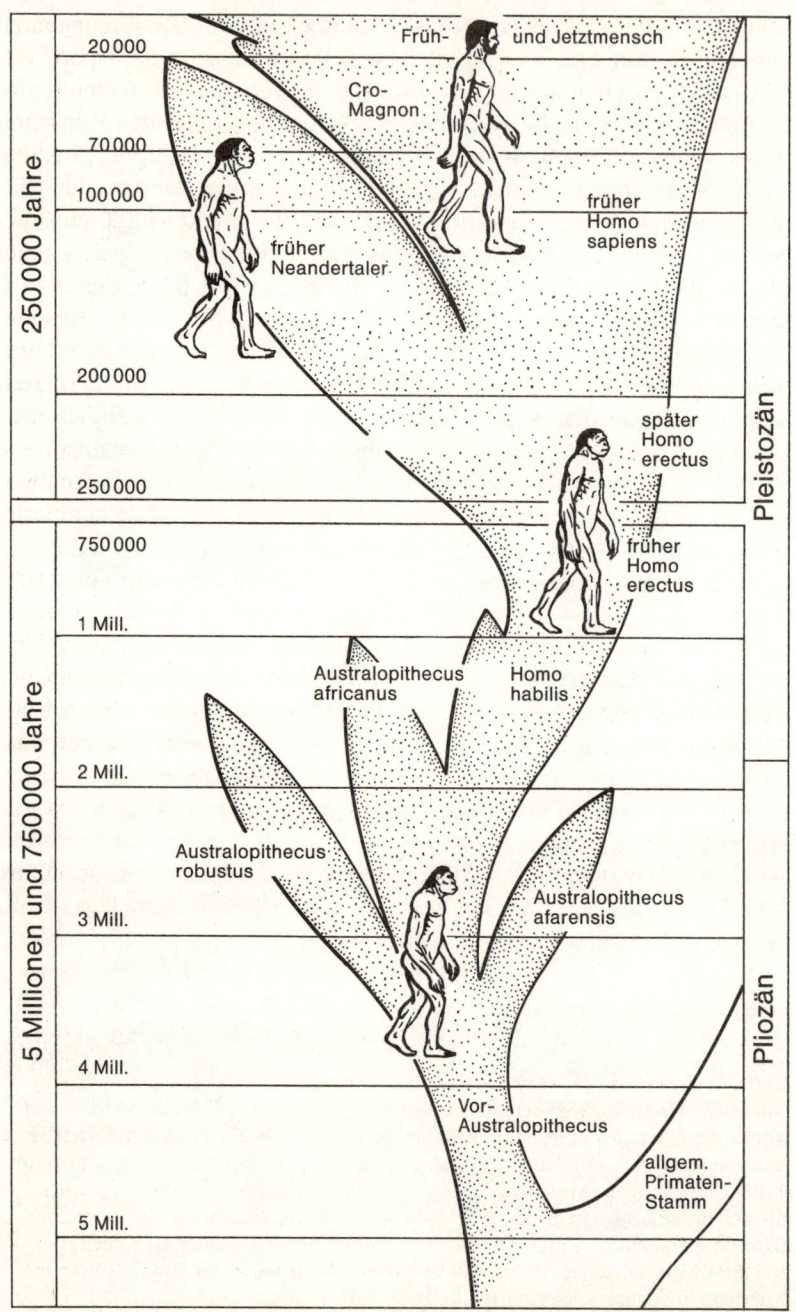

nimmt und daran zieht, so daß sich alle Ecken und Abzweigungen zu einer durchgängigen Linie glätten, welche den kontinuierlichen Aufstieg des Menschen aus der Verwandtschaftsgruppe der Primaten repräsentiert. Viele der früheren Darstellungen der Evolution des Menschen folgten dieser Vorgehensweise. Zwangsläufig mußte die Entwicklung dadurch zu einer glatten aufsteigenden Linie werden, die nun den Eindruck erweckte, der Evolutionsprozeß, der zum Menschen geführt hat, sei ein gerichteter, gleichsam ein vorbestimmter gewesen. Alle Ecken, Abzweigungen und die zahlreichen ausgestorbenen Seitenlinien werden ja auf diese Weise einfach aus dem Geschehen herausgenommen. Die Folge waren viele Mißverständnisse, unnötige Auseinandersetzungen und regelrechte »Glaubenskriege«. Schlimmer noch, diese Vorstellung verbarg die Triebkräfte der Evolution, die zu den Veränderungen geführt hatten und die ihnen die Überlebensvorteile verschafften, die sie nötig hatten, um jederzeit bestehen zu können. Ein einmaliges Abreißen der Kette hätte ja genügt, um die ganze Linie, die Neues ausprobierte, aussterben zu lassen.

Auf der Suche nach dem Ursprung des Menschen begegnet man statt dessen höchst komplexen und verzweigt ablaufenden Prozessen; daher ist es fast wie eine Erleichterung für den Forscher, daß sich die beiden ersten – und den längsten Zeitabschnitt beanspruchenden – Schritte der Menschwerdung ausschließlich in Afrika vollzogen haben. Dieser Kontinent ist zwar selbst komplex genug, aber dennoch nicht annähernd so vielgestaltig wie die übrige Welt. Wenn des Menschen »Wiege« Afrika gewesen ist, so muß sich eine Begründung dafür finden lassen. Versuchen wir daher, zu den Ursprüngen zurückzukehren: zu den Anfängen jener Primatenlinie, die zu Australopithecus und Homo erectus geführt hat.

Keine gerade Linie, sondern mehrere »Anläufe«, breites Auffächern, Sich-Entfalten und Verschwinden kennzeichnen den Weg, dem der Mensch in seinem Werdegang folgte. Die Darstellung verdeutlicht, daß die Eiszeit mit ihrer Abfolge von Kalt- und Warmzeiten eine große Bedeutung für die Ausbreitung der Stammeslinie hatte, die den Primatenzweig mit dem heutigen Menschen trägt. Die Anfänge der besonderen Entwicklung reichen bis in das Pliozän, den letzten Abschnitt des Tertiärs, zurück, als sich die antarktische Eiskappe ausbildete und das feuchtwarme Klima der Erde trockener und kühler wurde. Die dadurch schrumpfenden Wälder gaben den Weg frei für die Entfaltung des Primatenlebens in der Savanne, wo die Abzweigung zur Menschenlinie ihren Ursprung nahm.

3. Kapitel

Australopithecus

Bevor wir darauf zurückblenden, was vor Jahrmillionen in Afrika passierte, mag es sinnvoll sein, zu präzisieren, wonach eigentlich gesucht werden soll. Den Einstieg kann ein ganz einfaches und ganz vernünftiges Prinzip vermitteln. Es entspringt der allgemeinen Erfahrung, daß Lebewesen ganz offensichtlich in mehr oder minder gutem Maße ihrer Umwelt angepaßt sind. Die Eigenschaften und Fähigkeiten der Organismen spiegeln gleichsam die Anforderungen ihrer Umwelt, die sie zu meistern haben. Der Huf des Pferdes ist dem Laufen über das offene Grasland angepaßt, das dichte Fell und die Speckschicht unter der Haut schützen den Eisbären vor der arktischen Kälte, der lange Hals der Giraffe ermöglicht ihr die Nutzung von Blattwerk, das anderen Pflanzenessern in der Savanne nicht zugänglich ist, und so fort. Die Natur ist voll von phantastischen, merkwürdigen, aber ausnahmslos funktionstüchtigen Anpassungen. Kurz ausgedrückt: Organismus und Umwelt stehen in Wechselwirkung zueinander. Die Umwelt formt den Organismus nach Maßgabe seiner körperlichen Möglichkeiten. Es gibt die verschiedensten Lösungen von Umweltanforderungen, so wie es für komplexe Gleichungen mehrere, zahlreiche oder viele Lösungen geben kann. Es spielt aber keine Rolle, ob eine bestimmte Anpassung weniger weit oder weiter gediehen ist, so lange sie nicht in Konkurrenz mit anderen, besser angepaßten gerät.

Ein klärender Einschub mag hier angebracht sein: Konkurrenz bedeutet nicht, daß der Stärkere mit brutaler Gewalt den schwächeren Konkurrenten vertreibt oder verdrängt. Im Naturgeschehen ist das die Ausnahme. In der Regel bedeutet Überlegenheit in der Konkurrenz eine bessere, vermenschlicht ausgedrückt: eine sinnvollere Nutzung der Lebensmöglichkeiten. Der physisch schwächere kann dabei der haushoch überlegene Konkurrent sein, auch wenn er in der direkten Auseinandersetzung den kürzeren zieht. Die Überlegenheit bemißt sich daher nicht an der Nahrungsmenge, an lebenswichtigen Ressourcen oder an der Fläche des Lebensraums, die sich ein einzelner anzueignen vermag. »Erfolg« bemißt sich vielmehr an der Zahl der Nachkommen, die erfolgreich überleben und sich wieder fortpflanzen. Der individuelle Gewinn spielt dabei so gut wie keine Rolle. Im Lebensstrom ist der einzelne nur eines von vielen Gliedern. Er war nur dann »erfolgreich«, wenn er die Kette aufrechterhalten und festigen konnte. Reißt sie bei ihm, hat er den Erfolg aller ihm Vorausgegangenen verspielt. Konkurrenz stellt also ein lebenserhaltendes Prinzip dar, das nach dem besten Weg sucht und den momentan möglichen, maximalen Gewinn zugunsten des langfristigen Erfolgs verwirft.

Sind wir jetzt vollends vom Thema abgekommen? Was sollen die Überlegungen zur Bedeutung der Konkurrenz im Prozeß der Evolution? Was haben sie mit Australopithecus zu tun? Sehr viel, wie sich gleich zeigen wird. Denn der »Süd-Affe« ist nur dann als Anpassungsform der Primaten zu verstehen, wenn seine Möglichkeiten und Leistungen in die Umwelt seiner Zeit eingeordnet werden können. Der Ökologe würde es einfacher sagen: Welche »Nische« der Australopithecus sich erschlossen hat, hängt von seinen Leistungen und von der Art seiner Konkurrenz ab. Die Leistungen geben als Grundstock der biologischen Ausstattung die Basis für die weitere Entwicklung, für die Auseinandersetzung mit der Umwelt, insbesondere auch mit den Konkurrenten, die die Triebkraft für die weitere Entwicklung ist. Aus dem Zusammenwirken von vorhandenen Möglichkeiten und neuen Umweltanforderungen ergibt sich dann der Fortschritt in der Entwicklung. Evolution läßt sich aus keiner der beiden Komponenten allein ableiten. Erst das dynamische Wechselspiel zwischen den Organismen und ihrer Umwelt macht Weiterentwicklung möglich. Denn jeder »Fortschritt«, jede »Verbesserung« in Bau und Leistung des Organismus muß sich in der Umwelt bewähren, muß »überlebensfähig« sein, sonst taugt sie nichts. Ohne eine Änderung der Umweltanforderungen hingegen ließe sich umgekehrt kein Fortschritt erwarten, weil kein Grund gegeben wäre, eine bewährte Körperform oder Leistung aufzugeben und zu verändern. Wie passen also, um endlich konkret zu werden, Australopithecus und seine Umwelt zusammen?

Die verschiedenen Arten des Australopithecus waren einander recht ähnlich, aber in Größe und Gewicht unterschiedlich. Sie wogen zwischen 25 und 65 Kilogramm; der mittlere Typ Australopithecus africanus dürfte erwachsen etwa 35 Kilogramm schwer gewesen sein. Seine Größe reichte von gut einem Meter bis knapp 1,5 Meter. Damit waren die Australopithecinen erheblich leichter als die späteren Vertreter der

Gattung Mensch und auch kleiner und leichter als ausgewachsene Menschenaffen (Schimpansen und Gorillas, um bei den afrikanischen Verwandten zu bleiben). Ihr Schädel faßte ein Gehirn, das ungefähr dem der großen Menschenaffen entsprach und um die 500 Gramm wog. Das läßt sich aus dem Rauminhalt des Gehirn-Schädels leicht berechnen. Was sie aber bereits sehr stark von den ihnen größenmäßig am nächsten kommenden Schimpansen unterschieden hatte, war ihre aufrechte Körperhaltung. Australopithecus benutzte, wenn überhaupt, nur noch ausnahmsweise die Abstützung durch die Hände bei der Fortbewegung. Aus der relativen Länge von Armen und Beinen geht zweifelsfrei hervor, daß Australopithecus aufrecht ging. Mit der Entwicklung zu dieser Vorläuferform des Menschen war also ein wesentlicher Schritt bereits vollzogen, und das ist die Aufrichtung des Körpers. Das Stadium des »Knöchel-Gehens« war vorüber. Freier, aufrechter Gang zeigt sich bei Schimpanse und Gorilla nur in Ansätzen. Sie haben Mühe, sich aufgerichtet zu halten. Größere Strecken können sie auf den Hinterbeinen allein nicht zurücklegen. Sie brauchen dazu die Unterstützung durch die langen Vorder-»Beine«, die bei ihnen zwar Funktionen übernehmen, wie sie für Hände typisch sind, aber dennoch nicht zu richtigen Armen entwickelt sind. Für Gorilla und Schimpanse ist das kein Nachteil, weil sie in weitaus überwiegendem Maße im Wald leben und einen Großteil ihrer Aktivität in Bäumen zubringen. Auf offenen Boden kommen sie relativ seltener. Dann balancieren sie mit ihren überlang erscheinenden Armen mit einiger Mühe, um das Gleichgewicht zu halten.

Australopithecus hatte diesen Zustand bereits überwunden. Die Arten dieser Gruppe konnten aufrecht gehen und die Vorderextremitäten als Arme benutzen, ohne immer wieder auf den Boden »zurückgreifen« zu müssen. Die Füße waren zum Laufen geeignet – und nicht zum Klettern, die Arme waren viel zu schwach, um sie der starken Dauerbelastung auszusetzen, wie sie beim Hangeln im Geäst der Bäume unvermeidlicherweise auftritt. Mit flacher Brust und gerader Wirbelsäule, nicht gekurvt wie bei Vierfüßern, müßte ein Australopithecus, gleich ob von der robusten oder der grazilen Linie, den Eindruck eines »aufrechten Affens« erweckt haben. Eine solche Bezeichnung, wie sie in vergleichbarer Weise dem späteren Homo erectus zuteil geworden ist, hätte diesen Anpassungstyp sicherlich besser gekennzeichnet als der Gattungsname »Süd-Affe«.

Es war eine Sensation, als 1974 in Südäthiopien ein gut erhaltenes Australopithecus-Skelett entdeckt wurde, das den Körperbau im Detail zeigte. »Lucy«, wie der Fund genannt wurde, war weiblich, etwa zwanzig Jahre alt, und sie dürfte 27 Kilogramm gewogen haben. Ihre Körpergröße betrug knapp 1,25 Meter. Männliche Vertreter dieser als *Australopithecus afarensis* bezeichneten Gruppe wurden größer. Sie erreichten knapp 1,5 Meter und ein Gewicht bis zu 65 Kilogramm. Das Alter des Fundes läßt sich auf 3,2 Millionen Jahre bestimmen. Noch etwas älter, nämlich rund 4 Millionen Jahre, sind Fußabdrücke in damals frischer Asche eines Vulkanausbruches bei Laetoli in der Nähe der berühmten Olduvai-Schlucht am Rande der Serengeti. Die Spuren werden einem Mann, einer Frau und einem Kind zugeschrieben; also einer Familie, die gemeinsam über das frische Aschenfeld gezogen war und ihre Fußspuren hinterlassen hat. Die Asche verfestigte sich und konservierte die Abdrücke über den kaum vorstellbar langen Zeitraum von 4 Millionen Jahren. Neben den Spuren dieser Vor-Menschen fanden sich auch solche urtümlicher Elefanten, Giraffen und anderer Savannentiere. Knochenfunde davon gibt es in reichlicher Zahl aus Ostafrika.

Die Fußabdrücke bestätigten, was der Bau des Skeletts bereits verraten hatte: Australopithecus ging aufrecht. Die Funde verraten aber noch erheblich mehr. Sie geben auch umfassend Aufschluß über die Lebensweise dieser Lebewesen der Zwischenstufe auf dem Weg zum Menschen.

Wie mag sie ausgesehen haben? Um das beurteilen zu können, muß man sich die Bedürfnisse vergegenwärtigen, die ein 30 bis 50 Kilogramm schwerer Körper hat, der 1,25 bis 1,5 Meter groß gewachsen ist. Er hat, bezogen auf sein Gewicht, eine große Oberfläche. Also verliert er viel Wärme, und zwar um so mehr, je »feingliedriger« und »graziler« er gebaut ist. Kompakter, massiger Körperbau hält die Wärme gut, graziler, feingliedriger hingegen schlecht, weil die große Oberfläche stark abstrahlt und damit Wärme verliert. Die großen Muskeln, die bei der Fortbewegung den Körper tragen, befinden sich nicht am Rumpf, sondern an den Beinen. Sie »arbeiten« am Oberschenkel und, etwas weniger, am Unterschenkel (Wadenmuskulatur). Die Wärme, die sie bei der Bewegung freisetzen, dringt nur in geringem Umfang mit dem Blutstrom in den Körper ein. Der größte Teil davon geht nach außen verloren. Innen sitzt der kompakte Knochen, der keine Wärme leitet oder speichert. Für einen »Läufer« ist diese Anordnung gut, weil sie die bei der Daueranstrengung entstehende Wärmebelastung mindert. Das wirkt dem drohenden Hitzestau entgegen.

Ein Vergleich zweier heimischer Tierarten soll die Problematik verdeutlichen, die dahinter steckt. Reh und Biber sind ausgewachsen etwa gleich schwer. Das mittlere Körpergewicht bewegt sich bei beiden um 25 Kilogramm. Besonders schwere Rehe und Biber erreichen mehr als 30 Kilogramm. Sie kommen damit ziemlich gut in den Gewichtsbereich, auf den sich die Überlegungen zur Lebensweise des Australopithecus beziehen. Biber und Reh sind aber sehr verschieden gebaut. Der Biber konzentriert sein Gewicht ausgesprochen kompakt im Körper. Seine Beine sind kurz und kräftig, er läßt kaum einen Halsansatz erkennen, und deshalb macht er einen plumpen Eindruck. Wüßte man es nicht, würde man nicht vermuten, daß er das Gewicht eines Rehes hat oder es sogar übertrifft. Denn dieses ist gänzlich anders gebaut: Lange, dünne Beine, ein langer, vom Körper gut abgesetzter Hals und ein schlanker Kopf kennzeichnen diese kleine Hirschart. Für das Überleben der Rehe ist entscheidend, ob sie kräftig genug sind, die niedrigen Wintertemperaturen überstehen zu können. In unserem mitteleuropäischen Raum müssen sie durchschnittlich 12,5 Kilogramm erreicht haben, um bei anhaltendem Frost im Winter nicht zu erfrieren. Das ist der Grund dafür, weshalb die Kitze so ungünstig früh im Jahr gesetzt werden. Später geborene würden nicht groß genug, um die kritische Körpermasse zu erreichen, die nötig ist, den Winter zu überstehen. Das ist der Preis der großen Körperoberfläche. Genau umgekehrt liegt das Problem beim Biber. Ihm macht unter Umständen der Hitzestau im Körper zu schaffen. Gegen die Kälte und die Nässe des Wassers, in dem er sich viel aufhält, schützt neben dem kompakten Körperbau das dichte Fell und eine isolierende Speckschicht unter der Haut. Schwierig wird es für den Biber, wenn es zu warm wird. Dann kann er die im Körper von den Stoffwechselvorgängen erzeugte Wärme nicht mehr schnell genug abführen. Biber meiden warme Gewässer aus diesem Grund, und sie verlegen ihre anstrengende Muskelarbeit in die kühlen Nachtstunden. Das Fällen von Bäumen kostet nicht nur Kraft, sondern es setzt auch erhebliche Wärmemengen frei, die schadlos abgeführt werden müssen. Der fellfreie, »beschuppte« Schwanz dient diesem Wärmeausgleich. Wird er stark durchblutet, verliert der Körper überschüssige Wärme. Geht die Durchblutung zurück, bleibt mehr Wärme im Körper. Dank dieser Regulationsmöglichkeit kann der Biber beides miteinander kombinieren: anstrengendes Baumfällen in eisigen Winternächten und anhaltendes Ruhen während der sommerlichen Wärmeperiode, die er allerdings im kühlen Bau verbringen muß. Das Reh hingegen muß anstrengende Aktivitäten im Winter vermeiden, um nicht zu viel Energie zu verlieren.

Das Beispiel wirkt hoffentlich nicht zu sehr an den Haaren herbeigezogen, denn mit Rehen und Bibern hat Australopithecus nun wirklich nichts zu tun. Aber solche Beispiele sind recht hilfreich, wenn man sich die Grundlagen der Energiebilanz vergegenwärtigen will. Beide Arten, Reh wie Biber, sind Pflanzenesser, die sich ausschließlich von pflanzlicher Kost ernähren. Doch sie unterscheiden sich sehr stark in der Zusammensetzung dieser Nahrung. Das Reh ist »anspruchsvoll«. Es »nascht« da und dort, knabbert Knospen und frische Triebe ab und nimmt am liebsten mehrmals täglich kleinere Nahrungsmengen zu sich. Es ist, so der Fachausdruck, ein »Konzentratselektierer«, was ausdrücken soll, daß es gezielt nach hochwertiger Nahrung sucht. Hochwertig bedeutet dabei, daß die aufgenommene Nahrung reich an Eiweiß und Fett sowie an einfachen Kohlehydraten (Zuckern) sein muß, aber arm an Rohfasern, Zellulose und holzigem Material, das nicht oder nur schwer verdaulich ist. Beim Biber liegen die Verhältnisse genau umgekehrt. Er begnügt sich mit allen möglichen Pflanzen, ohne besondere Vorlieben zu entwickeln; und im Winterhalbjahr ernährt er sich so gut wie ausschließlich von Baumrinde, speziell von Pappeln und Weiden. Das aufwendige Baumfällen dient dazu, dem Biber die dünnen Äste und die Zweige zugänglich zu machen, an denen die Rinde nicht von nährstoffmäßig wertloser Borke bedeckt ist. Er verspeist verhältnismäßig große Mengen nährstoffarmer Pflanzennahrung, die er mit Hilfe symbiontischer Blinddarmbakterien aufwertet. Ohne die Mitwirkung dieser Bakterien bei der Verdauung würde der Biber mit seiner Normalnahrung glatt verhungern.

Die Nützlichkeit des Vergleichs mit Biber und Reh zeichnet sich nun wohl deutlicher ab. Besagt er doch, daß Australopithecus mit Sicherheit kein solcher Pflanzenesser gewesen sein kann wie Gorilla oder Orang-Utan. Die Schimpansen nehmen zwar gewiß ungleich mehr pflanzliche Nahrung zu sich, als Australopithecus das getan haben kann, aber doch nur ausnahmsweise tierische Zukost. Niemals hätte Australopithecus bei reiner Pflanzenkost in der Zusammensetzung, wie sie von den heutigen Menschenaffen zu sich genommen wird, zu einer ausgeglichenen Wärmebilanz kommen können. Die Blätter und Triebe geben zu wenig her, um den Bedarf zu decken, den ein so aufwendiger Körper entwickeln muß, wie ihn Australopithecus besaß. Das allermindeste, was er in beträchtlichem Umfang zur Verfügung gehabt haben muß, sind stärke- und eiweißreiche Wurzelknollen von der Art der Kartoffeln oder des Manioks.

Ganz offensichtlich wäre es aber gänzlich verfehlt, anzunehmen, daß

Australopithecus bereits Gartenbau betrieben hat und sich stärkereiche Nutzpflanzen hielt. Von dieser Methode trennten die Menschen-Linie noch Jahrmillionen.

Nun soll der Vergleich mit Biber und Reh noch einmal, diesmal bewußt überzogen, benutzt werden, um die Schwierigkeiten zu verdeutlichen, die sich bei der Betrachtung der Entwicklung der Australopithecus-Gruppe ergeben. Es geht um den Bau der Füße. Der Biber hat verhältnismäßig große Füße, die flach auf dem Untergrund liegen. An Land berühren sie den Boden mit einer ziemlich durchgehenden Fläche. Der Kontakt wird durch die Schwimmhäute verstärkt, die im Wasser eine so große Rolle spielen. Die Bewegung des Bibers sieht an Land recht schwerfällig aus, obwohl das Körpergewicht auf vier vergleichsweise große Flächen am Ende der Beine verteilt ist. Ganz anders beim Reh. Die langen, schlanken Beine laufen in feingliedrige Hufe aus, die einen Zehenspitzengang ermöglichen. Die Hufe sind hart und widerstandsfähig. Sie greifen gut in den Untergrund, ermöglichen einen sicheren Tritt, aber auch einen schnellen Start und ein langes Laufen. Die Reibung mit dem Boden bleibt dank der extremen Verringerung der Berührungsfläche sehr gering, so daß der allergrößte Teil der aufgebrachten Energie tatsächlich in die Fortbewegung gesteckt werden kann. Beim Biber geht hingegen ein nicht unbeträchtlicher Anteil über die Bodenreibung verloren. Große Auflagefläche ist nicht gut für eine schnelle, ausdauernde Fortbewegung.

Beide Arten zeigen in dieser Hinsicht extrem unterschiedliche Anpassungen. Wiederum erweist sich dies bei näherer Betrachtung als ganz aufschlußreich, was die Fortbewegung von Australopithecus betrifft. Er hat zwar eine verhältnismäßig große »Auflagefläche« mit den Fußsohlen zu bewältigen, aber die Bodenreibung ist um die Hälfte vermindert, weil nur noch zwei Beine den Boden berühren. Durch die aufrechte Haltung des Körpers in der Senkrechten bewegt sich der Schwerpunkt des Körpers nur wenig. Das Abrollen über die Fußsohlen versetzt Australopithecus wie den modernen Menschen in die Lage, sein Körpergewicht nicht bei jedem Schritt auf und ab bewegen zu müssen, was Arbeit bedeutet und Kraft kostet. Deshalb ist, nebenbei bemerkt, das Radfahren die energetisch günstigste Art der Fortbewegung, die ein Höchstmaß an Leistung in Fortbewegung umsetzt, weil dabei das Körpergewicht überhaupt nicht mehr getragen werden muß.

Für Australopithecus war eines seiner großen Probleme die Ernährung. Er mußte sich seine Nahrung gezielt suchen. Das war deshalb alles andere als leicht, weil er, wie dargelegt, recht wählerisch sein mußte. Nur solche Nahrung, die genügend Kohlenhydrate in leicht verdaulicher Form, Fette und Eiweiß enthielt, war geeignet. Das Hopsen der Schimpansen wäre keine brauchbare Fortbewegungsform, um weit verteilte Nahrung zu suchen, für die man vielleicht Kilometer unterwegs sein muß. In diesem Zusammenhang geben nun die drei besonderen Merkmale der Australopithecinen Sinn: geringes Körpergewicht, Füße, die zum Laufen taugen, und aufrechte Fortbewegung, die ein kräfteschonendes Überwinden von Entfernungen möglich macht.

Diese Erklärung hat aber noch zwei Schwächen, die ausgeräumt werden müssen, wenn sie wirklich überzeugen soll. Eine davon ist die Frage, ob nicht auch eine andere »Lösung« des gleichen Problems vorstellbar wäre. Das Reh bewegt sich doch auch auf vier Beinen und stellt verhältnismäßig hohe Ansprüche an die Nahrung. Dem ist entgegenzuhalten, daß das Reh aus der Verwandtschaftsgruppe der Huftiere stammt, die mindestens zehnmal mehr Evolutionszeit hinter sich hatten, als Australopithecus auftauchte. Sie folgen einer sehr verschiedenen Entwicklungsrichtung, die uns in anderem Zusammenhang gleich noch beschäftigen wird. Australopithecus mußte von ganz anderen Anfängen ausgehen. Als Primat stammt er von Vorfahren ab, die Arme und Beine zum Klettern entwickelt hatten, keine Hufe zum Laufen. Die Hände stellen »Greiforgane« dar, die schon jahrmillionenlang in dieser Funktion benutzt worden sind. Durch das Hangeln als wichtige Fortbewegungsweise im Wald war der Körper schon in starkem Maße gestreckt und auf die Senkrechte eingerichtet. Die Aufrichtung des Körpers auf die Hinterbeine bedeutet einen ungleich geringeren Schritt der Umbildung als die völlige Neuentwicklung einer den Hinterbeinen gleichwertigen Vorderextremität. Das wird beim bloßen Betrachten von Schimpansen und Gorillas, wenn sie auf allen vieren laufen, offensichtlich. Ihre Vorder-»Beine« sind eigentlich Arme, die zum Greifen und Hangeln, nicht aber zum Laufen benutzt werden.

Der zweite Einwand wiegt schwerer. Warum entwickelten die Australopithecinen eine so grazile Körperform, wenn doch die viel kompakter gebauten, heutigen Menschenaffen beweisen, daß schwere, kräftige Primatenkörper ihre Vorteile haben? An dieser Stelle könnten Erklärungsversuche zu Scheinerklärungen werden, die sich im Kreise drehen. Stellen wir die Frage in dieser Form noch ein wenig zurück, und betrachten wir nochmals die energetische Seite. Beim Biber gab es das Problem, daß er sich vor Überhitzung schützen mußte. Kompakter Körperbau ist also schneller und ausdauernder Fortbewegung abträglich. Nun lebt der Biber aber nicht in den afrikanischen Tropen, wo er es sicher noch

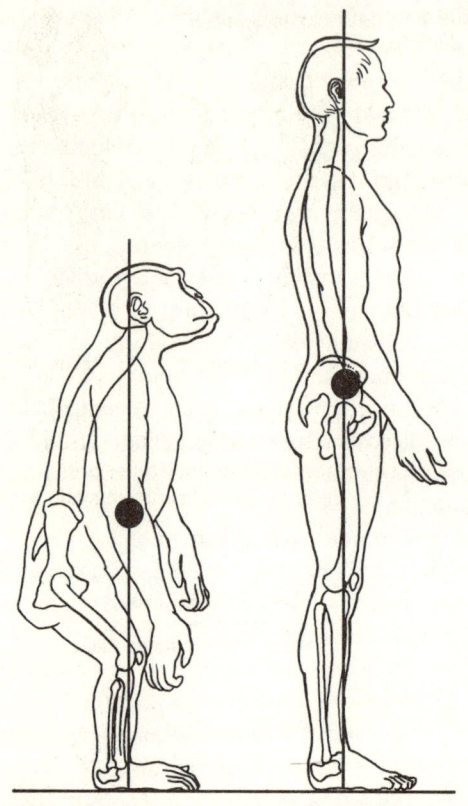

Verlagerung des Schwerpunktes in die Längsachse des Körpers bei der Aufrichtung auf die zweibeinige Fortbewegung. Beim Schimpansen (links) liegt der Schwerpunkt noch vor Becken und Wirbelsäule. Deswegen muß er eine gekrümmte Körperhaltung einnehmen, wenn er sich auf zwei Beinen fortbewegt.

● Schwerpunkt bei Schimpanse und Mensch

Beinvergleich

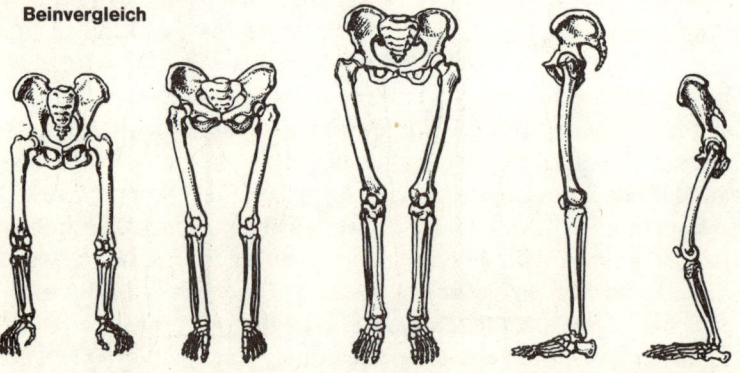

Schimpanse   Australopithecus   Homo sapiens   Schimpanse

Greiffuß des Schimpansen und Lauffuß des Menschen. Nicht die Hand, sondern der Fuß des Menschen hat sich besonders weit entwickelt.

Fußvergleich

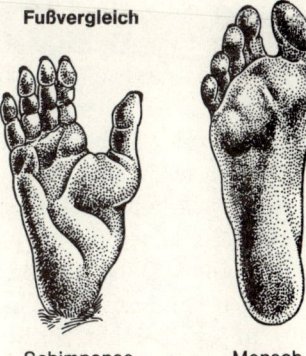

Schimpanse Mensch

Durch die stärkere Aufrichtung und die beginnende Wölbung der Fußsohle konnte der Australopithecus bei zweibeiniger Fortbewegung das Gleichgewicht viel besser halten als der Schimpanse, bei dem sich die Gleichgewichtslinie noch sehr stark verschiebt. Für ihn ist die zweibeinige Fortbewegung deswegen sehr anstrengend, und er kann sie nicht über längere Strecken durchhalten.

a Neigungslinie des Oberkörpers
b Gleichgewichtslinie
c gewölbt: gutes Abrollen
d flach: schlechtes Abrollen

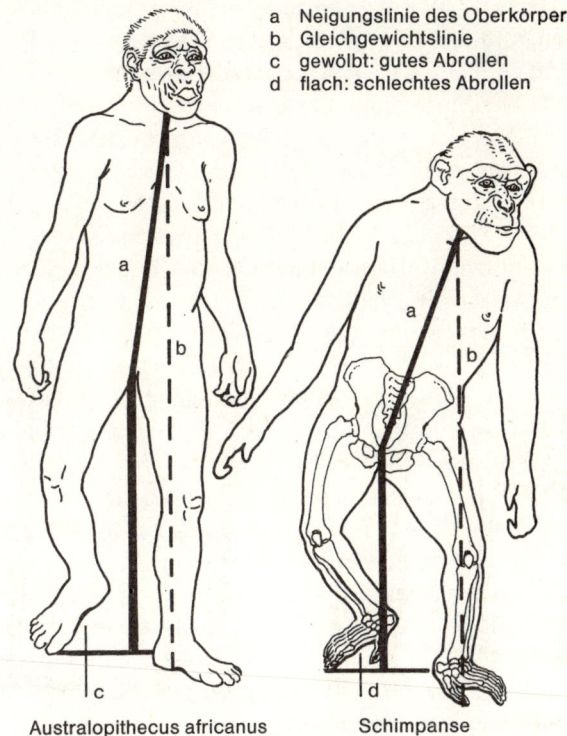

Australopithecus africanus   Schimpanse

schwerer hätte, Überhitzung zu vermeiden. Aber der Schimpanse lebt dort, der nach Größe und Gewicht dem Australopithecus noch am nächsten kommt. Wie bewältigt er die Wärmeproblematik?

Wie es scheint, ganz einfach: Die Schimpansen leben in schattigen Wäldern oder dichteren Savannen mit ausgeglichenen Temperaturen, die selten für längere Zeit über 30 Grad ansteigen. In den heißen Mittagsstunden halten sie ausgiebig Siesta. Nachts kauern sie sich in einfachen Schlafnestern so zusammen, daß ihr Körper einer Kugelform nahekommt. Dabei verlieren sie am wenigsten Wärme. Anstrengende Tätigkeiten führen sie nicht oder nur in zeitlich sehr begrenztem Maße aus. In luftiger Höhe der Baumkronen sorgt häufig ein kühlender Wind dafür, daß die Körpertemperatur nicht zu stark ansteigt. Würden die Schimpansen, so wie sie sind, stundenlang in der Mittagshitze der offenen Savanne aktiv sein müssen, kämen sie sicher sehr schnell an die Grenzen ihrer Leistungsfähigkeit.

Es fehlt ihnen insbesondere eine uns Menschen sehr bekannte, eine wichtige, ja unerläßliche Fähigkeit, mit der Tageshitze einerseits oder mit starker Wärmeerzeugung im Körper andererseits zurechtzukommen, und das ist die Fähigkeit zu schwitzen. Ist diese nicht vorhanden, kann nur ein ausreichend graziler Körperbau mit großer Oberfläche und einer Muskulatur, die fern der lebenswichtigen inneren Organe ihre Bewegungswärme freisetzt, der Wärmebelastung des tropischen Offenlandes gerecht werden. Am eindrucksvollsten zeigt dies der schnellste unter den Jägern in der freien Landschaft, der Gepard. Gerade dort, wo sich die Organe im Körper konzentrieren, ist er gertenschlank gebaut. Kein bißchen Muskulatur deckt den Bauchbereich ab. Das zwischen den Lungen eingebettete Herz bekommt direkte Kühlung über die Lungen, in denen die verdunstende Feuchtigkeit für Wärmeentzug sorgt. Die massiv arbeitenden Muskeln befinden sich weit draußen an den Beinen, wo sie einer großen Oberfläche ausgesetzt sind und gut Wärme abstrahlen können. Damit sollte deutlich geworden sein, daß Australopithecus, aus Gründen der Ernährung ein »Läufertyp«, es sich gar nicht hätte leisten können, zu robust, zu kompakt zu werden. Eine Entwicklung in diese Richtung hätte unweigerlich die immensen Vorteile seines geschmeidigen, beweglichen Körperbaues zunichte gemacht.

Mit dieser Feststellung sind wir eigentlich dem Gang der Argumentation schon vorausgeeilt. Denn sie zeigt, daß unsere heute lebenden nächsten Verwandten, die Schimpansen, eine ganz andere Anpassungsrichtung eingeschlagen haben müssen. Sie sind Waldbewohner, während Australopithecus das mit Sicherheit nicht gewesen sein kann. Die

Grundausstattung seines Körpers würde in einem Lebensraum Wald überhaupt keinen Sinn geben. Körperbau und Lebensraum entsprechen sich nur, wenn wir davon ausgehen, daß Australopithecus ein Bewohner des Offenlandes gewesen ist. Ob das reine Savannen waren, was aus klimatischen und ökologischen Gründen sehr wahrscheinlich ist, mag vorerst offen bleiben. Jedenfalls dürfte es kein Zufall gewesen sein, daß Australopithecus-Spuren gemeinsam mit solchen in der Vulkanasche festgehalten worden sind, die von großen Savannentieren stammen. Die Lebensräume des Australopithecus müssen Savannen oder Steppen gewesen sein. Er kann den Wald nicht bewohnt haben.

Geht man davon aus, daß diese Feststellung richtig ist, dann zwingt sie zu einem weiteren Schritt, zurück in die ferne Vergangenheit. Denn die Primaten sind kein Sproß der Savanne. Sie kamen aus dem Wald, und für die allermeisten Arten spielt bis heute der Wald die entscheidende Rolle. Also muß, um die Kontinuität zu wahren, noch vor Australopithecus Entscheidendes passiert sein, das den Anlaß dazu gab, daß eine Stammeslinie der Primaten den Wald verließ und sich dem Leben im offenen Land anpaßte. Dieser Ursache muß auch zuzuschreiben sein, daß sich das Laufbein entwickelt hat, das Australopithecus bereits besaß.

4. Kapitel
Jahrmillionen zurück

Australopithecus gehört, wie wir Menschen auch, zur großen Säugetiergruppe der Primaten. »Herrentiere« bedeutet ihr Name. Das kann man nehmen, wie man will. Ihre kleineren, stammesgeschichtlich ursprünglicheren Formen wirken eher wie Kobolde als wie Herren, und Bezeichnungen, wie Koboldmaki, bringen dies zum Ausdruck. Daß wir uns mit unserer Primatenverwandtschaft an die Spitze aller Organismen stellen, dagegen ist nichts einzuwenden. Niemand wird ernstlich bezweifeln, daß wir die Spitzenposition verdienen. Was wir dabei aber übersehen, ist die Tatsache, daß nach dem biologischen System, so wie es die Arten einteilt, alle, ausnahmslos alle an der Spitze stehen. Jede heute (noch) lebende Art repräsentiert nämlich die Spitze eines Zweiges am Stammbaum, der eher ein Stammbusch ist, so vielfältig sind die Verästelungen. Es ist gleichgültig, wie wir den Busch konstruieren, ob wir ihn oben geradlinig abschneiden oder halbkugelig werden lassen. Alle Arten sind gleich weit vom Ursprung entfernt. Es ist daher müßig, über Spitzenpositionen zu diskutieren, weil alle heute lebenden Arten auf einen Ursprung zurückgehen, der rund drei Milliarden Jahre entfernt liegt. Sie sind damit samt und sonders in stammesgeschichtlicher Hinsicht gleich alt. Was sie voneinander und von uns Menschen unterscheidet, ist die unterschiedliche Länge der Abspaltung, bei der sich die einzelnen Arten und Stammeslinien voneinander getrennt haben. Daraus ergibt sich erst die Nähe oder die Ferne der Verwandtschaft.

Die Primaten gehören innerhalb der Klasse der Säugetiere zu einer sehr alten, recht ursprünglichen Gruppe. Sie hat sich von der ursprünglichsten Linie, den Insektenessern, schon in grauer Vorzeit abgetrennt. Wie lange das Ereignis zurückliegt, läßt sich bislang noch nicht so recht abschätzen, weil die Anfänge der Säugetiere sehr weit bis ins Erdmittelalter zurückkreichen, als die Dinosaurier die Welt beherrschten. Die frühen Säugetiere, spitzmausähnliche, kleine Tiere, führten jahrmillionenlang buchstäblich ein Schattendasein. Sie hatten gegen die Riesen keine Chancen. Ihr einziger Vorteil war, daß sie eine geregelte Körpertemperatur besaßen und daher nachts aktiv sein konnten. Diese Fähigkeit sollte später entscheidend für ihr Überleben werden. Vorerst, vor mehr als hundert Millionen Jahren, genügte er, um den primitiven Säugetieren ein Leben in der Nacht zu ermöglichen. In dieser ökologischen Nische waren sie vor den Nachstellungen der Echsen sicher, die am Tage das Geschehen beherrschten. Nachts wurden sie träge, vergleichbar unterkühlten Krokodilen oder Riesenschlangen, mit denen uns heute gefährlich erscheinende Zirkusvorstellungen geboten werden.

Das nächtliche Leben erforderte neue Möglichkeiten der Orientierung. Das Auge reichte nicht aus, um eine sichere Fortbewegung in der Finsternis zu gewährleisten. Tastsinn und Geruchssinn, zwei Sinne, die bei den Reptilien nur schwach entwickelt sind, wurden bedeutsam. Sie dienten dazu, die nährstoffreiche Beute aufzuspüren, die nötig war, um die gleichmäßig hohe Intensität des Stoffwechselgeschehens sicherzustellen. Nur wenn die kleinen Körper gut genug geheizt werden konnten, blieben sie in der Kühle der Nacht funktionsfähig. Die Umbildung von Reptilienschuppen zum wärmenden Haarkleid war ein wichtiger Schritt in diese Richtung. Der Besitz von Haaren ist daher ein ähnlich gutes Kennzeichen der Säugetiere, wie die Entwicklung von Federn das für die Vögel ist. Nur wenige Arten haben sekundär das Haarkleid zurückgebildet. Dazu gehören die hochentwickelten Wassersäugetiere (Wale, Delphine, Walrosse), einige sehr große Säugetiere, die wie die in den Tropen lebenden Elefanten das Haarkleid nicht nur nicht brauchen konnten, sondern dadurch noch größere Schwierigkeiten bekommen hätten, ihre massige Körperfülle hinreichend zu kühlen, und eine höchst merkwürdige, wühlende Art, der Nacktmull *(Heterocephalus glaber)*. Bekanntlich gehört auch der Mensch zu diesen wenigen Arten und Gruppen von Säugetieren, die das Haarkleid stark reduziert oder ganz verloren haben. Warum das gerade auch beim Menschen so ist, wird eine höchst bedeutende Rolle für das Verständnis der Menschwerdung spielen. Vorerst muß diese Frage zurückgestellt werden, weil im Ursprung der Primaten noch andere, für die spätere Entwicklung beziehungsreiche Anpassungen herauszustellen sind. So muß noch klargestellt werden, welcher Art die ursprüngliche Nahrung gewesen ist, von der sich die frühen Säugetiere ernährten, aus denen die Primatenlinie hervorgegangen ist.

Aus energetischen Gründen kann es nur eine relativ hochwertige Nahrung gewesen sein. Die Pflanzenmassen, mit denen sich die riesigen

Dinosaurier vollstopften, waren gewiß keine attraktive Nahrungsquelle für die nächtlich aktiven Säugetiere. Sie reichte ja nicht einmal am Tage aus, um die Kolosse richtig warm zu halten. Der pflanzenessende Brontosaurier besaß einen so unglaublich kleinen Kopf, daß er geradezu lächerlich aussah, verglichen mit dem, was dahinter an Körpermassen kam. Da die fleischessenden Dinosaurier im Gegensatz dazu normale bis große Köpfe hatten, muß die Qualität der Nahrung dabei eine bedeutende Rolle gespielt haben. Mit ihr hat die unterschiedliche Größe des Gehirns zu tun. Die Fleischesser-Gehirne wiesen ein Volumen auf, das – auf die Körpergröße bezogen – der Gehirnmasse heutiger Großtiere durchaus entspricht. Diese Tatsache wird noch in anderem Zusammenhang interessant. Jedenfalls wiesen die primitiven Säugetiere des Erdmittelalters schon relative Gehirngrößen auf, die weit über jenen vergleichbar großer Reptilien lagen. Das setzt – mehr noch als die nächtliche Aktivität – voraus, daß diesen Tieren hochwertige Nahrung zur Verfügung stand. Da die Pflanzen des Erdmittelalters (Mesozoikum) nicht in Frage kamen und die großen Reptilien als Säugetierbeute allein schon wegen des Mißverhältnisses in der Körpergröße auszuschließen sind, bleiben nur noch die eiweiß- und fettreichen Kleintiere, insbesondere die Insekten, übrig, die am Boden zu finden waren. Sie wurden in jenen fernen Zeiten genauso wie heute bei niedrigen Nachttemperaturen träge. Den mit Hilfe von Tasthaaren an der Schnauze sich orientierenden, den Geruchssinn nutzenden Säugetieren wurden sie eine leichte Beute. Sicher waren auch Regenwürmer, Asseln, Schnecken und andere wirbellose Kleintiere im Beutespektrum vorhanden. Sie alle zeichnen sich dadurch aus, daß sie wenig Zucker, aber viel Eiweiß enthalten und als Energiereserve Fett gespeichert haben. Letzteres dient den nächtlich aktiven Säugetieren als Brennstoff zum Betrieb des Körpers, während das Eiweiß zu raschem Wachstum und zu schneller Vermehrung genutzt werden kann.

Die frühen Säugetiere dürften sich, verglichen mit den Reptilien, genauso durch hohe Fortpflanzungsraten ausgezeichnet haben wie die heutigen Kleinsäuger. Der Überschuß an Eiweiß und Fett ermöglichte zudem einen weiteren, eminent wichtigen Fortschritt, nämlich die Ausbildung von Milchdrüsen zur Ernährung des eigenen Nachwuchses. Den Reptilien fehlt diese Möglichkeit, die Nachkommen zu versorgen. Sie müssen soviel wie möglich an Nahrungsvorrat in die Eier packen, in denen sich die Jungen entwickeln. Die Säugetiere konnten dank der eiweißreichen Nahrung dazu übergehen, zunächst die Eientwicklung in den mütterlichen Körper hineinzuverlegen, wie dies einige Reptilien gleichfalls tun, um dann auf die eigenständige Ausbildung von Eiern ganz zu verzichten. Ein besonderes Nährgewebe, die Gebärmutter, liefert die für Wachstum und Gedeihen der Embryonen benötigten Nährstoffe direkt. Über die Nabelschnur werden sie an den mütterlichen Organismus gekoppelt und nicht nur mit Nährstoffen versorgt, sondern auch von den Abfallstoffen entsorgt.

Eine solche Leistung strapaziert den Mutterkörper ungleich mehr als die Bildung von Eiern. Sie setzt, um das nochmals zu betonen, hochwertige Nahrung voraus. Daß sich Kühe, Pferde und andere Säugetiere heutzutage im Prinzip wie die pflanzenessenden Dinosaurier des Erdmittelalters von nährstoffarmem Pflanzenmaterial ernähren, bedeutet keinen Widerspruch. Denn diese großen Weidegänger erhalten in so bedeutendem Umfang Verdauungshilfe durch symbiontische Mikroben, daß sie sich eigentlich von Bakterien- oder Einzellereiweiß ernähren und von der Mikrobentätigkeit in großem Umfang flüchtige Fettsäuren bekommen, die sie den Pflanzen auf direktem Wege gar nicht entnehmen könnten. Auch davon später noch etwas mehr.

Die Ernährung spielt also eine eminent wichtige Rolle, wenn es um die Leistungsfähigkeit geht. Insektenesser, die urtümlichsten Säugetiere, und Primaten, die sich von ihnen abgezweigt haben, bezogen – und beziehen größtenteils auch heute noch – die Hauptmasse ihrer Nahrung von den Insekten. Doch deren große Blütezeit war noch gar nicht angebrochen. Noch herrschten die einfach gebauten, nacktsamigen Pflanzen, und die Dinosaurier lebten davon. Ihre Mägen dürften riesige Gärkammern gewesen sein, denn anders ist es kaum vorstellbar, daß sich die Riesentiere von so nährstoffarmen Pflanzen hätten ernähren können. An diesem Zustand änderte sich praktisch nichts, bis dann ziemlich abrupt ihr Ende kam. Über 100 Millionen Jahre währte das Zeitalter der Reptilien, dann ging es auf einen Schlag zu Ende.

Vieles deutet darauf hin, daß vor 63 Millionen Jahren ein riesiger Meteorit auf der Erde einschlug und in seinem Feuersturm einen Großteil der Reptilien vernichtete. Was bei diesem Feuer und von den gigantischen Flutwellen, die um den Erdball rasten, nicht ausgelöscht wurde, das mußte unter der sich anschließenden Dunkelheit darben, weil unvorstellbare Mengen Staub die Sonne verfinsterten und das Pflanzenwachstum, die Grundlage der Ernährung für viele Großtiere, fast auf Null einschränkten. Dieses Szenario beschreibt in groben Zügen die gegenwärtige Vorstellung vom Ende des Erdmittelalters und vom Beginn der neuen Zeit des Tertiärs, das ein Zeitalter der Säugetiere geworden ist. Denn mit ihren Anpassungen an das Leben in Nacht und

Finsternis, mit ihren Fähigkeiten, verborgene und ruhende Nahrung aufzuspüren, überstanden sie die Katastrophe.

Nun war die Welt frei von den großmächtigen Konkurrenten, und jene Pflanzen hatten großen Vorsprung gewonnen, die geschützte Samen entwickelt hatten. Diese Samen waren in der Lage, jahrelang auf die günstige Gelegenheit zur Keimung zu warten. Es waren die Samen der fortschrittlichen Blütenpflanzen, der Bedecktsamer. Sie lösten im Pflanzenreich in nicht ganz so dramatischer Weise die Vorherrschaft der Nacktsamer ab. Die Säugetiere mußten noch einige Jahrmillionen auf den großen Durchbruch warten. Der bahnte sich erst an, als die Blütenpflanzen die Flora der Welt beherrschten und eine bis dahin ungekannte Fülle an Insektenleben ermöglichten. Die wechselseitige Anpassung von Blüten und Insekten, die zu den faszinierendsten Bereichen der Biologie gehört, kam in Gang. Die Artenfülle bei bedecktsamigen Blütenpflanzen und Insekten explodierte geradezu – und mit ihnen das Nahrungsangebot für die noch immer kleinen, insektenjagenden Säugetiere.

Das war die Zeit der Morgenröte des Säugetiergeschlechts; höchst treffend als Eozän bezeichnet. Den Säugetieren eröffnete sie die dritte Dimension. Denn nun breiteten sich in feuchtwarmen Klimabedingungen riesige Wälder über die Kontinente aus. Insekten gab es nicht mehr nur oder überwiegend am Boden, sondern auch oben im Gezweig. Sie flogen durch die Luft, verstanden sich auch darauf, die warmen, schwülfeuchten Nächte auszunutzen und den Pollen der Blüten über größere Strecken von Baum zu Baum zu tragen. Die dritte Dimension stellt die hochwüchsige Vegetation dar; die Bäume insbesondere. Aus dem Laufen als Fortbewegung am Boden konnte nun, da es oben in den Bäumen so viel attraktive Insektennahrung gab, das Klettern hervorgehen.

Die Krallen an den Zehenspitzen leisteten hierbei Schrittmacherdienste. Sie hatten sich wohl in Zusammenhang mit dem Ausgraben von Insektenlarven aus den modernden oberen Bodenschichten weiterentwickelt. Nun ergaben sie die Voraussetzung für das Hochklettern an den Stämmen. Aber im Gegensatz zu den Krallen der frühen Insektenesser und der Reptilien waren sie bereits etwas abgeplattet, da sie sich in dieser Form viel besser zum Graben eigneten. Sie hatten schon so etwas wie eine Nagelform erreicht. Damit wichen die Träger dieser Fähigkeit bereits deutlich von den Insektenessern ab, die, wenn sie überhaupt nach Beute gruben, das mit der spitzen Schnauze besorgten. Die Benutzung der Vorderpfoten zum Graben ließ die Schnauze frei und verschaffte ihr bessere Kontrollmöglichkeiten der unmittelbaren Umgebung. Tastsinn und Geruchssinn waren ja bereits hochentwickelt.

Nun setzte auch eine fortschreitende Verbesserung beim Gehör ein. Insbesondere im Ultraschallbereich steigerte sich die Empfindlichkeit. Die nächsten Entwicklungsschritte führten zu einer ganz ungewöhnlichen Gruppe von Säugetieren, nämlich zu den Fledermäusen. Sie stammen gleichfalls von den frühen Insektenessern ab, blieben aber im Hinblick auf die Nahrungswahl auf gleicher Linie. Sie steigerten die Entwicklung des Gehörs bis ins schier Unglaubliche. Manche Fledermäuse sind in der Lage, Ultraschall von mehr als 100 Kilohertz zu hören. Mehr noch: Sie orten mit diesem Ultraschall und verschaffen sich gleichsam Hörbilder, so wie die Augen Sehbilder liefern. Mit der Entwicklung der Flugfähigkeit gelang es ihnen, der begehrten Insektenbeute bis in den Luftraum nachzufolgen.

Das konnten die Vögel schon lange. Aber nur am Tage. Nachts versagt bei den allermeisten Vogelarten die Orientierung. Sie müssen sich zur Ruhe begeben und warten, bis es wieder hell genug für die Nahrungssuche geworden ist. Ultraschallpeilung gelang nur ganz wenigen Vogelarten. Die Nacht haben sie sich als Anpassungsraum für die Insektenjagd nicht erschlossen. Dafür wurden die Fledermäuse um so erfolgreicher. Sie entwickelten eine Artenfülle, die in mancher Hinsicht jener der Vögel vergleichbar ist. In tropischen Waldgebieten gehören mehr Säugetierarten zu den Fledermäusen als zu allen anderen Gruppen. Daraus geht hervor, wie bedeutsam diese Nahrungsquelle bis in die Gegenwart geblieben ist.

Insektenesser am Boden, Fledermäuse in der Luft – was blieb offen? Für die nächtliche Insektenjagd war dies das Gewirr von Stämmen, Ästen und Zweigen; jene dritte Dimension, in der keine der beiden anderen Gruppen von nächtlichen Insektenjägern mit größerem Erfolg tätig werden konnte. Das war und wurde die große Nische der Primaten. Sie stellt jedoch erheblich andere Anforderungen an den Nahrungserwerb als die beiden anderen großen Anpassungsräume.

Von herausragender Bedeutung ist das Sehen mit Erfassung der Raumtiefe, das dreidimensionale Sehen. Die Gesichtsfelder der beiden Augen müssen sich hierfür soweit wie möglich überschneiden. Nur dann lassen sich die Entfernungen präzise ermitteln, die Sprungweiten genau einstellen und der Griff nach dem Ast zuverlässig ausführen. Griff nach dem Ast – genau das ist der nächste bedeutsame Anpassungsschritt. Es bringt wenig, zielgenau zu springen, wenn man sich bei der Landung nicht richtig festhalten kann. Und es nützt noch weniger, wenn die zu erjagende Beute nicht mit großer Sicherheit erfaßt werden kann.

Beide Anforderungen lassen sich nur erfüllen, wenn wenigstens die Vorderextremität – sie kommt beim Sprung, von wenigen Sprungkünstlern abgesehen, als erste an – zu*greifen* kann. Besser noch ist es, wenn die Hinterbeine auch mit zupacken können, und die beste Lösung ergibt sich dann, wenn die beiden Hinterbeine und ein Greifschwanz für eine sichere Verankerung im Geäst sorgen, während gleichzeitig beide Hände frei zum Manipulieren sind. Genau dieser Grundlinie folgten die Anpassungen der Primaten. Sie entwickelten im Laufe des Tertiärs ein gutes Sprungvermögen, das auf elastischer Kraftübertragung beruht, ein Raumsehen durch weit nach vorne gerichtete Augen, welches die notwendige Zielsicherheit vermittelt, Vorderextremitäten, die greifen und zupacken können, sowie in einer Gruppe, den Neuweltaffen, einen Greifschwanz für das sichere Verankern an drei Punkten, ohne daß dazu eine Hand benötigt wird.

An letzterer, für den Nahrungserwerb sehr bedeutsamen Eigenschaft scheiden sich die Neuweltaffen von den Altweltaffen. Von dieser Fähigkeit her betrachtet, sind sie fortschrittlicher als die Altweltaffen. Dennoch blieb es ihnen versagt, den Entwicklungsweg der Primaten weiterzutragen. Waren sie bereits zu spezialisiert? Diese Frage wird wieder aufgerollt, wenn es darum geht, zu begründen, warum Afrika der Ursprung der Stammeslinie zum Menschen geworden ist und nicht Südamerika mit seinem viel größeren Tropenwaldgebiet und seinem Reichtum an Primaten.

Hier ist nun zusammenzufassen, daß die Primaten primäre Waldbewohner sind. Ihre besonderen Fähigkeiten lassen sich nur im Zusammenhang mit den Anforderungen verstehen, die das Leben im Wald stellt. Australopithecus war demnach ein Abweichler von der Generallinie, der trotz einer Fülle uralter Anpassungen an das Leben im Wald den Weg hinaus in die Savanne genommen hat.

Bevor versucht wird, diese Ungereimtheit zu klären, bedarf es eines Blickes über Australopithecus hinaus. Wie ging die Evolution der Primaten weiter? Der Grundstock hatte sich schon recht früh in drei große Linien geteilt. Die eine davon bilden sehr ursprüngliche Formen, die insbesondere auf Madagaskar eine erstaunliche Artenfülle hervorgebracht haben. Es sind dies die Halbaffen *(Prosimia)*. Die eigentlichen Affen gliedern sich in zwei seit dem frühen Tertiär schon voneinander getrennte Gruppen, die sich in vielen Eigenschaften voneinander unterscheiden.

Eine der am wenigsten bedeutsamen ist die Breite der Nasenscheidewand. Sie fällt bei den Altweltaffen schmal (Schmalnasen-Affen oder *Catarrhina*) und bei den Neuweltaffen breit (Breitnasen-Affen oder *Platyrrhina*) aus. Daß ein solches Merkmal, das sich schwerlich mit einer wirklich überlebensentscheidenden Eigenschaft in Zusammenhang bringen lassen wird, als sicheres Unterscheidungsmerkmal herangezogen werden kann, unterstreicht, welch unbedeutende Unterschiedlichkeiten entstehen können, die dann, wenn es zu einer massiven räumlichen und zeitlichen Trennung der beiden Formen kommt, zu diagnostischen Merkmalen werden. Dieser Befund soll darauf aufmerksam machen, daß die langfristig entscheidenden Unterschiede keineswegs auf bedeutende Abänderungen zu einem bestimmten Zeitpunkt zurückführbar sein müssen. Es genügen kleine Schritte, um im Laufe der Zeit zu großen Unterschieden, ja zu ganz neuen Richtungen im Evolutionsgeschehen zu kommen.

Die Trennung in Altwelt- und Neuweltaffen ist insofern von Bedeutung für die Menschwerdung, als der über viele Jahrmillionen parallele Weg beider Gruppen die großartige Möglichkeit eröffnet, Vergleiche zu ziehen und Befunde der einen Gruppe an der anderen zu überprüfen. Wir sind daher in der Lage, die Schlußfolgerungen, die zur Evolution der Primaten und des Menschen in Afrika herausgearbeitet werden, am südamerikanischen Parallelfall kritisch zu überprüfen. Wenn sie im interkontinentalen Vergleich Bestand haben, ist die Wahrscheinlichkeit viel größer, daß die Vorstellungen, die wir uns von der Evolution des Menschen machen, tatsächlich im großen und ganzen stimmen. Um diesen Schritt vorzubereiten, wechseln wir nun wieder zurück nach Afrika, zum Schauplatz des Geschehens zur Zeit der Entstehung des Australopithecus.

5. Kapitel

Unsere Menschenaffen-Verwandtschaft

Die Studien an der Zusammensetzung des Erbgutes von Schimpansen und Gorilla führen zu dem Befund, daß diese beiden Menschenaffen dem Menschen näherstehen als der in Südostasien lebende Orang-Utan. Mehr als 98 Prozent des Erbgutes stimmen mit Schimpansen und Gorilla überein. Die beiden Schimpansenarten (Bonobo und Schimpanse), stehen uns am nächsten; der Gorilla ist schon ein Stückchen weiter entfernt. Was beim Vergleich der Zusammensetzung des Erbgutes nur ein paar Prozent Unterschiedlichkeit ausmacht, bedeutet jedoch, in Zeitspannen der Evolution umgesetzt, mehrere Millionen Jahre Trennung. Somit fällt die Abspaltung etwa mit der Frühzeit der Australopithecus-Gruppe zusammen. Allein mit den unpräzisen Zeitangaben sind zweifelsfreie Entscheidungen nicht möglich, ob die Trennung bereits vor vier Millionen Jahren erfolgt war, als die ersten Australopithecinen entstanden, oder später, nachdem sie bereits existierten. Die Entscheidung fällt aber eindeutig aus, wenn man den Körperbau zugrunde legt.

Australopithecus war ein aufrecht gehender, relativ kleiner Vorläufer des Menschen, der mit Sicherheit nicht auf Bäumen im Wald gelebt haben kann. Seine körperliche Ausstattung paßt nur für die offene Landschaft. Er kann sich auch an Waldrändern aufgehalten haben, aber im Wald selbst war es ihm so gut wie unmöglich zu überleben. Also müßte sich im Falle einer späteren Abspaltung der Schimpanse wieder in einen früheren Zustand als Waldbewohner zurückentwickelt haben. Noch mehr gilt dies für den Gorilla, dessen Abzweigung von der Menschen-Linie gleichfalls in die kritische Zeit hineinfallen würde, in der Australopithecus schon den Weg ins offene Land genommen hatte. Eine solch massive Umkehr der Evolution muß stark bezweifelt werden. Viel wahrscheinlicher ist es, die Abspaltung beider (oder aller vier großen Menschenaffen, wenn der afrikanische Bonobo als eigene Art betrachtet und der Orang-Utan mit einbezogen wird) vorher anzunehmen. Das würde für Australopithecus eine relativ kurze Zeitspanne bedeuten,

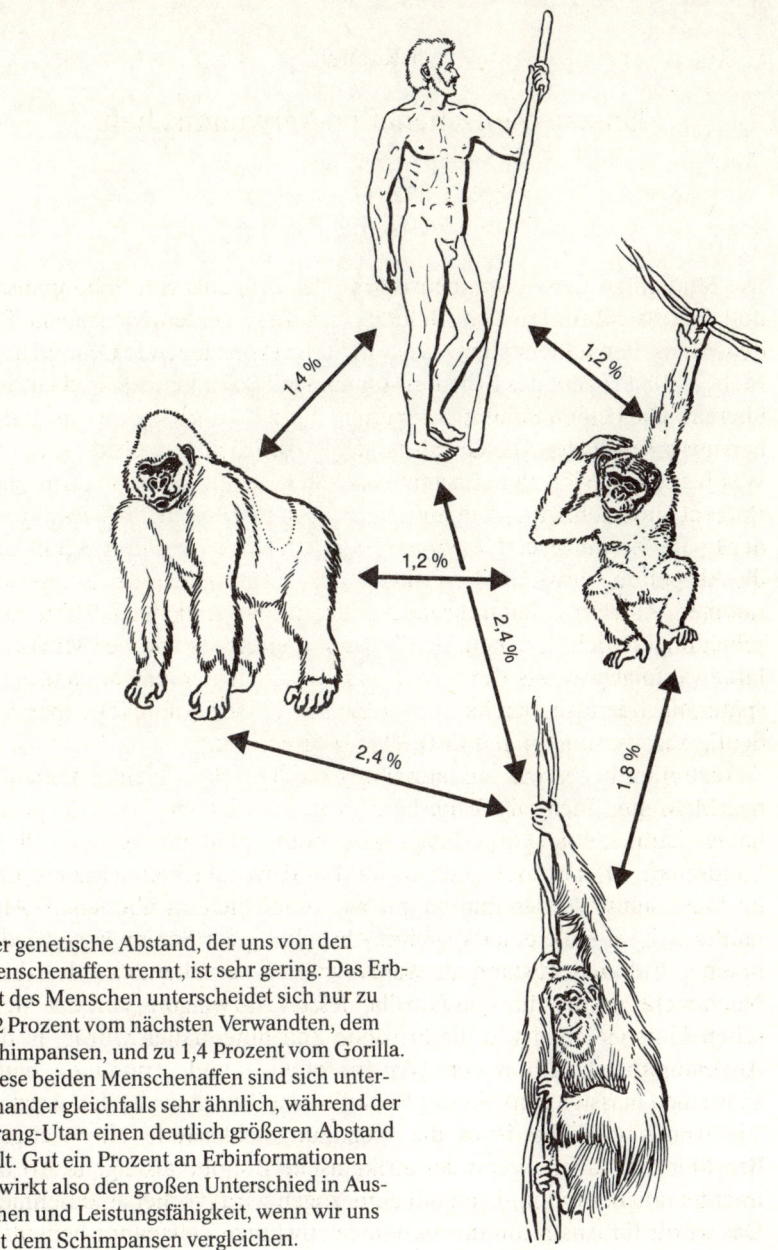

Der genetische Abstand, der uns von den Menschenaffen trennt, ist sehr gering. Das Erbgut des Menschen unterscheidet sich nur zu 1,2 Prozent vom nächsten Verwandten, dem Schimpansen, und zu 1,4 Prozent vom Gorilla. Diese beiden Menschenaffen sind sich untereinander gleichfalls sehr ähnlich, während der Orang-Utan einen deutlich größeren Abstand hält. Gut ein Prozent an Erbinformationen bewirkt also den großen Unterschied in Aussehen und Leistungsfähigkeit, wenn wir uns mit dem Schimpansen vergleichen.

die vor 3,5 Millionen Jahren ansetzt und vor eineinhalb Millionen Jahren endete, aber den Weg freimachen für die anderen großen Menschenaffen.

Aus ökologischen Erwägungen ist die letztere Ansicht viel befriedigender. Folgen wir nämlich dem genetischen Ähnlichkeitsgrad, also der Übereinstimmung im Erbgut, dann ist der Orang-Utan die entfernteste Verwandtschaft. Er ist am stärksten dem Leben im Wald, speziell im Geäst der Bäume angepaßt. Der Gorilla steht uns etwas näher, und seine Anpassung an den Wald ist nicht so weit gediehen. Er verbringt bereits bedeutende Anteile seiner Zeit am Boden. Noch mehr nutzen die beiden Schimpansenformen den Bodenbereich. Der Bonobo steht dem Menschen am nächsten. Er könnte in mancher Hinsicht ein vereinfachtes Abbild von Australopithecus sein, doch erreichen seine Beine nicht das Ausmaß der Abwandlung zum Lauforgan, und seine Arme sind deutlich länger. Er hangelt ganz gut im Geäst, bewegt sich aber eher auf trockenerem Gelände als die eigentlichen Schimpansen. Bezüglich seiner Intelligenzleistungen gibt es unterschiedliche Positionen. Doch da die Leistungen in engem Zusammenhang mit den Anforderungen stehen, die der natürliche Lebensraum an die Arten stellt, sind Befunde hierzu schnell überbewertet oder zu einseitig gesehen. Die körperlichen Anpassungsformen erweisen sich als verläßlicher.

Was sind die gemeinsamen Züge und Eigenschaften dieser nächstverwandten Arten? Dazu dürfen wir sicher nicht in die Augen dieser Primaten blicken, schon gar nicht, wenn sie sich in menschlicher (unmenschlicher!) Gefangenschaft befinden. Zu schnell erblicken wir uns als Zerrbild in diesem Spiegel. Die verwandtschaftliche Nähe macht sich in höchst beklemmender Weise bemerkbar. Sie verschleiert die Sicht auf die Grundzüge, weil in jedem Orang, in jedem Schimpansen und Gorilla so unfaßbar viel Individualität steckt.

Die geduldigen, langjährigen Feldstudien von Jane Goodall, Dian Fossey und anderen haben viel klarer gezeigt, wie sehr die Übergänge zwischen Mensch und Menschenaffen ineinanderfließen, wenn deren natürliches Verhalten in Freiheit erforscht wird. Sie zeigten die erstaunliche Tatsache, daß die Gorillas in sehr ausgeprägtem Maße, die Schimpansen nicht so sehr von pflanzlicher Kost leben. Aber wenn es insbesondere den Schimpansen gelingt, eine junge Antilope zu erbeuten oder ein Paviankind zu fassen zu bekommen, dann werden sie zu gierigen Fleischessern. Schimpansen können Stunden damit zubringen, mit steifen Grashalmen oder dünnen Stöckchen in Termitenbauten herumzustochern. Die Termiten, die sich daran festbeißen, ziehen sie heraus und streifen sie mit genüßlichem Schmatzen ab. Ohne jeden Zweifel handelt es sich für die Schimpansen dabei um Leckerbissen. Es ist auch gelungen, dieses Verhalten unter Zoobedingungen wachzurufen. So sehr sind die Schimpansen auf Eiweiß aus, das von Insekten stammt, und auf Fleisch von Säugetieren.

Betrachtet man die neuen Forschungsergebnisse, die Jane Goodall und Dian Fossey in ihren großartigen Büchern über wilde Schimpansen und die Berggorillas zusammengestellt haben, kann man sich des Eindrucks nicht erwehren, daß beide Primaten nur mit gewissen Vorbehalten, ja mit »Widerwillen« zu Pflanzenessern geworden sind. Die uralte Primatenausrichtung auf Insekten steckt durchaus noch in ihnen; vielleicht auch mehr.

Der Gedanke ist berechtigt, daß diese Menschenaffen von ihren erfolgreicheren Verwandten in der Savanne in die Nahrungsarmut der Wälder abgedrängt worden sind und nicht die gradlinige Fortsetzung der Stammeslinie der Primaten repräsentieren, sondern Ausweichlösungen auf einen Lebensraum, der zwar pflanzliches Material in Fülle bietet, aber für so große Organismen zu wenig Fleisch. Zu große Lebewesen müßte man sagen, denn das ist der Schlüssel.

Wie erinnerlich eignet sich Körpergröße besonders dazu, den Energieaufwand zum Warmhalten des Körpers zu vermindern. Große Körper kommen daher mit minderwertigerer Nahrung eher zurecht als kleine. Auf die Primaten bezogen heißt das, daß sich die großen Arten wie Orang-Utan, Schimpanse und Gorilla die nährstoffarme Pflanzennahrung leisten können, weil ihre massigen Körper mit der Energie gut haushalten. Das sollte insbesondere für Orang-Utan und Gorilla so sein, für die kleineren Schimpansen aber nur mit Einschränkung gelten. Genau das haben die Freilandforschungen bestätigt.

Der Schimpanse bessert am häufigsten seine Diät mit Fleisch auf und scheint am begierigsten danach zu sein. Er benötigt qualitativ bessere Pflanzennahrung mit einem höheren Anteil an Früchten als der Gorilla. Die Schimpansen führen außerdem ein weitaus aktiveres Leben als die ungleich trägeren Großaffen. Sie springen mehr herum, probieren unterschiedlichere Formen der Fortbewegung und zeichnen sich durch größere und anhaltendere Neugier aus. Sie sind auch gelehriger, aber nur in fortgeschrittenerem Alter. Die Jungen aller Menschenaffen ähneln sich stark in ihrer Neugier, ihrem Verhalten der Umwelt gegenüber und in der sozialen Bezugnahme zueinander. Der ausgeprägteste Blattesser, der Gorilla, zeigt das geringste Niveau an Sozialverhalten. Das gilt für freilebende wie für in Gefangenschaft gehaltene Gorillas.

Beziehen wir diese Kurzcharakterisierung der Menschenaffen auf den Australopithecus, so wird klar, daß es bei seiner Entstehung eine Art Scheideweg gegeben haben muß. Der eine führte stärker hinein in den Wald, der andere hinaus ins offene Land. Der eine Weg brachte die Verstärkung der Anpassungen an das Baumleben und an die Ernährung von pflanzlichem Material, der andere baute auf dem alten Erbe der Nutzung von Insekten auf und führte – ja wohin? War Australopithecus womöglich ein Fleischesser?

So weit dürfen wir nun wohl noch nicht gehen. Dagegen sprechen nämlich eindeutige Befunde. Von Australopithecus gibt es genügend Funde, die belegen, daß sein Gebiß nicht das eines »Raubaffens« war, sondern einem Gemischtköstler entsprach.

Den Zähnen nach zu urteilen dürfte sich seine Nahrung aus pflanzlichen und tierischen Komponenten zusammengesetzt haben. Bei der robusten Art des Australopithecus überwogen wahrscheinlich große harte Samen und stärkereiche Wurzeln, also eine Nahrung mit hohem Stärkeanteil. Bei der grazilen Art machten Insekten wie Termiten, Kleintiere, vielleicht Vogeleier und Früchte einen größeren Anteil aus. Doch bei allen Australopithecinen muß man annehmen, daß ihre Nahrung reicher an hochwertigen Nährstoffen war als die, welche die heutigen Menschenaffen zu sich nehmen.

Die kräftigere Verwandtschaft bezieht ihre (körperliche) Stärke folglich aus einem hohen Anteil minderwertiger Pflanzennahrung, vornehmlich aus Kohlehydraten. Es mangelt ihr an Eiweiß, mitunter wohl auch an Fett. Für die geistige Stärke ist dies eine ungünstige Ausgangslage, weil die Ausbildung eines großen Gehirns ein höchst komplexer Prozeß ist, der insbesondere die reichliche Versorgung mit energiereichen Phosphorverbindungen voraussetzt. An ihnen herrscht in den Blättern der Waldpflanzen und in den Früchten der Waldbäume Mangel. Phosphorreiche, mit hochwertigem Eiweiß ausgestattete Nahrung bieten, von wenigen besonderen Pflanzen wie der hochgezüchteten Sojabohne abgesehen, praktisch nur tierische Organismen. Am meisten Eiweiß pro Gewichtseinheit enthalten die Körper von Wirbeltieren.

Eine in jeder Hinsicht ausgewogene Nahrung besteht aber aus allen drei Grundkomponenten: Eiweiß, Fett und Kohlehydraten. Reine Fleischkost wäre – und ist – im Prinzip ähnlich einseitig wie reine Pflanzenkost. Die leistungsfähigsten Lebewesen sind nicht die reinen Pflanzenesser und auch nicht die sogenannten Raubtiere. Das Optimum liegt dazwischen – in der gemischten Kost. Australopithecus dürfte nicht schlecht gelegen haben in der Wahl.

6. Kapitel

Grasland, Großwild, schnelle Beine

Von den Veränderungen im Laufe des Tertiärs waren nicht nur die Primaten und ihre noch ältere Verwandtschaft, die Insektenesser, betroffen. Die 60 Jahrmillionen, die das Tertiär im dritten großen Abschnitt der Erdgeschichte einnahm, hinterließen tiefgreifende Spuren bei vielen anderen Gruppen von Organismen. Auf die Entfaltung der Blütenpflanzen wurde bereits hingewiesen.

Während des Tertiärs setzt eine andere Entwicklung ein, die buchstäblich neue Räume eröffnete und das anfängliche Übergewicht des Waldes und der Waldbewohner zurückdrängte. Nach und nach sanken die Temperaturen, die Niederschläge gingen zurück, wurden unregelmäßiger, und Grasland breitete sich aus. In immer größerem Umfang nahm es die ausgedehnten Innenräume der Kontinente in Besitz. Sie wurden zu Savannen und zu Steppen. Die Schlüsselrolle in dieser Entwicklung kommt dabei den Gräsern zu.

Diese Pflanzengruppe hat die umfangreiche wechselseitige Anpassung an die bestäubenden Insekten nicht mitgemacht. Die Gräser blieben zunächst jahrmillionenlang hinter der Masse der fortschrittlichen Blütenpflanzen zurück, die mit geradezu phantastischen Blütenfarben und -formen ganz gezielt jene Insekten anlocken und mit Pollen beziehungsweise Nektar belohnen, welche die Bestäubung vollziehen. Eine effiziente Pollenübertragung setzt voraus, daß die Überträger nicht wahllos zwischen den verschiedensten Blüten hin und her wechseln. Je mehr sie sich aufeinander einstellen, um so wirkungsvoller klappt die Bestäubung, aber um so abhängiger werden die Partner voneinander. Abhängigkeit bedeutet im Maßstab der Evolution auch eine gewisse Starrheit. Ist eine bestimmte Entwicklungsrichtung einmal eingeschlagen, läßt sie sich nur noch sehr schwer, wenn überhaupt, ändern.

Vielen Blütenpflanzen fiel es aus diesem Grunde schwer, sich umzustellen, als die kühleren und trockeneren Witterungsbedingungen dafür sorgten, daß die Wälder zurückgingen. Das war die Chance der auf einem älteren Entwicklungsstand verharrenden Gräser. Sie waren unabhängig von den bestäubenden Insekten, sandten ihren Blütenstaub in den Wind, der ihn über weite Strecken forttrug und auch an entfernten Standorten für die Bestäubung der weiblichen Blüten sorgte. Windblütigkeit setzt natürlich offenen Luftraum voraus. Im Waldesinnern funktioniert sie nicht, weil die Luftbewegungen zur Blütezeit zu schwach sind. Nur oben im Kronenbereich der Bäume kann Windblütigkeit ein brauchbarer Mechanismus zur Bestäubung sein. Doch hat sie auch dort ihre Nachteile, vor allem, wenn die Bäume sehr hoch sind. Dann sinken die Pollenkörner zu schnell zu Boden, oder es pfeift der Wind zu stark durch die Kronen. Für die Pollenübertragung mit Hilfe der Luftströmungen sollte auch keine zu hohe Luftfeuchtigkeit herrschen. Orchideen in feuchtwarmen Tropenwäldern verpacken ihre Pollen in gut geschützte Säckchen. Diese werden dann von ganz bestimmten Insekten übertragen. Manche Orchideen locken die Insekten dazu mit einer täuschend ähnlichen Nachbildung des artspezifischen Sexuallockstoffes an. Da dieser nur bei ganz bestimmten Arten wirkt, sind sie davon abhängig. Bei der Windblütigkeit spielt das alles keine Rolle. Allerdings müssen die windblütigen Pflanzen verhältnismäßig große Pollenmengen produzieren, damit die Luft dicht genug davon erfüllt ist.

Die offene Landschaft bietet hierzu ideale Bedingungen. Die Aufwärmung durch die Sonne führt in den Mittagsstunden auch dann zur Thermik und Windbildung, wenn kein großräumiger Luftaustausch erfolgt. In Bodennähe entstehen Wirbel, die den Pollen weitertragen und nicht gleich in alle Winde verstreuen. Die Ähren brauchen sich nur ein wenig über die Spitzen der Gräser emporzurecken, dann werden sie schon von den Luftströmungen erfaßt.

So gesehen, haben die Gräser große Vorteile, was ihre Fortpflanzung betrifft. Daß sie sich zudem noch in starkem Maße durch unterirdische und an der Bodenoberfläche kriechende Ausläufer (vegetativ) vermehren können, ergänzt ihre Eignung als Besiedler von offenem Land. Dennoch könnten sie gegen die Konkurrenz der Bäume nicht bestehen, wenn diese geeignete Wachstumsbedingungen vorfinden. Die Bäume können mit ihren Wurzeln tief ins Erdreich hinabreichen, Nährstoffe aus größerer Tiefe heraufholen, weil die starke Verdunstung in ihrem Blattwerk hoch oben über dem Boden einen sehr starken Transpirationsstrom erzeugt. Damit pumpen sie nicht nur Wasser, sondern auch darin gelöste Nährsalze 30, 40 oder mehr Meter hoch in den Kronenraum. Die Gräser sind ungleich schwächer in dieser Hinsicht. Daß sie im Offenland trotzdem die »Stärkeren« geworden sind, liegt daran, daß der hohe Wasserbedarf für die Bäume schnell zum Engpaß wird, wenn die Niederschläge nicht reichlich genug und nicht hinreichend gleichmäßig über die Wachstumszeit verteilt kommen. Dann darben die Bäume, während die mit viel weniger Wasser auskommenden Gräser überleben. Hierfür haben sie sich besonders angepaßt, was zum Angelpunkt für die weitere Entwicklung bedeutender Säugetiere, und in der Folge auch für den Menschen geworden ist.

Sie verlegten ihre Vegetationspunkte unter die Erdoberfläche. Bei diesen Gebilden handelt es sich um die Zonen wachstumsfähigen Gewebes, das immer wieder neue Triebe hervorbringt. Bei den Bäumen und Kräutern, den sogenannten zweikeimblättrigen Pflanzen, befinden sich die Vegetationspunkte an den Blattstielen beziehungsweise Ansatzstellen, also außen. Sie lassen sich gut als Knospen erkennen. Werden diese Knospen zerstört, etwa dadurch, daß sie abgeweidet werden, kann das betreffende Ästchen oder der junge Baum nicht mehr austreiben. Er geht zugrunde. Mitunter gelingt es ihm noch, über Triebe aus den Wurzeln heraus, doch wieder zum Wachstum zu kommen. Werden aber diese gleichfalls ihrer Knospen beraubt, stirbt der Baum.

Bei den Gräsern als einkeimblättrigen Pflanzen ist das ganz anders. Ihre Vegetationspunkte liegen gut geschützt unter der Bodenoberfläche, wo sie bei Beweidung nicht zerstört werden. Sie müßten schon teilweise zusammen mit den oberen Wurzeln herausgerissen werden, daß die Vegetationspunkte zerstört würden. Ein ungleich größerer Teil ihres lebendigen Pflanzenkörpers, bis über 80 Prozent, befindet sich außerdem im Wurzelbereich. Hier werden die Nährstoffe gespeichert und für den nächsten Wachstumsschub bereitgehalten. Gräser können daher sehr viel rascher auf neue Niederschläge mit Wachstum reagieren als Bäume. Sie sind, kurz gesagt, saisonalem Klima besser angepaßt, während der Baumwuchs in ausgeglichenem, gleichmäßigem Klima gewinnt.

Die Veränderung zum Grasland muß daher mit weltweiten Klimaverschiebungen verbunden gewesen sein. Darauf wird im nächsten Kapitel Bezug genommen.

Für Tiere, die sich von Pflanzen ernähren, hatte diese Entwicklung ganz neue Horizonte eröffnet. Die Gräser vertragen eine viel stärkere Nutzung als der Wald. Sie brauchen geradezu die Beweidung; Steppenfeuer erfüllen dieselbe Funktion. Denn andernfalls verfilzen die abgestorbenen Halme zu einer dichten, nahezu undurchdringlichen Matte, die den weiteren Graswuchs behindert. Die Leistungsfähigkeit, die Produktivität, steigt somit an, während sie beim Wald sinkt, sobald nur ein paar Prozent des Laubwerkes genutzt werden, bevor die Blätter gealtert sind. Der Graswuchs verträgt eine Nutzungsrate bis zu 90 Prozent und darüber, wenn die Beweidung nicht zu früh ansetzt. Dadurch liefert das Grasland in einer Wachstumsperiode ein Vielfaches an nutzbarer Biomasse, verglichen mit dem Wald.

Diese Eigenschaft machten sich schon bald nach der Ausbreitung der Grasländer verschiedene Tiergruppen zunutze. Am erfolgreichsten kamen zwei Stammeslinien unter den Säugetieren voran: die Pferde- und die Rinderartigen. Am Anfang waren es kleine Vertreter, die die aufkommenden Gräser nutzten; diese Tiere erreichten zunächst nur etwa Hasengröße. Sie hielten sich in der Nähe der Deckung bietenden Waldränder auf und ergänzten die Grasnahrung noch in großem Umfang durch Knospen. Das war damals sicher genauso nötig, wie es heute für die Rehe unumgänglich ist, weil die raschwüchsigen Gräser reich an Rohfasern und Kohlehydraten, aber verhältnismäßig arm an Eiweiß sind. In den Knospen steckt mehr davon.

Doch je mehr sich das Grasland ausbreitete, um so besser paßten sich die Pferde und Rinder an die neue, im Überfluß vorhandene Nahrungsquelle an. Sie entwickelten immer größere Formen, und im Laufe der Jahrmillionen wurde aus dem kaum hundegroßen Urpferdchen ein eleganter, hochgewachsener Steppenrenner, der in einer Vielzahl von Arten das Grasland bevölkerte.

Die Steigerung der Körpergröße war möglich geworden, weil sich in einer Aussackung des Enddarmes, im Blinddarm, Bakterien ansiedelten. Anfangs dürften sie häufig die Ursache von Darmverstimmungen und Verdauungsschwierigkeiten gewesen sein, weil sie mit ihrem ungezügelten Wachstum den Nahrungsbrei zu flüssig machten oder zu viele Gase entwickelten. Nach und nach gelang es den Pferden aber, die Bakterien unter Kontrolle zu bringen, sie im Blinddarm einzuquartieren und für die Verdauung nutzbar zu machen. Denn diese Darmmikroben greifen viele Nahrungsbestandteile, insbesondere Zellulosefasern, an und zerlegen sie in kürzere Bestandteile. Dabei entstehen Fettsäuren und Zucker, beides Stoffe, die das Pferd gebrauchen kann.

Wichtiger dürfte aber gewesen sein, daß die Bakterien aus den zunächst minderwertigen, weil schwer oder nicht verdaulichen Stoffen hochwertiges Bakterieneiweiß aufbauten: sie fermentieren. Es ist dies im Prinzip der gleiche Vorgang, den wir bei der Gewinnung von Käse oder Joghurt benutzen. Selbst im Brot findet eine qualitative Aufbesserung durch die Sauerteig-Bakterien statt. Wenn wir Menschen von solcherart aufgewerteter Nahrung besser leben können, obwohl wir uns sehr vielseitig ernähren, um wieviel wichtiger muß dieser Vorgang für die Pferde gewesen sein, die sich sehr einseitig vom Gras, im Winterhalbjahr vom dürren, noch nährstoffärmeren Gras, dem Heu, ernähren!

Eine rapide Zunahme der Artenvielfalt war die Folge dieser Errungenschaft. Sie zeigte sich auch in der wörtlich auf die Spitze getriebenen Umbildung des Pferdefußes. Die ersten Pferdeartigen, also jene Formen, die am Anfang der neuen Entwicklung standen, hatten noch fünf Zehen und an den Spitzen jeweils nur ganz kleine Hufe. Diese waren nicht mehr als nur eine Verfestigung der Zehenspitzen, die ähnlich funktionierte wie die Krallen bei anderen Säugetieren. Je größer die Pferde aber wurden, desto schlanker und länger wurden ihre Beine und um so stärker verminderte sich die Zahl der Zehen. Das Endstadium der Entwicklung ist der Pferdehuf, wie wir ihn von unseren Pferden kennen. Er stellt einen extrem verbreiterten und verfestigten Zehennagel dar. Die Pferde laufen also auf der Spitze einer einzigen Zehe, der Mittelzehe.

Damit haben sie die Reibung mit dem Boden maximal verringert und eines der am weitesten entwickelten Laufbeine ausgebildet, die wir überhaupt kennen. Bis in die jüngste Zeit war man der Ansicht, daß diese Entwicklung von den Raubtieren vorangetrieben worden ist, die stets die langsamsten Tiere aus den Herden herausfingen und so dafür sorgten, daß sich das Laufbein der Pferde immer weiter spezialisierte. Gleichzeitig wurden sie selbst immer schneller, so daß ein »evolutionärer Wettlauf« entstand, der in den spurtschnellen Geparden und Wildhunden einerseits und in den flinken, spurtgewaltigen Wildpferden andererseits gipfelte.

Die gleich zu behandelnde, parallele Entwicklung bei den Paarhufern, den Rindern, Antilopen, Hirschen und Gazellen, scheint auf den ersten Blick für die gleiche Interpretation zu sprechen. Die gemeinsame Evolution, die Co-Evolution, von Huftieren und Raubtieren gilt als Lehrbuchbeispiel für das Wechselspiel von »Räuber und Beute«.

Doch Zweifel drängen sich auf: Wenn der Ablauf der Entwicklung der Pferde (Einhufer) und der Paarhufer tatsächlich vom Feinddruck verursacht und gestaltet gewesen sein soll, dann hätte die Verlustrate, der Tribut an die Feinde, sehr hoch sein müssen. Nur ein starker Selektionsdruck, der die wenigen Fortschrittlichen – das menschliche Vokabular sei hier erlaubt – begünstigt und die große Mehrzahl der konservativ am Althergebrachten Festhaltenden ausmerzt, wäre in der Lage, solch einschneidende Veränderungen hervorzubringen. Wir müßten annehmen, daß durch mehr als die Hälfte des Tertiärs, also über den immensen Zeitraum von mehr als 30 Millionen Jahren, ein Ungleichgewicht zwischen den Huftieren und ihren Freßfeinden bestanden hatte. Denn wenn, wie in der Gegenwart, ein Gleichgewicht erreicht ist, entnehmen die Freßfeinde nur ein paar Prozent aus den Beständen. Dabei handelt es sich zum allergrößten Teil um kranke und schwache Tiere, um alt gewordene oder frisch geborene. Der Anteil gesunder, voll fortpflanzungsfähiger Erwachsener im Beutespektrum von Löwen, Tigern, Hyänen und Wildhunden ist sehr gering; viel zu gering, als daß daraus ein so kräftiger Selektionsdruck abgeleitet werden könnte, wie er nötig wäre, um die Veränderungen zu verursachen.

Wenn nun schon in der Gegenwart eine solche Selektion unmöglich ist, obwohl gerade die Großwildreservate ungleich stärker abgeschlossen sind als in der Vergangenheit, so daß auch kein Ausweichen in großem Stil möglich ist, dann muß es noch viel weniger wahrscheinlich sein, daß in der Vorzeit diese Selektionswirkung stattgefunden hat. Viel plausibler ist es anzunehmen, daß die Feinde eher stabilisierend wirkten, als daß sie die Evolution vorantrieben – zumindest im Falle der Huftiere ist das sehr anzunehmen.

Diese Überlegungen haben sehr evidente Gründe. Es gibt genügend Untersuchungen zum Feinddruck und zur Selektionswirkung der großen Raubtiere auf die Bestände freilebender Weidegänger wie Pferde und Paarhufer. Schon ein nur etwas erhöhter Jagderfolg würde die Beute schnell so reduzieren – und damit viel schwerer erreichbar machen –, daß der Rückschlag die Überlebensfähigkeit des Raubtieres weitaus härter treffen müßte als die Beute. Dieser Punkt ist nicht deshalb so zu betonen, weil er im Gegensatz zu den gängigen Annahmen und Lehrbuchmeinungen steht, sondern weil er für das Verständnis der Evolution des Menschen von größter Bedeutung ist. Wie hätten der frühe Mensch und seine Vorläufer in den Savannen überleben können, wo diese doch voller grasender Huftiere und auch voller Raubtiere gewesen sind? Was hätte Säbelzahnkatzen und die anderen Großraubtiere davon abhalten können, den wenig wehrhaften Australopithecus oder die anderen Vorläufer des Menschen als Beute vorzuziehen, anstatt sich mit den horn- und hufbewehrten Büffeln, Antilopen oder auch den schnellen Pferden auseinanderzusetzen?

Nie und nimmer hätte es eine Überlebenschance für die Stammeslinie des Menschen geben können, wenn die Vorstellung vom evolutionären Wettlauf zwischen Feind und Beute, zwischen Raubtieren und Huftieren zutreffend sein sollte. Die Bedenken steigen noch, wenn man zusätzlich annimmt, was nach der biologischen Ausstattung von Australopithecus unumgänglich ist: daß die frühe Stammeslinie zum Menschen nämlich darauf angewiesen war, energie- und nährstoffreiche Nahrung zu suchen. Die Australopithecinen konnten sich nicht stundenlang in Deckung halten oder nur kurzfristig in die offene Savanne hinausziehen, um dort ihre Nahrung zu finden. Sie mußte erst gesucht werden! Nichts, rein gar nichts berechtigt zu der Annahme, daß Australopithecus seine Nahrung wie auf dem Präsentierteller serviert bekam.

Folglich muß man sich wohl damit vertraut machen, daß die Entwicklung der Huftiere in zu starkem Zusammenhang mit den Raubtieren gesehen worden ist. Akzeptiert man dies, steckt man jedoch unvermittelt in einem anderen Dilemma. Der evolutionäre Feinddruck für Australopithecus hat sich zwar durch diese Überlegung beträchtlich entschärft, aber dafür ist nun wieder offen, warum die Huftiere so großartige Läufer geworden sind. Müßten sie nicht in gleicher Weise wie die trägen pflanzenessenden Dinosaurier schwerfällig über die neuen Weiden gewandert sein? Warum sind sie so ganz anders als diese pflanzenfressenden Vorgänger aus der Reptilienverwandtschaft?

Diese Frage führt zurück zur Nutzung der Gräser und zum anderen großen Zweig der Huftiere, zu den Paarhufern, zu denen unsere Rinder gehören. Sie sind heute die vielfältigsten Weidegänger überhaupt, wenn man von Australien absieht, das Weidegänger aus ganz anderem Sproß hervorgebracht hat – die Känguruhs. Was unterscheidet die Kühe und Schafe, die Ziegen und Antilopen, die Hirsche und Gazellen von den Pferden? Die Systematik sagt, daß es sich bei ihnen um Paarhufer handelt, bei denen beide Mittelzehen gleichermaßen ausgebildet sind. Bei den Pferden trägt nur eine Zehe das Bein. Dieser Unterschied ist zwar eindeutig und ermöglicht eine problemlose Trennung von Rinderartigen als Paarhufer und Pferden als Einhufer, aber hinsichtlich der Lebensweise besagt dieser Unterschied so gut wie nichts. Auch daß die Pferde keine Geweihe oder Gehörne ausbilden, will nicht viel besagen, zumindest nicht im hier interessierenden Zusammenhang. Es muß grundlegendere Unterschiede geben, die dazu geführt haben, daß zuerst die Pferde während des Tertiärs eine so eindrucksvolle Ausbreitungs- und Anpassungswelle durchgemacht haben und dann die Rinderartigen. Ihre Blütezeit hält, im Gegensatz zu jener der Pferde, bis heute an. Der Aufstieg der Paarhufer wird erklären, weshalb die Annahme, daß die Raubfeinde die Triebkraft der Evolution der Weidegänger gewesen sind, nicht stichhaltig sein kann und warum sich so enge Beziehungen zum Menschen davon ableiten lassen.

Was also macht den fundamentalen Unterschied zwischen Rindern (wie sie nun vereinfachend genannt werden sollen) und Pferden aus? Er äußert sich augenfällig, wenn man das Endprodukt der Verdauung, den Pferdeapfel und den Kuhfladen, miteinander vergleicht. Der erste enthält noch viele Fasern und andere Pflanzenreste, so viele, daß bis zum Ende der Postkutschenzeit die Spatzen von den Pferdeäpfeln ganz gut leben konnten. Der Kuhfladen dagegen bildet eine einheitliche, nahezu unstrukturierte, breiige Masse, die erst dann für Kleinvögel wieder interessant wird, wenn sich Fliegenmaden oder Käferlarven darin entwickelt haben. Der äußerliche Unterschied beruht auf einer ganz andersartigen Verdauung.

Die Kühe sind wie auch die Büffel und Antilopen, die Hirsche, Rehe und Gazellen Wiederkäuer. Sie raffen schnell eine ziemlich große Menge pflanzlicher Nahrung zusammen, die zuerst in eine großräumige erste Erweiterung des kompliziert aufgebauten Magens, in den Pansen nämlich, hinabgewürgt wird. Dort befinden sich große Mengen Einzeller (Mikroben), die nun in einem ersten Bearbeitungsschritt die Nahrung angreifen. Stunden später wird der Brei hochgewürgt und jetzt erst richtig durchgekaut. Portion für Portion schluckt nun der Wiederkäuer erneut und befördert sie in den nächsten Magenabschnitt. Hier findet eine weitere Aufbereitung statt. Weitere Stufen folgen in den sich anschließenden Magenkammern, bis schließlich der hochgradig bearbeitete und weitestgehend aufgeschlossene Nahrungsbrei in den Darm gelangt, wo die benötigten Stoffe aufgenommen werden. Sie enthalten noch mehr Eiweiß, als die Dickdarmbakterien der Pferde liefern können. Die aufgenommene Nahrung wird infolgedessen ganz erheblich besser ausgenutzt. Bei gleich guter Ausgangsqualität der Nahrung können also die Wiederkäuer mehr daraus machen als die Pferde. Oder andersherum: Die Wiederkäuer sind dank ihres besonderen Magens und der Symbionten (Pansenciliaten) in der Lage, mit weniger wertvoller Nahrung zurechtzukommen als die Pferde.

Mit diesem Befund wird klar, weshalb erstens die Neuentwicklung der Wiederkäuer im Endeffekt erfolgreicher war als die Pferdelinie, von der gegenwärtig nur noch zwei Gattungen mit zusammen einer Handvoll Arten überleben, während die Wiederkäuer die artenreichste Gruppe der Großsäuger darstellen. Und zweitens, warum das Entwicklungszentrum der Wiederkäuer – anders als bei den Pferden – in den tropischen Savannen Afrikas lag. Die Tropengräser sind nämlich weitaus weniger nahrhaft als die Gräser in den gemäßigten und kühlen Breiten. Sie enthalten einen höheren Anteil an Zellulose und Rohfasern sowie zumeist auch mehr Kieselsäure, welche die Zähne der Wiederkäuer abschleift. Zum Abrupfen der Gräser, auch der dürr gewordenen, reichen die Schneidezähne im Unterkiefer. Sie drücken gegen den harten, aber zahnlosen Vorderrand des Oberkiefers. Bei den Pferden sind hier Schneidezähne vorhanden. Sie beißen gezielter zu und wählen, wo immer das möglich ist, viel sorgfältiger aus, was sie zu sich nehmen. Bei Kühen kann es passieren, daß sie einen im Gras liegenden Nagel einfach mitverschlucken – bei Pferden nie!

Den Vorteil der besseren Ausnutzung der Nahrung durch das Wiederkäuen können die Pferde in gewissem Umfang dadurch ausgleichen, daß sie einfach mehr Nahrung aufnehmen und diese schneller durch den Verdauungstrakt hindurchschleusen. Man könnte die Verdauung der Pferde als »schnelles Durchlaufsystem« charakterisieren, während die Wiederkäuer ein »intensives Bearbeitungssystem« entwickelt haben. Für beide ist aber unerläßlich, daß verhältnismäßig viel Nahrung aufgenommen wird, weil selbst die besten Mikroben nicht mehr daraus machen können, als in der Nahrung steckt. Sie sind nur in der Lage, den Nährstoffgehalt besser verwertbar zu machen.

Das hat zur Folge, daß Pflanzenesser ganz allgemein größere Mengen an Nahrung als Fleischesser brauchen. Je mehr aufgenommen werden kann, um so besser funktioniert die Aufbesserungsarbeit der Mikroben. Der Trend zu zunehmender Körpergröße mit abnehmender Qualität der Nahrung ist die Folge. Was schon für den Gorilla und den Orang-Utan festgehalten worden ist, gilt genauso für die Weidegänger. Die Pferde und die Wiederkäuer mußten größer werden, um groß genug zu sein für die Verwertung nährstoffarmer, zellulosereicher Grasnahrung. Die kleinen Vertreter der Huftiere, die heute noch existieren, konzentrieren ihre Nahrungssuche in noch stärkerem Maße als das Reh auf Knospen, Samen und Früchte. Die großen Kaffernbüffel oder Bisons hingegen schaffen es noch mit strohtrockenem Gras, durch den Winter beziehungsweise die Trockenzeit zu kommen.

Das Problem der Entwicklung der Laufbeine ist mit diesen Feststellungen jedoch immer noch nicht gelöst. Kommt hier der Feinddruck gleichsam durch die Hintertür doch wieder mit ins Spiel?

Keineswegs. Die Lösung steckt in der Natur des Graswuchses. Die Gräser konnten sich ja in allererster Linie deshalb so großflächig ausbreiten, weil das Klima so ausgeprägt saisonal geworden war. In der Tropenzone wechseln auf die das Wachstum fördernden Regenzeiten mit ihren sturzbachartigen Wassermassen monatelange Trockenzeiten, in denen der Graswuchs verdorrt und das Land, das vorher einer üppigen Wiese glich, fast zur Wüste macht. Außerhalb der Tropen passiert das gleiche im Wechselspiel von Sommer und Winter. Auf die Phase der sommerlichen Produktion folgt die Winterruhe, während der die Gräser verdorren und Schnee eine Kältewüste entstehen läßt. Die Gräser kommen mit diesen stark wechselnden Lebensbedingungen deshalb zurecht, weil der größte Teil ihres Pflanzenkörpers gut geschützt im Boden steckt.

Für die Nutzer dieser Gräser bedeuten die Trockenzeiten und der Winter allerdings Zeiten extremer Notsituation. Die Nahrung wird nicht nur knapp, sondern auch minderwertig, weil fast alle wertvollen Stoffe in den Boden hinabgezogen worden sind. Sie müssen nun von etwas leben, das noch wertloser als Heu ist. Heu macht man ja, wenn die Gräser voll entfaltet sind und viele Nährstoffe konzentriert haben, und nicht erst, wenn der Winter hereingebrochen ist. Durch den Schnitt des Grases wird verhindert, daß die Pflanzen ihre Produkte und Reservestoffe ins Wurzelwerk hinabziehen. Heu in unserem Sinne hat daher viel mehr Nährwert als das trocken gewordene Gras, von dem sich die Weidegänger im Winter oder während der Trockenzeiten ernähren müssen. Daher wird unter solchen Bedingungen die Körpergröße zu einer Überlebensfrage: Nur wenn genügend Reserven angehäuft sind, kann die Notzeit überbrückt werden.

Zu Beginn einer neuen Vegetationsperiode müssen sich die Gräser natürlich wieder erholen können und vertragen es nicht gleich abgeweidet zu werden. Damit hängen die mehr oder minder ausgedehnten Wanderungen der Weidetiere zusammen, je nachdem, wie die Niederschläge verteilt sind und welche klimatischen Bedingungen herrschen. In der Tropenzone folgen die Niederschläge einem ziemlich festen Jahresrhythmus, der von der scheinbaren Wanderung der Sonne bestimmt ist. Die Regenperioden setzen beim oder kurz nach dem Sonnenhöchststand ein. Im äquatorialen Bereich gibt es deswegen zwei Regenzeiten und an den Wendekreisen nur eine. Außerhalb der Tropen bestimmt der Sommer-Winter-Rhythmus das Pflanzenwachstum.

Diesem großen Geschehen sind kleinräumige Vorgänge untergeordnet. Gräser wachsen dann am besten, wenn sie reichlich Wasser bekommen. Das kann auch von der Schneeschmelze im Gebirge stammen oder durch Überschwemmungen geliefert werden. Nur ausnahmsweise befinden sich die Gräser über große Flächen im gleichen Wachstums- und Entwicklungszustand. Für eine optimale Nutzung der Gräser müssen die Weidetiere deshalb weite Wanderungen unternehmen. Das Gras kommt nicht zu ihnen, sie können ihm nicht auflauern, sondern sie müssen der Entwicklung der Gräser nachfolgen, also wandern. Pferde und Wiederkäuer sind einen Großteil des Tages buchstäblich auf den Beinen. Damit haben sie mehr als andere Säugetiere in die Fortbewegung zu investieren. Besonders hart trifft diese Notwendigkeit die Jungtiere. Aber auch für die Erwachsenen, die sich in der Blüte ihrer körperlichen Entwicklung befinden, wird die Leistungsfähigkeit bei der Überwindung weiter Strecken zur Überlebensfrage. Viele Kilometer müssen sie zurücklegen, um an die Wasserstellen oder zu neuen Weidegründen zu gelangen. Nur die stärksten halten die Hungermärsche durch; das sind diejenigen, welche am wenigsten Energie für die Fortbewegung aufwenden müssen. Um so länger reicht dann der Vorrat. In diesem Zusammenhang gestaltet sich die Entwicklung der leistungsfähigen Laufbeine bei Pferden und bei vielen der Wiederkäuer zu einem sinngebenden Lösungskonzept. Die Beine dienen nur in zweiter Linie der Flucht vor Feinden, in erster Linie sind sie dazu da, den Weidegänger mit einem Minimum an Kraftaufwand zu seinen Weidegründen zu bringen.

So betrachtet, klärt sich auch der Unterschied zwischen Pferden und Rindern in höchst einfacher Weise. Die Pferde entstanden nämlich in den Steppen Nordamerikas, also im gemäßigten bis kühlen Klimabereich außerhalb der Tropenzone. Sie mußten, als sie über Alaska und die Beringstraße Eurasien erreicht hatten, weiträumig dem Winter ausweichen. Die Strecken, die sie dabei zurückzulegen hatten, waren ungleich größer als die Wanderstrecken der Gnus, Antilopen und Gazellen im innertropischen Bereich. Die weniger effiziente Grasnutzung glichen sie dadurch aus, daß sie mehr Nahrung aufnahmen und auch damit, daß die Gräser außerhalb der Tropen nährstoffreicher sind. Ausdauer spielte für die Pferde eine erheblich größere Rolle als für die Rinderarten.

Pferde nutzen hierfür ein Organ als Speicher für Blut, das bei den Rinderartigen und bei vielen anderen Säugetieren der Blutwäsche und -entgiftung dient, die Milz. Der zusätzliche Blutvorrat verschafft den Pferden die Ausdauer. Sie halten hohe Geschwindigkeiten weitaus länger durch als Wiederkäuer. Das ist der ganz einfache Grund für die Tatsache, daß der Mensch die Pferde, für Dauerleistungen geeignet, zu Reittieren gemacht hat, Vertreter der Rindergruppe dagegen nicht oder nur in vergleichsweise unbedeutendem Umfang. Mit den langsamen Wasserbüffeln hätten sich keine Reiterheere aufbauen lassen, auch wenn man auf ihnen reiten kann. Eine ganz andere Großsäugerart, das Dromedar, das gleichfalls – als Wüstenbewohner – über große Speichermöglichkeiten verfügt, ist in den Pferden vergleichbarer Weise als Reittier und für die Kriegführung eingesetzt worden.

Die Evolution der schnellen Beine ist also mehr der Entwicklung des Flugvermögens und dem damit verbundenen Wanderverhalten der Wildgänse vergleichbar, die über Tausende von Kilometern ziehen, um nährstoffreiche Bestände von Pflanzen aufzusuchen, die sie beweiden können, als der Verfolgung durch Feinde. Dieses Beispiel wird als Modellfall dafür dienen, wie sich die Entwicklung bei der Menschwerdung abgespielt haben kann.

Die Schlüssigkeit von Prinzipien der Evolution darf nicht auf den Einzelfall beschränkt bleiben, sonst wären Evolutionsprozesse prinzipiell nicht nachvollziehbar. Der werdende Mensch hatte keine Alternative. Er mußte in einer Welt leben, die auch die Weidetiere und die Raubtiere prägte, in einer Welt des Graslandes, in der die Vorgänge, die Graswuchs und Überleben der Tierherden beeinflußten, genauso auf den werdenden Mensch wirken mußten. Kurz: Der Weg zum Menschen kann nicht in Widerspruch zu einer Umwelt gesehen werden, in der die Vorläufer des Menschen lebten. Sie waren den herrschenden Gesetzmäßigkeiten unterworfen und blieben es, bis der fertige Mensch aktiv begann, sich seine Umwelt selbst zu gestalten.

Noch einmal kurz zurück zu den Weidegängern, zu Gras und »Grasern«. Die Diskrepanz zwischen Pferden und Wiederkäuern wirft noch weitere Fragen auf. Warum hatten beide Gruppen so unterschiedliche Ursprünge? Warum entstanden die Wiederkäuer im tropischen Afrika, die Pferde aber im kühlgemäßigten Nordamerika? Gibt es dafür sinnvolle Erklärungen? Man könnte diese Tatsachen als Zufall abtun und das Phänomen einfach im Katalog tiergeographischer Befunde festhalten.

Vielleicht steckt aber mehr dahinter. Die Pferde benutzen Bakterien im Blinddarm als Nahrungsaufbesserung. Sie haben aber schon den größten Teil der Verdauung abgeschlossen, wenn die helfenden Bakterien hinzukommen. Somit gelingt ihnen keine so gründliche Ausnutzung der Nahrung. Warum blieb es nicht dabei? Die – jüngeren – Paarhufer hätten doch mit dem gleichen oder einem sehr ähnlichen Prinzip auskommen können. Eine Lösung für diese vielleicht müßig erscheinende Frage könnte sein, daß sich in Afrika, der Heimat der Wiederkäuer, die Lebensbedingungen während des Tertiärs zunehmend verschlechterten, was zu einer besseren Ausnutzung der Nahrung zwang, während sie sich für die Pferde in Nordamerika eher verbesserten. Die Pferde brauchen die Enddarm-Fermentierung eigentlich nur zur Ergänzung ihrer Nahrung und nicht, wie die Wiederkäuer, als Grundlage. Wenn die Wiederkäuer stärker davon abhängen, daß Mikroben ihre Nahrung aufbereiten, muß man wohl annehmen, daß die Nahrungsqualität schlechter (geworden) ist. Wäre sie in etwa gleich geblieben, könnte man sich kaum vorstellen, wie es zur Entwicklung von so komplizierten, gekammerten Mägen gekommen wäre. Sind das nun reine Spekulationen?

Lassen wir die Frage offen, und blicken wir zurück auf die Jahrmillionen des Tertiärs, in denen sich so viel ereignet hat. Die im vorhergehenden Kapitel dargestellten Entwicklungen bei den Primaten, und die bei den Pferden und den Wiederkäuern wurden als Ablauf, als Prozeß beschrieben. Die Darstellung muß den Eindruck vermitteln – und soll das natürlich auch –, daß sich während des Tertiärs großräumige Veränderungen vollzogen haben. Eine davon, eine ganz wesentliche, ist die Entwicklung der Grasländer gewesen. Sie läßt sich nur auf veränderte, genauer: auf sich allmählich ändernde Klimabedingungen zurückführen. Nur wenn die Verteilung von Wärme und Niederschlägen ausgesprochen saisonal wird, wenn Winter und Trockenzeiten die Wachstumsperioden voneinander trennen und die Niederschläge entsprechend verteilt sind, können sich Grasländer auf Kosten der Wälder ausbreiten. Wenn aber nur die Kontinente zu Beginn des Tertiärs weitgehend von Wäldern bedeckt waren, in denen die primitiven Säugetiere und die frühen Primaten lebten, dann verdienen die einschneidenden Veränderungen größte Beachtung, die zum Rückgang der Wälder und zur Ausbreitung der Grasländer geführt haben. Was sind die Ursachen gewesen? Das Weltklima ändert sich nicht einfach von selbst.

Es darf angenommen werden, daß die ausführliche Darstellung der Evolution der Pferde und der Paarhufer in diesem Kapitel eine bedeutsame Beziehung zur Evolution des Menschen aufweist. Um die Bausteine näher zusammenrücken zu können, fehlt aber noch einiges. Eine Lücke läßt sich schließen, wenn die Ursachen der klimatischen Veränderungen geklärt werden, die zur Vorherrschaft des Graslandes geführt haben. Diesem Aspekt soll der nächste Schritt gelten.

7. Kapitel

Die Drift der Kontinente

Vor 60 Millionen Jahren, in der Frühzeit des Tertiärs, sah die Verteilung von Land und Meer ganz anders aus als heute. Die Kontinente lagen noch nahe beieinander im Bereich der Tropenzone. Zwar waren sie schon im Erdmittelalter auseinandergebrochen und zu Teilstücken des einstigen Riesenkontinents Pangaea geworden, aber der Vorgang der Aufspaltung war noch längst nicht so weit wie heute gediehen.

Von Ost nach West schob sich keilförmig das Urmittelmeer, Tethys genannt, zwischen eine nördliche Kontinentalgruppe und eine südliche. Der Nordkomplex, Laurasia, umfaßte Teile des heutigen Asiens, Europas und Nordamerikas. Der Südblock, Gondwanaland, war Anfang des Tertiärs dabei, sich in mehrere Teile aufzuspalten. Aus den Teilstücken entstanden Afrika, Südamerika, Australien, Indien und Madagaskar sowie in zwei Teilstücken die heutige Antarktis. Noch war der Atlantische Ozean, der sich zwischen Afrika und Südamerika sowie zwischen Teilen Europas und Nordamerikas aufgetan hatte, schmal und eher ein gewaltiger Meeresarm. Auf das Weltklima konnte er noch nicht einwirken.

Es herrschten zu dieser Zeit am Beginn des Tertiärs weltweit warme Klimaverhältnisse mit reichlich Niederschlägen. Das Urmittelmeer begünstigte das Klima aufgrund seiner äquatorialen Lage. Starke Temperaturunterschiede konnten sich noch nicht ausbilden, weil die Pole nicht von Festlandsmassen besetzt waren. Dadurch konnten keine stabilen Kältegebiete entstehen. Das Meer blieb an den Polen mäßig warm, so warm, daß sich noch keine Eiskappen bildeten. Denn die Wassermassen des Weltozeans konnten, getrieben von der Kraft der Erdrotation, frei um die Pole fließen und sich weltweit durchmischen. Das gesamte Weltklima muß demnach weitaus ausgeglichener gewesen sein als heute, weil sich keine krassen Gegensätze zwischen heißen und kalten Regionen aufbauen konnten. Da an den Kontinentalrändern auch keine hohen Gebirge vorhanden waren, die das dahinterliegende

Land vor dem Zutritt feuchter Luftmassen vom Weltozean her hätten abschirmen können, verteilten sich die Niederschläge ziemlich gleichmäßig. Es dürfte ein eher mäßig warmes Treibhausklima geherrscht haben mit Temperaturen, die vielleicht im Bereich von 20 bis 25 Grad pendelten. Zu den nördlichen und südlichen Randbereichen der beiden großen Kontinentalmassen hin nahmen die Temperaturen wahrscheinlich etwas ab, aber nicht annähernd so stark wie in der Gegenwart.

Ein solches Klima muß die großflächige Entwicklung von Wäldern begünstigt haben. Die vorhandenen Funde decken sich sehr gut mit diesen Vorstellungen zum Klima zu Beginn des Tertiärs. Doch die Gleichförmigkeit war nur eine scheinbare: Die Kontinente befanden sich nicht in einem stabilen Ruhezustand, genauso wenig, wie das heute der Fall ist. In den Erdbeben und Vulkanausbrüchen registrieren wir die Aktivität der Erdkruste. Sie machen uns mitunter auf eine höchst schauerliche Weise bewußt, daß es nicht einen Ozean gibt, jenen aus Wasser, der die Erde umspannt und 70 Prozent ihrer Oberfläche bedeckt, sondern einen weiteren aus glutflüssigem Magma, auf dem die Blöcke der Kontinente als erstarrte Krusten schwimmen. Nur dünne Häute von festem Material überziehen die Böden der Ozeane. An einem weltumfassenden Rißsystem quillt unablässig Magma zur Oberfläche empor, verfestigt sich und drückt dabei die Kontinente beziehungsweise die Platten, auf denen sie sich befinden, wie Eisschollen auseinander. An anderen Stellen verschluckt das glutflüssige Innere der Erde laufend Ozeanböden und Teile der Kontinente.

Die Erde ist in Bewegung. Mit modernen Präzisionsinstrumenten läßt sich diese Bewegung ermitteln und messen. Der Mensch hat sie nur früher nicht erkannt, weil ihm Sensoren für so langsame, so lange Zeiträume umfassende Bewegungen fehlten.

Die moderne Erdwissenschaft bezeichnet den Zustand der ruhelosen Erde als Plattentektonik. Kontinentaldrift ist ein Aspekt davon, weil sich unter dem Einfluß der sich verschiebenden Platten auch die Positionen der Kontinente nach und nach verändern. Sind die Zeitspannen, die man betrachtet, nur genügend lange, dann summieren sich jährliche Veränderungen von Millimetern schnell zu gewaltigen Distanzen auf. Eine Wanderung um einen einzigen Zentimeter pro Jahr bedeutet in einer Million Jahren bereits 10 Kilometer und in 100 Jahrmillionen eine Wanderdistanz von 1000 Kilometern. Für menschliche Lebensspannen unmerkliche Bewegungen werden so zu Kreuzfahrten über den Globus, wenn die Zeitmaßstäbe der Erdgeschichte angelegt werden.

Auf der frühtertiären Erde war die Wandergeschwindigkeit der Kontinente möglicherweise ziemlich hoch, weil diese sich in äquatorialer Lage befanden, wo die Fliehkraft am stärksten ist. Im Verlauf der folgenden Jahrmillionen änderte die Erde ihr Gesicht nachhaltig. Der Nordkontinent zerbrach in zwei große Blöcke, von denen der eine, Nordamerika, nordwestwärts driftete, der andere, Eurasien, mehr nordostwärts, sich dabei aber so drehte, daß Europa noch ziemlich äquatornah blieb, während der ostasiatische Teil nordostwärts schwenkte. Die Tethys wurde daher im Osten immer weiter, wich aber im Westen zurück.

Noch viel mehr ereignete sich im Südkontinent. Die Spaltungen, die zu den eigenständigen Blöcken der heutigen Antarktis und von Australien geführt hatten, setzten sich fort. Indien riß los, machte Madagaskar zur Insel und hinterließ in den Granitgipfeln im westlichen Indischen Ozean den letzten Rest der einstigen Kontinentalnaht. Schneller als die anderen Teilkontinente driftete Indien nordwärts und rammte gegen Ende des frühen Tertiärs den Kontinentalsockel von Asien im Bereich des heutigen Tibet. Der Anprall war so groß, daß Tibet fast 6000 Meter hochgehoben wurde. Noch höher türmten sich die Bergketten des Himalaja, die das anstürmende Indien vor sich herschob. Ehemalige Ufer der Tethys liegen heute bis zu 7000 Meter hoch im Himalaja. Sie haben die Muscheln mitgenommen, die in den warmen Flachküsten gelebt hatten. Diese zeugen von jenen gewaltigen geologischen Hebungen, die bei der Vereinigung von Indien mit Asien entstanden.

Auch im Westen ereignete sich viel. Südamerika hatte sich schon in der unteren Kreidezeit des Erdmittelalters, vor etwa 140 bis 100 Millionen Jahren, weitgehend von Afrika abgelöst und driftete nun westwärts. Eine schmälere Landbrücke hielt es ein paar Jahrmillionen lang mit Nordamerika verbunden. Dann riß sie durch und blieb immer weiter zurück. Heute bilden die großen Antilleninseln mit Kuba den Rest dieser frühtertiären Verbindung mit Nordamerika. Als sie sich abgetrennt hatten, wurde Südamerika zum Inselkontinent. In diesem Zustand verblieb es, weiter westwärts driftend, bis zum Ende des Tertiärs. Es war damit zu einem ähnlich isolierten Evolutionsraum geworden,

---

Oben die Lage der Kontinente zu Beginn des Tertiärs und die Richtungen der Drift der einzelnen Teile, die schließlich zur heutigen Verteilung (unten) führte.
Die Bewegungen der Erdkruste laufen weiter, aber so unmerklich langsam, daß sie sich nur mit modernsten Meßmethoden nachweisen lassen. Dafür treten die formenden Kräfte der Plattentektonik um so deutlicher in Erscheinung, wenn sie schwere Erdbeben auslösen.

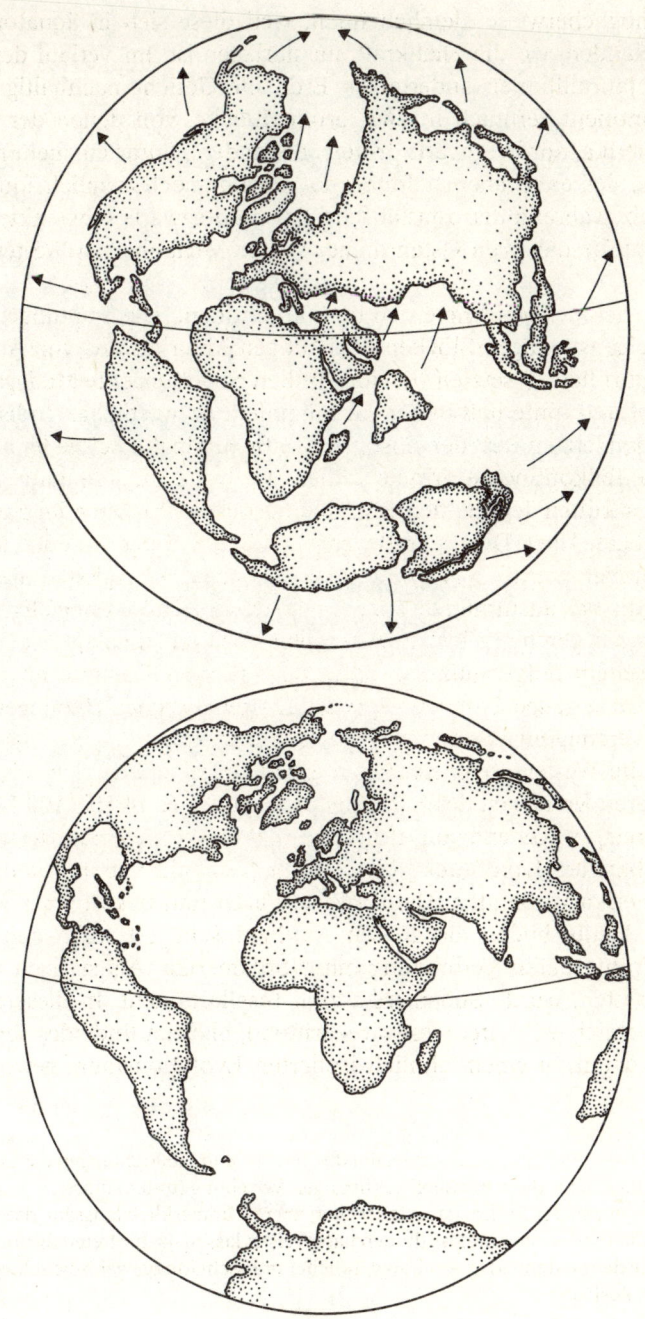

wie es Australien schon war, seit es sich von der Antarktis gelöst und damit den Zusammenhang mit der Südspitze von Südamerika verloren hatte.

Als Folge der Drift von Südamerika bildete sich der Atlantische Ozean. Anfänglich noch ein schmaler Meeresarm, der von Süden her keilförmig zwischen Afrika und Südamerika hineinragte und sich mit der Trennung Nordamerikas von Europa zum Nordatlantik ausweitete, wurde er im Laufe des Tertiärs zum zweitgrößten Ozean der Erde, der das Wettergeschehen nachhaltiger beeinflussen sollte als der viel größere Pazifik. Vieles spricht dafür, daß er auch Einfluß nahm auf die Evolution des Menschen. Doch das ist ein Kernpunkt für ein späteres Kapitel.

Hier ist zunächst entscheidend, daß die Kontinentaldrift die Lage der Kontinente während des Tertiärs so gründlich veränderte, daß nach Ablauf der gut 60 Millionen Jahre gänzlich andere weltklimatische Bedingungen herrschten, als zu deren Beginn. Zwei Folgen der Kontinentalverschiebungen trugen dazu in besonderem Maße bei. Die eine Folge war die Bildung der hohen Bergketten, der Alpen, des Himalaja, der Rocky Mountains und der Anden, die nun die Zirkulation der Luftmassen in der Atmosphäre lenkten, die andere zeigte sich, als die Landmassen genügend nahe an die Pole herangekommen waren. Nun war es aus mit der weltumspannenden Zirkulation der Wassermassen, die dafür gesorgt hatte, daß bedeutende Wärmemengen in die polaren Regionen verfrachtet wurden. Die Antarktis war die erste Landmasse und der Schrittmacher für die nun folgenden Entwicklungen. Sie bewegte sich direkt in eine zentrale Position am Südpol und bewirkte damit die Bildung eines massiven Kältepoles.

Nun herrschte ein starkes Temperaturgefälle zwischen dem subtropischen Afrika und dem polaren Antarktisblock. Auf der Nordhalbkugel dauerte die Entwicklung etwas länger, weil keiner der beiden Nordkontinente in die polare Position hineinrückte. Vielmehr fingen sie an, einen polaren Ozean einzuschließen. Ausläufer von Nordamerika und Eurasien legten sich nahezu ringförmig um den Nordpol und schnitten einen Großteil der Wassermasse vom Nordatlantik beziehungsweise Nordpazifik ab. Nur über schmale Meeresstraßen blieb ein Austausch offen.

Beide Pole kühlten in der Folge dieser Verschiebungen nach und nach stark ab. Es ist anzunehmen, daß sie Eiskappen ausgebildet haben. Am Südpol geschah dies in den Anfängen schon vor 15 Millionen Jahren. Am Nordpol setzte die Eisbildung vor etwa 6 Millionen Jahren ein.

Gleichzeitig türmte die Westseite beider Amerikas einen riesigen Gebirgszug auf, der zum längsten Hochgebirge der Erde wurde. Die westwärts driftenden Blöcke schoben Meeresboden vor sich in die Höhe und falteten die Rocky Mountains im Norden und die Anden im Süden auf. In Eurasien hingegen lag der Gebirgsriegel des Himalaja quer zur Ausrichtung der Kontinentalblöcke und damit parallel zu den geographischen Breiten. Auch im Osten Australiens entwickelte sich eine Gebirgskette, die jedoch nicht annähernd die Höhen erreichte wie die Bergländer in Amerika und Asien.

Afrika blieb als einziger der großen Blöcke ohne Gebirgsbildungen. Das hängt damit zusammen, daß die »passiven« Kontinentalränder Afrikas keine Plattengrenzen darstellen, an denen Ozeanboden verschluckt wird wie beispielsweise vor den Westküsten Nord- und Südamerikas. Erst nach und nach, wohl viel später als die anderen Kontinente, wurde auch Afrika von den Schollenbewegungen erfaßt. Sie wirkten sich aber ganz anders aus. Die eine der Bewegungen drückte Afrika langsam nordwärts. Dabei rückte ein Großteil seiner Landmasse zunächst in den innertropischen Bereich und dann darüber hinaus nach Norden vor. Der westliche Teil Eurasiens wurde so gepreßt, daß dessen südlicher Teil zerbrach und in einzelnen Becken abzusinken begann. Das war der Einbruch des Mittelmeeres. Der nördlich davon gelegene Teil wurde angehoben und aufgefaltet. Daraus sind die Alpen und die Pyrenäen entstanden.

In dieser Hinsicht gleicht Afrika noch weitgehend den anderen driftenden Kontinenten. Zum anderen aber unterscheidet es sich grundlegend. Wie bereits bei der Abspaltung von Südamerika, Madagaskar, Indien, Australien und der Antarktis vom einstigen Südkontinent fing der verbliebene Rest, das gegenwärtige Afrika, erneut an, aufzureißen. Alle übrigen Rißsysteme der Welt befinden sich unter Wasser in den Tiefen der Ozeane. Dort verschluckt oder gebiert die Erde unablässig neue Kruste. Der Riß, der als Afrikanisches Grabenbruchsystem durch den Osten Afrikas zum Roten Meer hin verläuft und im südwestlichen Vorderasien verschwindet, kann als Geburtskanal eines neuen Ozeans angesehen werden, der in ferner Zukunft vieler Jahrmillionen Afrika ein weiteres Stück verkleinern wird. Dieser gewaltige Riß im Kontinentalblock von Afrika ist das besondere Kennzeichen dieses Kontinents – und einer der Schlüssel zum Verständnis der Evolution des Menschen. Es ist noch verfrüht, darauf näher einzugehen. Weitere Bausteine für das sich abzeichnende Mosaik sind vonnöten.

Die Änderungen in der Verteilung der Kontinentalblöcke sind die

Ursachen für den anhaltenden Klimawandel während des Tertiärs. Das ausgeglichene feucht-warme Wetter verschwand und machte einem wechselfeuchten Klima Platz, das durch sehr viel größere Temperaturschwankungen gekennzeichnet ist.

Alles spricht dafür, daß die Ausbreitung der Grasländer zuerst in Nordamerika in großem Umfang einsetzte. Der größte Teil dieses neuen Kontinentalblockes war flach und niedrig. Im Westen aber stieg eine hohe Barriere in Form der Rocky Mountains auf, die sich der regenbringenden Westwinddrift entgegenstellte. An der Pazifikseite stiegen die Niederschlagsmengen in dem Maße an, in dem sich das Gebirge auftürmte, während östlich davon immer weniger Regen fiel. Die feuchten Luftmassen aus dem pazifischen Raum hatten keinen ungehinderten Zutritt mehr. Die Wälder schrumpften und die Prärien breiteten sich aus. Nur von Süden her, aus dem Golf von Mexiko, konnte in bescheidenem Umfang ein Sommermonsun Regen bringen, wenn sich der zentrale Teil des Kontinents entsprechend stark aufgeheizt hatte, so daß warme und feuchte Luftmassen von Süden und Südosten her landwärts gezogen werden konnten. Diese Niederschläge dürften kaum ausgereicht haben, um großflächig Wälder zu erhalten, weil die Hauptmasse der feuchtigkeitsgeschwängerten Warmluft über das freie Seegebiet in den Pazifik weitergetragen wurde.

Eine mehr als 1000 Kilometer breite Lücke trennte nämlich Nord- von Südamerika. Der Passat blies ungehindert durch diese Lücke und ließ sich kaum landwärts ablenken. Der Nordatlantik kam als Quelle von Niederschlägen gleichfalls nicht in Betracht, weil die vorherrschenden Westwinde die dort aufsteigende Feuchtigkeit nach Europa transportierten. Wälder haben sich hier, wie auch in Teilen von Nordafrika, aus diesem Grund sicher sehr viel länger gehalten als in Nordamerika. Erst nach Zentralasien hinein wandelten sich die Bedingungen so, daß Steppen entstehen konnten. Doch diese hatten den Nachteil, daß sie sehr hoch lagen, weil das herandrückende Indien und die Auffaltung des Himalaja den zentralen Raum zunehmend weiter hochgehoben hatten. Nach Südostasien blies der Monsun. Nur Australien kam unter günstige Bedingungen für die Entwicklung von Grasländern. Doch hatte die allzu lange Isolation dort einen gänzlich andersartigen Zweig der Säugetiere an die Vorherrschaft gebracht, die Beuteltiere.

Sie könnten zum Fallstrick für das Konzept der Graslandentwicklung werden. Denn wenn sie, trotz grundsätzlich ähnlicher Vorgänge, die eine Ausbreitung der Grasländer begünstigten, ganz andere Wege eingeschlagen hätten, müßte die Argumentation bedenklich werden. Die äußeren Rahmenbedingungen wären dann doch nicht so formend und so wichtig, wie man es sich vielleicht wünschen würde, um ein schlüssiges Konzept bieten zu können.

Doch Australiens Tierwelt spielt mit. Sogar in geradezu phantastischer Weise. Sie hat eine große Fülle von Parallelentwicklungen zu den Säugetieren im engeren Sinne, den plazentalen Säugern, hervorgebracht, obwohl es sich bei den australischen Säugern fast ausschließlich um Beuteltiere handelt. Daher kann die australische Fauna geradezu als Paradebeispiel dafür gelten, wie ähnliche Lebensbedingungen ähnliche Lebensformen hervorbringen, auch wenn diese aus ganz unterschiedlicher Verwandtschaft kommen.

So bekräftigt das australische Beispiel die neue Interpretation, daß es nicht der Feinddruck gewesen sein kann, der die Läufertypen, die schnellen Pferde und Gazellen, hervorgebracht hat, sondern die weitaus grundlegendere Notwendigkeit, der saisonal aufwachsenden Nahrung mit einem Minimum an Aufwand nachzuwandern. Australiens Beuteltiere haben große, zu schnellem Lauf befähigte Raubbeutler, wie den erst jüngst ausgestorbenen Beutelwolf, entwickelt. Aber es fehlen die entsprechenden Läufer auf der Seite der Beute. Dieser Befund scheint zunächst reichlich merkwürdig und widersprüchlich. Er wird besser verständlich, wenn man berücksichtigt, daß es unter den australischen Lebensbedingungen, insbesondere in den weitflächigen inneraustralischen Ebenen und Grasländern, gar nicht sinnvoll wäre, saisonale Wanderungen durchzuführen. Die spärlichen Niederschläge kommen erratisch, unvorhersagbar; mal da, mal dort. Es gibt bei der Randlage am südlichen Wendekreis und bei der überwiegenden West-Ost-Erstreckung dieses Kontinents keine regelmäßig aufeinanderfolgenden Regen- und Trockenzeiten. Für die Pflanzenesser mußte sich infolgedessen eine andere Anpassungsstrategie entwickeln.

Die von Grasnahrung lebenden Beuteltiere, es sind dies insbesondere die großen Kängeruhs, verstärkten die Entwicklung zu einer möglichst energiesparenden Fortbewegung über kürzere Strecken und langes Durchhaltevermögen. Das Kängeruhhüpfen kostet pro zurückgelegte Strecke erheblich weniger Energie als normales Laufen auf vier Füßen. Es würde aber auf langen Strecken versagen. Doch dazu wird es nicht gebraucht. Der Kurzstreckenvorteil steckt in der Elastizität der massiven Sehnen in den übermäßig entwickelten Hinterbeinen. Sie geben einen Teil des Schwunges beim Aufprall auf dem Boden wie eine Sprungfeder weiter. Interessanterweise verläuft bei den großen Kängeruhs die Fortbewegung zweibeinig wie beim Menschen.

Wenn es auch gänzlich anders aussieht, so sind doch Gemeinsamkeiten gegeben. Diese liegen in der Nutzung der Elastizität der Sehnen in der Kombination mit zweibeinig ausgeführten Sprüngen. Obwohl die Känguruhs schon nach wenigen hundert Metern einem Pferd oder Gazellen hoffnungslos unterlegen wären, überlebten sie den Feinddruck der Raubbeutler und sogar auch die Nachstellungen der höchst erfolgreich jagenden Hunde, die von den Menschen schon bei der frühen Besiedelung Australiens, die vor etwa 40 000 Jahren begonnen hatte, mitgebracht worden sind. Diese Hunde, die Dingos, sind moderne Säugetiere, den afrikanischen Wildhunden oder kleineren Wölfen der Nordhemisphäre vergleichbar. Sie widerlegen den Einwand, daß Beutelwolf und andere Raubbeutler eben doch nicht annähernd so effiziente Jäger gewesen sind wie die modernen Entwicklungen aus Afrika und Asien in Form der Wölfe, Wildhunde, Hyänen und Großkatzen.

Das Beispiel Australien enthält aber noch einen weiteren wichtigen Befund, der viel weniger bekannt ist als das Hüpfen der Känguruhs auf den Hinterbeinen unter Abstützung durch den Schwanz. Es ist dies eine Form der doppelten Nahrungsaufbearbeitung, die bis in Details dem komplizierten Magenbau der Wiederkäuer entspricht. Auch die großen Känguruhs besitzen mehrkammrige Mägen mit Mikroben. Sie kauen die Nahrung mehrfach durch und können damit das kieselsäurereiche, nährstoffarme Spinifex-Gras sehr gut nutzen – viel besser als die eingeführten Schafe aus Europa, weshalb die Känguruhs von den Schaffarmern in großem Stil verfolgt und als Konkurrenten auf den Weidegründen der Schafe abgeschossen werden. Einen schöneren Beweis könnte es kaum geben. Känguruhs und Wiederkäuer stehen an den entferntesten Enden im Stammbaum der Säugetiere, und doch haben sie das Problem der Nährstoffarmut der tropisch-subtropischen Hartgräser auf eine nahezu identische Weise gelöst. Der Fachausdruck »Konvergenz« beschreibt in gänzlich unzureichender Weise diese phantastische Übereinstimmung, die uns nun einen sehr viel konkreteren Einstieg in die Beurteilung der Vorgänge vermittelt, die in Afrika gegen Ende des Tertiärs abzulaufen begannen.

Auch dort hatten sich Grasländer ausgebreitet, aber unter ungünstigeren Bedingungen als in Nordamerika. War dort das Klima verhältnismäßig mild geblieben, so traf Afrika die Kontinentalverschiebung mit der ganzen Wucht der Klimaextreme. Die Sonnenhöchststände brachten Regenfluten, während die Monate davor wüstenhafte Trockenheit verursachten. Unter den tropischen Bedingungen wurden die Nährstoffe viel schneller ausgewaschen als in den gemäßigten Breiten. Dort baute sich unter der Bodenoberfläche aus den abgestorbenen Gräsern in inniger Durchmischung mit dem mineralischen Boden ein Gemenge auf, das zwischen Leben und lebloser Materie steht: Der Humus. Myriaden von Mikroorganismen bauen darin unablässig die organischen Stoffe um, die von den Graslandpflanzen aufgebaut worden sind. Bis heute entzieht sich der Humus einer präzisen Beschreibung, weil er seine Zusammensetzung örtlich und zeitlich unablässig wechselt. Er ist die Bodenfruchtbarkeit schlechthin – und er fehlt in den wechselfeuchten Tropen fast völlig. Die das ganze Jahr über hohen Temperaturen halten die Abbaugeschwindigkeit der organischen Stoffe so hoch, daß sie sich nicht ansammeln können, um zu jener Schicht zu werden, die als Schwarzerde die Zonen größter natürlicher Fruchtbarkeit kennzeichnet. Das Gegenteil ist in den Tropen der Fall.

Ausgelaugter, überstrapazierter Boden wird zu eisenhaltigem Laterit, der die noch vorhandene Fruchtbarkeit weiter vermindert. Nur wo genügend Sand dem Boden beigemengt ist, unterbleibt die Lateritbildung. Dafür läuft das Niederschlagswasser um so leichter durch und wäscht die Pflanzennährstoffe aus. Wertvolle Mineralien wie Phosphate und Stickstoffverbindungen werden rar, während der Gehalt an Kieselsäure zunimmt. Genau dies charakterisiert die Problematik, in die die Wiederkäuer geraten mußten, als die Wälder über dem afrikanischen Kontinent schrumpften und Graslandern Platz machten. Letztere wurden immer nährstoffärmer, während die Wälder die Nährstoffe wenigstens im Kreislauf gehalten hatten, auch wenn sie wenig davon hergaben.

Die Gegenreaktion war die Verbesserung der Ausnutzung mit Hilfe der Mikroben. Den Wiederkäuern stellten sich folglich ganz verschiedene Umweltanforderungen, verglichen mit den Pferden. Je mehr Afrika in die äquatoriale Position driftete, um so ausgeprägter wurde das wechselfeuchte Tropenklima, und um so mehr rückte die Nährstoffversorgung in den Vordergrund. Die Wälder konnten sich nicht mehr halten. Sie verschwanden bis auf relativ kleinflächige Reste im zentralen Kongobecken und an den Flanken der Berge, wo die Steigungsregen die notwendige Feuchte herantransportierten. Afrika fing an auszutrocknen. Diese Tendenz hält bekanntlich bis in die Gegenwart an. Sie ist aber mehrfach unterbrochen und über viele Jahrtausende rückläufig geworden. Auch das hat seinen Grund in der Drift der Kontinente. Den Anlaß aber gab ein Geschehen weitab in der ferngerückten Karibik.

8. Kapitel

Die Geburt des Golfstroms

In den letzten Jahrmillionen des Tertiärs war die Erde trockener geworden. Dadurch, daß die Kontinente in Richtung der Pole gewandert waren, konnte sich ein kräftiges Temperaturgefälle zwischen den Polen und dem Tropengürtel aufbauen. Es bewirkte nicht nur ein saisonaleres Klima und eine deutliche Sonderung der Weltklimazonen, sondern insbesondere auch eine nachhaltige Minderung der Niederschläge. Große Mengen ehemaligen Niederschlagswassers wurden nach und nach in den sich bildenden Eiskappen der Pole gebunden. Die Antarktis vereiste so stark, daß praktisch der ganze Kontinent unter den Eismassen verdeckt wurde. Am Nordpol konnte die Eisbildung nicht ganz so massiv werden, weil den zentralen Teil das Eismeer einnimmt. Die Eismassen konzentrierten sich an den Kontinentalrändern und auf den großen Inseln wie Grönland.

In die Großtierbestände kam Bewegung. Durch die zunehmende Verschiebung der Klimazonen gelang es zahlreichen Arten und Stammeslinien, aus ihren Entstehungsgebieten auszuwandern und neue Räume zu erschließen, die mittlerweile vielleicht geeigneter geworden waren. Ein Teil der Großtierfauna starb aber aus, weil insbesondere im tropischen Bereich die Veränderungen zu stark geworden waren. Das Schrumpfen der Wälder bedrohte den Fortbestand der Waldarten. In immer kleineren Arealen mußte eine immer weiter zusammengedrängte Tierwelt versuchen zu überleben. Wie wir aus unserer heutigen Situation verinselter naturnaher Lebensräume wissen, ist es um so schwieriger den Artenbestand zu erhalten, je kleiner die Refugien geworden sind.

Die Fossilfunde beweisen, daß die Großtierfauna gegen Ende des Tertiärs ihren Höhepunkt der Entwicklung überschritten hatte und zahlreiche Gruppen ausstarben, von denen heute nur die fossilen Überreste, aber keine lebenden näheren Verwandten mehr zu finden sind. Hatte das Auseinanderweichen der Kontinente Jahrmillionen lang den

Artenreichtum gefördert, so wurde dieser nun durch die immer extremer werdenden Witterungsverhältnisse zunehmend gefährdet.

Da geschah ganz plötzlich der große Umschwung. In kurzer Zeit, nach erdgeschichtlichen Zeitmaßstäben regelrecht blitzartig, drehte sich die Entwicklung um. Die Niederschlagsmengen nahmen wieder zu, der Meeresspiegel, der gegen Ende des Tertiärs um wenigstens 100 Meter abgesunken war, stieg so rapide an, daß sich der größte Wasserfall aller Zeiten in das ausgetrocknete Becken des Mittelmeeres ergoß. Unvorstellbare Wassermassen stürzten aus dem Atlantik über die Gibraltarschwelle und füllten in Jahrtausenden das Meer auf, das in den vorausgegangenen Jahrmillionen ausgetrocknet war, als es unter der glühenden Sonne des nördlichen Wendekreises lag. Riesige Schichten aus Meersalz hatten sich dabei am Boden gebildet. Sie beweisen heute, daß das Mittelmeer tatsächlich vor ein paar Jahrmillionen völlig ausgetrocknet war.

Was war geschehen, daß sich solche katastrophenähnlichen Veränderungen vollzogen? Der Herd des Geschehens liegt ein paar tausend Kilometer weiter westlich, und es geschah vor etwa 2,6 bis 2,8 Millionen Jahren. Zwischen Mexiko und der Nordspitze Südamerikas war eine Gruppe von Vulkanen aufgetaucht. Sie wuchsen und wuchsen, bis sich die Kette zur Landbrücke schloß. Die Landenge von Panama war damit geschlossen, Nord- und Südamerika seit ihrer Trennung im frühen Tertiär wieder vereint.

Die Folgen dieses Zusammenschlusses veränderten das Weltklima nicht unmerklich langsam, so langsam, daß die Lebewesen genügend Zeit gehabt hätten, sich daran anzupassen, sondern höchst abrupt. Die Verbindung von Nord- und Südamerika bedeutete nämlich die Geburt des bedeutendsten Meeresstromes: die Entstehung des Golfstromes.

Fast unablässig weht der Passat entlang des Äquators. Seine Luftmassen gleichen die Druckunterschiede aus, die sich zwischen Äquator und den Wendekreisen ausbilden. Dort, wo die Sonne im Zenit steht, steigt die erhitzte Luft auf. Es entstehen die äquatorialen Tiefdruckgebiete. An den Wendekreisen sinkt die aufgestiegene Luft wieder ab, wodurch der Luftdruck steigt und sich die ungemein stabilen Hochdruckgebiete ausbilden, die den nördlichen und südlichen Wüstengürtel der Welt markieren. Von diesen randtropischen Hochdruckgebieten strömt die Luft nun nahe der Erdoberfläche wieder äquatorwärts zurück. Da sich die Erde dreht, gleitet sie unter den trägen Luftmassen durch und verursacht auf diese Weise die zum jeweiligen Sonnenhöchststand hin gerichteten, schräg äquatorwärts wehenden Passatwinde. Es waren dies die guten, die verläßlichen Winde der Zeit der Segelschiffe, weil sie monatelang mit nahezu gleichbleibender Intensität und Richtung wehen. Sie kommen von Nordost beziehungsweise Südost, und weil sie so beständig sind, schieben sie im äquatorialen Bereich die erwärmten Wassermassen vor sich her. Das sind die warmen Äquatorialströme im Pazifik und im zentralen Atlantik.

Im Indischen Ozean sehen die Windverhältnisse durch die ungleiche Verteilung der Land- und Wasserflächen anders aus. Dort entwickelt sich zu Zeiten starker Erwärmung des asiatischen Kontinents der Monsun, der landwärts weht.

Vor der Schließung der mittelamerikanischen Landbrücke hatte sich das warme Wasser aus dem äquatorialen Atlantik in den Pazifik hinein ergossen. Die beiden Meere waren ja nicht voneinander getrennt. Das änderte sich mit dem Auftauchen der Landbrücke. Ein gewaltiger Warmwasserstau in der Karibik und im Golf von Mexiko muß die Folge gewesen sein. Das warme Wasser, das der Passat heranbrachte, drückte mit Macht in den nun abgeschlossenen Raum. Da es vornehmlich von Südosten her die südamerikanische Nordküste entlangströmte, blieb nur ein Ausweg offen, und der wies nach Norden. Der gigantische Wirbel der heutigen Sargasso-See bildet den Überrest jenes Warmwasserstaus, und der große Meeresstrom, der daraus hervorgeht, fing an, nordwärts zu fließen, als die Wassermassen dem beständigen Winddruck nicht mehr standhalten konnten.

Der Weg führt zunächst an der Ostküste Nordamerikas entlang, doch dann legen sich die untermeerischen Riegel der Neufundlandbank entgegen. Eisiges Wasser aus dem Nordpolarmeer strömt dort südwärts und blockiert den Weg des warmen Wassers. Da, wo sich die beiden Wasserkörper treffen und teilweise mischen, entstand eines der produktivsten Meeresgebiete der Welt. Fischereiflotten aus aller Herren Länder finden sich vor der Neufundlandbank und weiter nordostwärts vor Island ein, um in den reichen Fischgründen ihre Fänge einzuholen. Erddrehung und die von ihr stammende sogenannte Coriolis-Kraft lenken nun im Zusammenwirken mit den vorherrschenden Westwinden den Golfstrom immer stärker nach Osten ab, bis er auf die Küsten des nordwestlichen Europa trifft, an ihnen entlangstreicht und einen letzten Ausläufer ums Nordkap herum ins Eismeer sendet.

Natürlich mußte die Verfrachtung von Wärme bis in den Raum des nördlichen Polargebietes hinein weitreichende Folgen zeitigen. Das Eis, das sich dort angesammelt hatte, fing an, im erwärmten Wasser abzuschmelzen. Das erwärmte Wasser verdunstet zudem auf seinem Weg nach Norden viel stärker als das kalte. Die stabile Schichtung, die ungefähr den geographischen Breiten folgte, war damit für den Nordatlantik aufgehoben und in ein Schersystem aneinander vorbeigleitender Wassermassen unterschiedlicher Temperaturen übergegangen. Die Folgen waren ein massiver Rückgang der Vereisung, ein Anstieg des Meeresspiegels aufgrund der abgeschmolzenen Eismassen und verstärkte Niederschlagstätigkeit von den gemäßigten Breiten bis zu den Tropen.

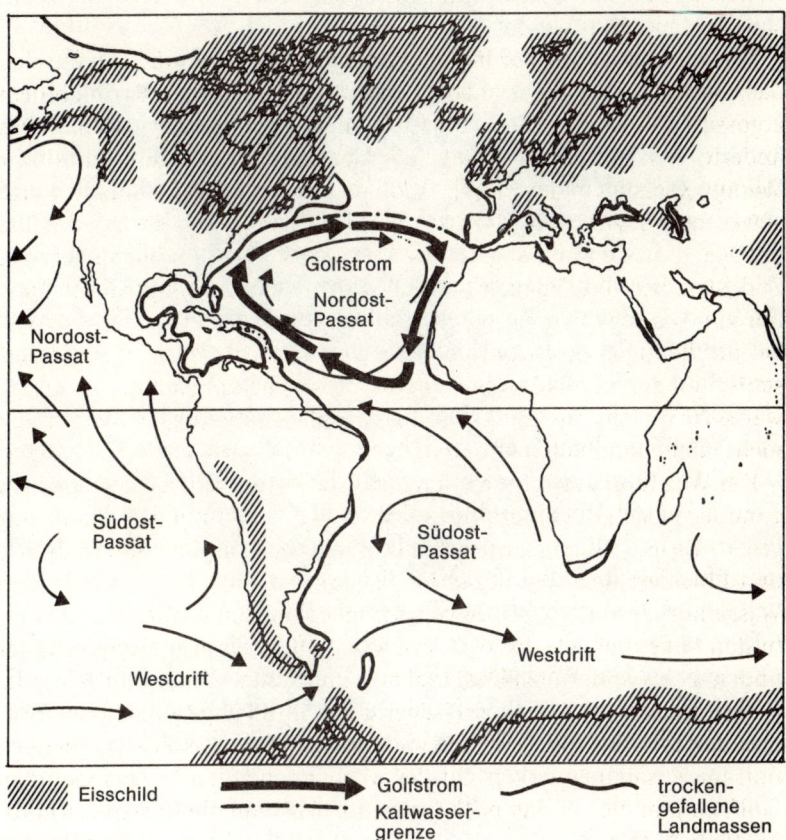

Vor 18 000 Jahren, dem Höhepunkt der letzten großen Vereisung, lag der Golfstrom viel weiter südlich als in der Gegenwart. Durch geringere Luftdruckgegensätze abgeschwächt, konnte der Passat keinen so starken Schub erzeugen, daß der Golfstrom die Kaltwassergrenze durchbrochen und das Eis angegriffen hätte. Seine warmen Wasser umspülten die Küsten der Iberischen Halbinsel und Nordafrikas.

Je mehr warmes Wasser durch den Golfstrom nordwärts gelangte, um so stärker muß dieser Effekt geworden sein – und umgekehrt.

Das war vor etwa zwei Millionen Jahren der Beginn der Eiszeit, des Pleistozäns. So merkwürdig es klingen mag: Die Eiszeit fing mit einer Warmzeit an. Die langsame Ansammlung von Gletschereis nahm ein abruptes Ende. Das Weltklima stellte sich um. Höchstwahrscheinlich wirkte diese Umstellung bis in den südpolaren Raum, wo das Treibeis gleichfalls verstärkt abzuschmelzen begann. Aber die große Kalotte aus Eis, die sich über der Antarktis aufgetürmt hatte, konnte nicht gebrochen werden. Denn im Gegensatz zu den Verhältnissen im Nordpolarmeer reicht kein warmer Meeresstrom bis zur Antarktis.

Sie liegt als zentrale Insel im südlichen Ozean. Die starke Westwinddrift der »brausenden Vierziger« (roaring forties) um Kap Hoorn entlang des 40. Breitengrades südlicher Breite schirmt die Antarktis wirkungsvoll von warmen Meeresströmungen ab. Die herausragende Bedeutung der Kontinentalverschiebung geht daraus hervor. Hätten sich so unbedeutend erscheinende Veränderungen, wie die Einschließung eines Ozeans im arktischen Bereich anstatt einer Ausbildung eines arktischen Kontinents, und der Zusammenschluß von Nord- und Südamerika nicht in dieser besonderen Kombination eingestellt, wäre das Weltklima ganz anders geworden. Es hätte keine Eiszeiten gegeben.

Vorerst war die Welt von einer Eiszeit noch weit entfernt. Als der vor 2 bis 3 Millionen Jahren entstandene Golfstrom zusätzliche Wassermassen in die Atmosphäre brachte, erhielt die Erde wieder ein wenig von ihrem früheren Treibhausklima zurück. Für manche Arten der späten Tertiärzeit kam die nun einsetzende Wiederausbreitung der Wälder zu spät. Ihre Bestände waren zu klein geworden, um zu überleben. Sie starben aus, bevor der Wandel ihr Leben wieder begünstigen konnte.

Den Steppen und Savannen bescherten die steigenden Niederschläge hingegen üppiges Wachstum. Der Wald konnte sie nicht mehr in großem Umfang verdrängen, weil die Gebirgsbildungen und die nach wie vor anhaltende Saisonalität des Klimas ein gleichmäßig feuchtwarmes Wettergeschehen verhinderten.

Besonders die afrikanischen Savannen, denen nun das besondere Augenmerk gelten soll, gewannen neue Fruchtbarkeit. Dazu trug ein weiteres geologisches Ereignis bei, welches Ostafrika zu etwas ganz Besonderem werden ließ. Dieses Ereignis war der schon genannte Aufbruch der Erdkruste im ostafrikanischen Grabenbruch. Heftiger Vulkanismus lebte auf, Lavamassen und Asche wurden frei. Sie überschütteten die Gebiete entlang des Grabenbruches mit mineralischen

Nährstoffen aus den tieferen Schichten der Erdkruste, während nahezu überall Nährstoffe knapp wurden. Die Savannen in Südamerika und Australien, ja selbst die Savannenzone im übrigen afrikanischen Raum verarmten immer mehr, weil seit Jahrmillionen nichts nachgekommen war und die Böden ausgelaugt worden waren. Die Großtiere, die in diesen Grasländern lebten, gerieten immer mehr in Bedrängnis. Die Qualität ihrer Nahrung verschlechterte sich, und die Mengen nahmen gleichfalls ab, weil die stärker gewordenen Regen noch mehr als früher Mineralstoffe auswuschen. Das Ende des Tertiärs markiert das Ende vieler Großtiere in Südamerika und Australien. In Afrika hingegen setzte eine neue Blüte ein. Sie konzentrierte sich auf das ostafrikanische Hochland mit seinen vulkanischen Böden und seinem Reichtum an Mineralstoffen. So wurde dieser Raum zum Angelpunkt einer neuen Entwicklung: zum Zentrum des Fortschrittes in der Entwicklungsgeschichte.

9. Kapitel

Die Wechselbäder der Eiszeit

Afrika war eines der bedeutendsten Zentren der Entwicklung von Großtieren. Das geht nicht nur aus der einzigartigen Fauna hervor, die heute dort noch zu finden ist, sondern auch aus den zahlreichen fossilen Belegstücken zur Entwicklung dieser sogenannten Megafauna. Afrikanische Großtiere wanderten in Vorder- und Südasien ein, breiteten sich zeitweise über große Teile von Europa aus und mußten sich offensichtlich dann zeitweise wieder in die Regionen südlich der Sahara zurückziehen. Die mit weitem Abstand reichhaltigste Megafauna findet sich nicht im gleichmäßig warmen, von mehr oder weniger dichten Wäldern überzogenen Kongobecken, sondern im ostafrikanischen Hochland, genau in jener Zone, in der die Erdkruste den größten Riß aufweist.

Hier finden sich die Belege für die frühe Entwicklung der Vorläufer des Menschen und hier wurden auch die ältesten Überreste gefunden, die unserer eigenen Art zuzurechnen sind. Ist es ein Zufall, daß die afrikanische Megafauna und die Menschheitsentwicklung in so engem räumlichen Zusammenhang stehen? Kann es sein, daß nur zufällig der Weg der Evolution vom grazilen Australopithecus zum aufrechten Menschen *(Homo erectus)* und schließlich zum eigentlichen Menschen *(Homo sapiens)* ausgerechnet über die ostafrikanischen Savannen am Fuße der Vulkane und entlang des Grabenbruchsystems führt, seine Spuren so deutlich hinterlassen hat und dann aber aus Afrika herausführt und den bedeutendsten Aufschwung jenseits von Afrika erlebte? Diese Fragen, die den roten Faden durch das Thema bilden, drängen sich nun wiederum auf.

Doch die Bausteine reichen noch nicht, um das neue Bild zusammensetzen zu können. Weitere wichtige Schritte der Menschwerdung müssen geklärt und nachvollziehbar gemacht werden, bevor die Synthese gewagt werden kann.

Einer dieser Schritte setzt im eiszeitlichen Ostafrika an. Die verstärkten Niederschläge förderten Graswuchs und Weidetiere, änderten aber nichts mehr grundsätzlich an den geschrumpften Waldgebieten. Gorilla und Schimpanse hatten darin ihre Heimat gefunden und sich mit zahlreichen anderen Primaten in ihren ökologischen Ansprüchen hinreichend abgestimmt, so daß ein dauerhaftes Neben- und Miteinander möglich geworden war.

Vertreter der Menschenlinie hingegen trugen den Prozeß der Anpassung an das Steppenleben voran. Aus dem kleinen Australopithecus waren vollends aufrechtgehende, in zahlreichen Eigenschaften schon sehr menschenähnliche Primaten entstanden. Sie trugen die Entwicklung zum modernen Menschen weiter. Was mag sie davon abgehalten haben, in den Schutz der sich wieder deutlich erholenden Wälder zurückzukehren? Weshalb drangen sie immer weiter in die Savanne vor, die voll war mit Großtieren, darunter die höchst gefährlichen Großkatzen und die in Meuten jagenden, mit einem furchteinflößenden Gebiß ausgestatteten Hyänen, deren schauerliches Geheul die Nächte erfüllte. Die heutigen Tierherden in den ostafrikanischen Savannen geben nur einen abgeschwächten Eindruck von der Fülle, die sich nun am Beginn der Eiszeit wieder aufbaute. Die Grasländer mußten voller Gefahren gewesen sein. Die frühen Vertreter der Gattung Mensch machten bei ihrer körperlichen Ausstattung nicht gerade den Eindruck von Überlegenheit.

Zwei Arten werden gegenwärtig bei dieser frühen Gattung Mensch unterschieden: *Homo habilis* und *Homo erectus*.

Die Entwicklung zu Homo habilis begann vor rund 1,8 bis 2 Millionen Jahren. Sie fällt also mit den Veränderungen zusammen, die sich mit dem Beginn des Eiszeitalters ergeben hatten. Homo habilis war ein etwa 40 Kilogramm schwerer Primat, der sich in schon recht menschenähnlicher Weise aufgerichtet hatte. Sein Gehirn nahm ein Volumen von 500 bis 800 Kubikzentimeter ein. Die Funde weisen darauf hin, daß ihn dieses größer gewordene Gehirn in die Lage versetzte, regelmäßig einfache Werkzeuge aus Stein, vielleicht auch aus Holz zu benutzen. Der Artname »habilis« weist darauf hin. Aus der Größe und aus dem Bau seiner Zähne läßt sich schließen, daß Homo habilis sicher mehr Fleisch als die Australopithecinen gegessen hat.

Bemerkenswerte Veränderungen vollzogen sich im Bau des Schädels. Der Stirnbereich gewann an Höhe und damit der dahinterliegende Gehirnteil, die Großhirnrinde (Neocortex), an Raum. In diesem Gehirnbereich werden Verknüpfungen vollzogen, welche wir mit »Intelligenz«, »Denkfähigkeit« oder »geistigen Leistungen« umschreiben.

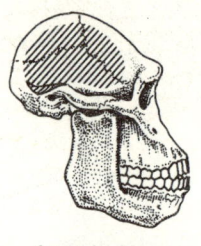 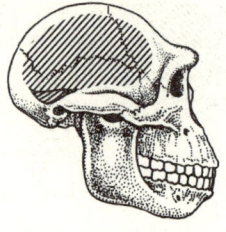

Australopithecus africanus   Homo habilis

Die Entwicklung der Gehirngröße und die Verschiebung der Schädelproportionen vom Australopithecus zum Neandertaler und modernen Homo sapiens. Das deutlichere Hervortreten des Kleinhirns, vom übrigen Gehirn durch eine Trennlinie abgesetzt, drückt die zunehmende Bedeutung der Steuerung des Körpers bei aufrechter

Noch ausgeprägter wurde dieser Trend beim zweiten Vertreter der Gattung Mensch, bei Homo erectus. Dieser »aufrechte Mensch« stellt den nächsten Abschnitt der Entwicklung zum modernen Menschen dar. Er trat vor etwa 1,5 Millionen Jahren auf den Plan. Seine Gehirngröße fing an, den Bereich von 1000 Kubikzentimetern zu übersteigen. Der Stirnbereich wurde betonter, der Anteil des Mundbereiches ging zurück. Sicher beherrschte Homo erectus die Benutzung von Werkzeugen. Sein Fortschritt fällt mit dem Verschwinden der Australopithecinen zusammen, die nun offenbar der neuen Lage nicht mehr gewachsen waren. Der Weg zum Menschen hatte eine markante Wendung vollzogen. Die vollständige Aufrichtung des Körpers hatte sich durchgesetzt. Sie fing nun verstärkt an, auch das äußere Erscheinungsbild der Gattung Mensch zu prägen.

Homo erectus war der erste Vertreter der Gattung Mensch, der aus Afrika herauskam. Vor mehr als einer Million Jahre zogen Gruppen davon nach Südostasien und einige Hunderttausend Jahre später bis nach Nordostchina und Westeuropa. Es mußte sich also viel getan haben in jener ersten Phase des Eiszeitalters. Homo erectus hatte bereits ein Durchschnittsgewicht von etwa 50 Kilogramm. Er war damit kräftiger geworden als seine Vorgänger.

In der für erdgeschichtliche Vorgänge kurzen Zeitspanne von knapp einer halben Million Jahre vollzog sich also der entscheidende Übergang von Australopithecus zur Gattung Mensch. Eine derart hohe Evo-

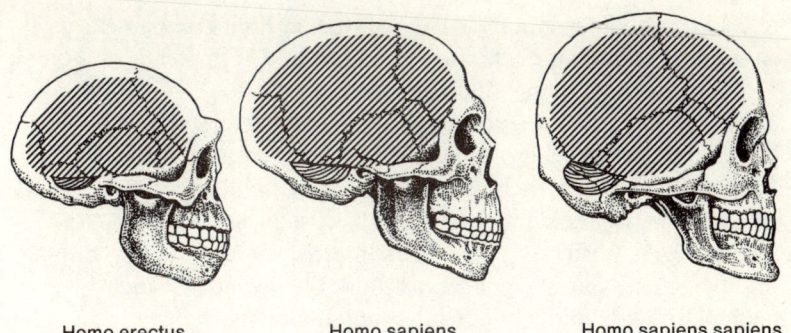

Homo erectus   Homo sapiens   Homo sapiens sapiens
                 neanderthaliensis

Fortbewegung aus. Es ist der »Feinregler« für alle Bewegungen, besonders für das Gleichgewicht. Im Gehirnvolumen kam der Neandertaler dem modernen Menschen gleich oder übertraf ihn sogar ein wenig. Der Anteil des »Gesichtsschädels« geht in dieser Serie zugunsten des »Gehirnschädels« deutlich zurück.

lutionsgeschwindigkeit läßt sich für keinen der früheren Abschnitte während des Tertiärs feststellen. Was sich vorher über Jahrmillionen erstreckte, drängte sich nun in Jahrhunderttausenden, vielleicht in noch kürzeren Zeiten zusammen.

Die herkömmliche Sicht geht davon aus, daß sich, einmal in Gang gekommen, der Evolutionsprozeß beim werdenden Menschen von selbst beschleunigte, weil jeder Fortschritt so viel mehr an Überlebensmöglichkeiten brachte, daß damit die Basis für den nächsten Entwicklungsschritt gelegt war. So eingängig diese Interpretation auch sein mag, so wenig läßt sie sich durch die vorliegenden Befunde abstützen. Ein gewichtiger Einwand geht aus der Tatsache hervor, daß der Neandertaler, der auf Homo erectus folgte, in vieler Hinsicht, auch in der Größe seines Gehirns, den heutigen Menschen übertroffen hatte und doch ausgestorben ist, ohne Nachfahren zu hinterlassen.

Homo erectus, der zweite Vertreter der Gattung Mensch, hatte vor einer Million Jahren schon den Osten Asiens erreicht. Auch diese Menschenform verschwand zwischenzeitlich spurlos, so als ob es sie nie gegeben hätte. An der Geradlinigkeit einer sich selbst beschleunigenden Entwicklung zum Menschen muß daher gezweifelt werden. Zu viele Ungereimtheiten ergeben sich: Wie könnte denn der moderne Mensch erst vor weniger als 100 000 Jahren aus Afrika gekommen sein, wenn seine Vorfahren schon seit fast der zehnfachen Zeitspanne in Asien und Europa gewesen sind? Die Menschwerdung konnte sich gar nicht auf breiter Front vollzogen haben. Sie mußte von Kleingruppen ausgegangen sein, die sich mehrfach von der Hauptlinie abspalteten und damit gleichsam einen Zickzackkurs verursachten.

Es ist nicht einmal ganz sicher, daß es nur die genannten Vertreter der Gattung Mensch gegeben hat. Vielleicht lebten weitere Angehörige der Gattung Homo, die artlich voneinander so verschieden waren, daß sie sich nicht mehr miteinander kreuzten. Versucht man, diesen Weg weiterzuverfolgen, verliert er sich schnell im Ungewissen. Die vorhandenen Funde ergeben kein überzeugendes Bild. Sie lassen sich nicht nahtlos aneinanderfügen und voneinander ableiten. Wir kennen das: Jahrzehntelang galt der Neandertaler als unser Vorfahre, bis sich herausstellte, daß er eine ausgestorbene Menschenlinie darstellt, die durch ihr Aussterben zu einer Seitenlinie mit blindem Ende geworden ist. Noch weniger sind Schimpanse und Gorilla unsere Vorfahren, auch wenn sie unter den derzeit lebenden Primaten ohne jeden Zweifel unsere nächsten Verwandten sind.

Stecken wir nun fest? Die Verfolgung der Spur des Menschen scheint in eine Sackgasse geraten zu sein. Verlassen wir sie wiederum eine Weile, um eine andere Spur wieder aufzunehmen: die Spur der Pferde.

Jahrmillionenlang waren den Pferden in Nordamerika günstige Lebensbedingungen beschieden. In der Isolation des nordwestwärts driftenden Kontinents blühten sie regelrecht auf. Die Vielzahl der Funde berechtigt zu der Annahme, daß sie in zahlreichen Arten und in großen Herden die nordamerikanischen Prärien bevölkert hatten. Ihr Niedergang setzte ein, als sich unter dem Einfluß des Golfstromes die Wälder wieder ausbreiten konnten. Doch dieser Umschwung zu Beginn der Eiszeit dauerte nicht besonders lange. Er kehrte sich ins Gegenteil um, als die weltweit gestiegene atmosphärische Feuchtigkeit die Aufwärmung des tropischen Atlantiks verminderte. Starke Niederschläge in den mittleren Breiten und das Ergrünen der Wüsten senkten die Temperaturgegensätze. Der Motor des Weltklimas schwächte sich ab. Immer mehr Niederschlag kam in den hohen Breiten im Winter als Schnee und immer weniger davon konnte in den wolkenreichen Sommern abschmelzen. Ganz besonders wichtig wurde nun das Hochland von Tibet. Hielt es eine Schneedecke bis weit in den Sommer hinein, veränderte sich die Abstrahlung der Erde. Der Monsun schwächte sich ab und damit auch der Transport von Wärme. Schnee auf dem Hochplateau, das zum Dach der Welt geworden war, bedeutete mehr Schnee im nächsten Winter und weniger Schneeschmelze im darauffolgenden Sommer – und so fort.

Dieser Umschwung senkte die Kraft der Ozeanströmung und verstärkte die winterlichen Kälte-Hochdruckgebiete. Die Schneemassen verdichteten sich zu Eis. An den Polkappen begann der Eispanzer, der sehr klein geworden war, wieder anzuwachsen. Gleichzeitig brachte der Golfstrom immer weniger warmes Wasser nordwärts. Seine nördlichsten Ausläufer reichten nur noch bis zu den Küsten Spaniens. Das Nordmeer gefror, und über Skandinavien breiteten sich die Gletscher aus. Ihr Wachstum begann hier, nicht etwa hoch oben in Sibirien, weil die den Schnee liefernden Niederschläge vom Meer und nicht vom Land kommen. Auf diese Weise entwickelte sich im Pleistozän die erste richtige Eiszeit (Kaltzeit). Aus den Alpen schoben sich mächtige Gletscher ins Vorland hinaus. Doch sie waren Zwerge, verglichen mit den Eismassen, die von Skandinavien ihren Weg über die trockengefallene Nord- und Ostsee nahmen und bis in die Norddeutsche Tiefebene vordrangen. Die Wassermassen, die im Eis gebunden wurden, waren so gewaltig, so unvorstellbar groß, daß der Spiegel des Weltozeans um wenigstens 120 Meter absank. Die dieser Wassermasse entsprechende Menge war im Eis gebunden worden.

Zwangsläufig gingen nun die Niederschläge zurück, weil sich nicht mehr annähernd im früheren Ausmaß Wolken bilden konnten. In den sternklaren Winternächten »gefror« nicht nur der Schnee zu Eis, sondern überm Tiefland zwischen Alpen und dem südlichen Rand der nordeuropäischen Eiskappe erstarrte der Boden metertief. Keine schützende und wärmende Schneeschicht bedeckte die zur Kältesteppe, zur Tundra, gewordene Landschaft, weil die Niederschlagsmengen zu stark zurückgegangen waren. Im Winter herrschten Kälte-Hochs. Sie brachten scharfen Frost, aber keinen Schnee. Auf diese Weise wurde der Boden zum Dauerfrostboden, denn je tiefer der Frost nach unten vordrang, um so weniger schmolz im darauffolgenden Sommer auf. Das Eis rückte in den Boden hinein vor, und zwar um so weiter, je tiefgründiger der Humus war. Der Graslandboden mit seiner Humusbildung setzte dem Frost am wenigsten Widerstand entgegen. Der starke Rückgang der Niederschläge hatte die Wälder weithin aus den heutigen gemäßigten Breiten verdrängt und durch Tundren ersetzt. Wälder konnten nur in Resten im Mittelmeerraum überleben, wo der Ausläufer des schwach gewordenen Golfstromes für ein etwas milderes und niederschlagsreicheres Klima sorgte. Weite Gebiete bedeckte dort eine Wermutsteppe, aber am Fuß der Gebirge und in geschützten Hanglagen hielten sich Waldreste.

Diese Winkel wurden zu Refugien, zu Rückzugsgebieten im buch-

stäblichen Sinne, von Tier- und Pflanzenarten der Wälder. Ohne diese Refugien hätte Mitteleuropa nacheiszeitlich nicht mehr von der Mehrzahl der heute vorkommenden Arten wieder besiedelt werden können. Die starke Zerklüftung des Südens und Südwestens von Europa wirkte sich in bedeutendem Maße arterhaltend aus. Es ist kein Zufall, daß sich die späteiszeitliche Besiedelung Mitteleuropas durch Vertreter moderner Menschen auf diesen Raum konzentrierte.

Eine andere Auswirkung machte sich im Nordosten Eurasiens bemerkbar. Dorthin, im Nordosten Sibiriens, waren die niederschlagsbringenden Fronten nicht mehr gekommen. Die Wolken hatten auf ihrem Weg quer über Nordasien ihre Feuchtigkeit längst abgegeben. Mit nur leichten Schauern im Winter ließ sich kein beständiger Schnee aufbauen, der zu Eis hätte werden können. So blieb dieser Teil der hohen Breiten frei von der Vereisung. Durch das Absinken des Meeresspiegels war aber die heutige Beringstraße, die Asien von Nordamerika trennt, trockengefallen. Der eisfreie Bereich setzte sich über dieses »Beringia« genannte Land fort. Ein eisfreier Korridor griff von dort aus nach Alaska über, wo die querliegende Hochgebirgskette der nördlichsten Rocky Mountains die vom Pazifik kommenden Niederschläge abfing.

Im Windschatten jenseits der Berge fiel zu wenig Schnee. Erst weiter landeinwärts fing der kanadische Eisschild an, der sich als größte Eismasse quer über die Hudson Bay ausbreitete und nach Grönland hinübergriff, weil Meereis die beiden Landeismassen verband. Auf der anderen, der östlichen Seite Grönlands bedeckte erneut eine ganzjährig geschlossene Eisdecke das Nordmeer. Nur die höchsten Gipfel Islands, von Spitzbergen und einiger weiterer kleinerer Inseln ragten daraus hervor. Die Meereisdecke ging kontinuierlich in den nordeuropäisch-westsibirischen Eispanzer über. Auch die Rocky Mountains lagen unter Eis. Die Gletscher erstreckten sich weit südwärts. Auf der pazifischen Seite reichten sie bis ans Meer, wie heute noch am Prince William Sound. Sie hätten den Weg die Küste entlang mit Sicherheit versperrt.

Nicht so jenseits der Berge. Dort sorgte der warme Fallwind, Chinook genannt, für ähnliches Klima wie am Nordalpenrand. Doch mit einem wesentlichen Unterschied. Am Nordalpenrand fallen hohe Niederschläge, wenn Nordwestfronten über Mitteleuropa ziehen. Nur bei aus-

Die Auswanderung der Pferde aus ihrem nordamerikanischen Ursprungsgebiet und die Besiedelung Asiens und Afrikas, wo sie den »Tsetse-Gürtel« überwinden mußten.

geprägten Süd- und Südwestströmungen reißt hier der Föhn die Wolkendecke auf. Der Chinook hatte keine Gegenspieler. Von Osten konnten keine feuchtigkeitsgeschwängerten Wolkenmassen an die Rocky Mountains kommen. Dort lag der riesige Eisschild, und der Atlantik ist Tausende von Kilometern entfernt. Somit rückten auch keine großen Gletscherzungen von den Bergen ostwärts vor. Ein breiter Korridor blieb offen. Er hielt den Weg frei für einen höchst bemerkenswerten Auszug aus Nordamerika in Richtung Asien.

Diesen Weg nahmen die Pferde. Sie profitierten von den Tundraverhältnissen ähnlich wie die später zu behandelnden Mammuts, die Wollhaarnashörner, die Riesenhirsche und viele andere große Säugetiere, die in den eiszeitlichen Tundren lebten. Über den Korridor bekamen sie Verbindung mit Nordostasien, weil die Beringstraße zum Landweg geworden war. Ein ununterbrochenes Band von Tundra erstreckte sich von den Prärien im zentralen Nordamerika über den Korridor zwischen den Eisschilden nördlich der Alaska-Range hinüber nach Nordostasien und von dort aus am Rande des sibirischen Eisschildes entlang bis nach Europa. Über die südrussischen Steppen bekam das Grasland Anschluß an den vorderasiatischen Raum. Hier, wo sich die arabische Halbinsel zwischen Asien und Afrika schiebt, und wo sich heute große Wüsten ausdehnen, herrschten zu den Höhepunkten der Vereisung weitaus günstigere Verhältnisse als heute. Der Regengürtel lag erheblich weiter im Süden als in der Gegenwart. Die Fronten der Westwinddrift waren zwar schwächer als jetzt ausgebildet, aber sie reichten aus, um den Mittelmeerraum und Nordafrika sowie große Teile der Sahara mit Niederschlägen zu versorgen, die den Wüstengürtel der Gegenwart zu Steppen und offenen Savannen machten.

Für die wandernden Pferde lagen also immer wieder neue Weiden am Horizont. Wären sie durchmarschiert, hätten sie die 15 000 Kilometer lange Strecke in wenigen Jahren geschafft, ohne viel mehr als nur 10 Kilometer pro Tag zurücklegen zu müssen. Doch da die Wanderung ohne Ziel verlief, da die Pferde nicht wissen konnten, was vor ihnen lag, muß man mit Generationen kalkulieren. Dennoch ändert das wenig an einer raschen Ausbreitung, weil selbst Jahrtausende nur Augenblicke in den Zeitskalen der Evolution sind. Die Pferde konnten ungehindert vorrücken, denn Konkurrenten fehlten. Ihr Anpassungstyp war in der Alten Welt nicht vorhanden, das Gras war gut, und in ihrer Fähigkeit, mit großer Ausdauer weite Strecken zu überwinden, waren die Pferde mit Sicherheit den Wiederkäuern so lange überlegen, als die Weiden nährstoffreiches Gras lieferten.

Irgendwann hatten sie dann den Rand von Afrika erreicht. Die Wüste bildete kein Hindernis, denn sie war zur Steppe geworden. Zumindest lagen genügend grasreiche, oasenartige Gebiete vor ihnen, so daß sie die dazwischenliegenden Trockenzonen überwinden konnten.

Eine Eigenschaft kam den Pferden dabei zugute: Sie benötigen erheblich weniger Wasser als die Wiederkäuer. Diese sind wegen ihres hohen Wasserbedarfes stärker von den Wasserstellen abhängig. Nur wenige Arten sind so ausgestattet, daß sie auf das Trinken längere Zeit verzichten können. Die für die Verdauung so wichtigen Pansenmikroben (Wimpertierchen) leben gleichsam in einem Heuaufguß. Der Kuhfladen enthält erheblich mehr Flüssigkeit als der Pferdeapfel. Deshalb können Pferde leichter über ausgedehnte Trockengebiete wandern als die ihnen an Größe und Art des Nahrungserwerbs vergleichbaren Wiederkäuer, das Gnu zum Beispiel. Die mit den Pferden im engeren Sinne (Gattung Equus) sehr nahe verwandten Wildesel beweisen diese Fähigkeit. Sie haben unter anderem in den extrem trockenen, hitzeflimmernden Halbwüsten im Gebiet des heutigen Somalia überlebt.

Irgendwann zu Beginn des Eiszeitalters standen also die ersten Pferde an der Schwelle nach Afrika und wanderten ein. Es waren keine großen, schweren Formen, sondern schnelle, grazile Tiere, die in vieler Hinsicht den Urwildpferden der innerasiatischen Steppen glichen. In ihrem Körperbau unterschieden sie sich kaum. Schmale, zierliche, aber sehr feste Hufe weisen sie als Läufer aus. Ihre Statur ist ponyartig. Ihr Gebiß zeigt, daß Gräser ihre Nahrung bildeten.

Als sie bei ihrem Vordringen Ostafrika erreichten, mußten sie dort nicht auf andere Pferde gestoßen sein? Von Südäthiopien bis zur Südspitze von Afrika und im Halbbogen weiter bis Südwestafrika und Angola gibt es doch die Zebras! Die ökologische Nische der Pferde könnte also schon besetzt gewesen sein, als die ersten eurasiatischen Wildpferde an der Schwelle zu den afrikanischen Savannen angekommen waren, es sei denn, es hat sie doch noch nicht gegeben. Woher kommen sie? Wie sind sie entstanden? Entwickelten sich die Zebras in Afrika, oder sind sie aus anderen Kontinenten zugewandert? Diese Fragen führen weg vom zentralen Thema, aber ihre Beantwortung ist unerläßlich, um den Faden der Menschwerdung später wieder aufnehmen zu können.

10. Kapitel

Gestreifte Pferde

Zebras gibt es nur in Afrika südlich der Sahara. Aber es existiert von ihnen kein fossiler Beleg, der über das Eiszeitalter hinaus zurückreicht. Sie haben also eindeutig erst während der Eiszeit Afrika erreicht und besiedelt. Wie alle Pferde müssen sie von nordamerikanischen Vorfahren abstammen. Sie können ihr Ursprungsgebiet erst verlassen haben, als die eiszeitlichen Verhältnisse den Übergang über die Beringstraße ermöglichten. Nach Afrika können sie erst dann gekommen sein, als die Grasländer Verbindung mit den Eisrand-Tundren bekamen. Das war in jener frühen Periode der Eiszeit der Fall, die im vorausgegangenen Kapitel beschrieben worden ist. Der Weg der Pferde war also auch der Weg der Zebras. Die Frage ist nur, kamen die Pferde bereits als Tigerpferde nach Afrika, oder haben sie erst dort das Streifenmuster entwickelt?

Der Zusammenhang mit der Evolution des Menschen scheint nun gänzlich verlorengegangen zu sein. Wie läßt sich diese Abschweifung begründen – oder entschuldigen? Das hängt vom Ergebnis ab, und diesem kann nicht vorgegriffen werden.

Also zurück zu den Pferden, die nach ihrer die halbe Erde umspannenden Ausbreitung Afrika erreicht hatten. Ob sie gestreift waren oder nicht, läßt sich den Fossilfunden nicht entnehmen. Diese vermitteln nur die Tatsache, daß sich Pferde und Zebras aus jener Zeit an den Merkmalen des Skeletts nicht unterscheiden lassen. Somit ist die Frage müßig, weil nicht beantwortbar?

Sie ist weder müßig noch die Suche nach einer Antwort vergeblich. Die Spuren der Evolution sind nämlich nicht nur in den versteinerten Zeugnissen, in den Fossilien, zu finden, sondern in nicht minderem Maße in den lebenden Organismen selbst. Der Evolutionsprozeß hat sie geformt und damit von selbst den Zusammenhang mit der Vergangenheit aufrechterhalten. Wenn es gelingt, den richtigen Ansatz zu finden, müßte sich der Weg zurückverfolgen lassen. Welch vielfältige und raffinierte Methoden der modernen Forschung hierfür zur Verfügung stehen, sollte das Beispiel der Mitochondrien im 1. Kapitel verdeutlicht haben. So anspruchsvoll können wir bei den Zebras nicht vorgehen, aber das Ergebnis wird von einer ähnlich großen Bedeutung sein.

Kehren wir also in die Gegenwart zurück, und betrachten wir die heutigen Zebras etwas genauer. Ihr auffallendstes Kennzeichen ist die Streifung. Nur Zebras sind so gestreift. Allen übrigen Vertretern der Pferdegruppe, ob echte Pferde oder Esel, fehlt diese Streifung. Bevor die Europäer Pferd und Esel nach Schwarzafrika brachten – das ist noch nicht lange her – waren alle Pferde, die in Afrika südlich der Sahara und der Halbwüsten entlang vom Roten Meer bis zum Horn von Afrika vorgekommen sind, gestreifte Pferde, also Zebras. Wildpferde außerhalb von Afrika und verwilderte Hauspferde, auch solche, die unter klimatisch recht ähnlichen Bedingungen, wie sie im afrikanischen Verbreitungsgebiet der Zebras herrschen, in den Steppen und Savannen von Südamerika leben, haben niemals eine Zebrastreifung entwickelt.

Da unsere Hauspferde die direkten Nachkommen asiatischer Wildpferde sind, die auf dem geschilderten Weg über die Beringstraße aus Nordamerika nach Eurasien gekommen sind, müßten wenigstens da und dort sogenannte »Rückschläge« (Atavismen) aufgetreten sein, wenn es sich bei der Zebrastreifung um ein ursprüngliches Merkmal (ein Primitivmerkmal) handeln sollte, das nur bei den Zebras erhalten geblieben, bei anderen Pferden aber durch neuere Entwicklungen überdeckt worden ist. Die selten einmal auftretende Beinstreifung von Pferden sieht ganz anders als die strenge Musterführung aus, welche die Zebras kennzeichnet. Allein dieser Befund spricht sehr nachdrücklich dafür, daß die Zebrastreifung eine Neuentwicklung ist, innerhalb von Afrika erfolgt und nicht aus der nordamerikanischen Heimat mitgebracht. Verwilderte Mustangs in Nordamerika zeigen alle möglichen Formen unregelmäßiger Fleckung, auch mit Weiß durchmischt, aber nicht einmal ansatzweise etwas, das der Zebrastreifung nahekäme. Es gibt also keinen Grund, die Ursache für die Entwicklung des Streifenmusters außerhalb von Afrika zu suchen.

Vielleicht sollte zunächst geklärt werden, wozu das Streifenmuster überhaupt gut ist, bevor man an die Frage nach seiner Entstehung geht. Wer danach sucht, wird aber mit Erstaunen feststellen müssen, daß die Antworten, wenn überhaupt welche gegeben werden, höchst unbefriedigend ausfallen. Viele Lehr- und Handbücher klammern das Problem der Funktion des Streifenmusters einfach aus. Andere stellen lapidar fest, daß es der Tarnung dient, weil es den lauernden Löwen verwirrt oder die Tigerpferde im Wabern der warmen Luftmassen über den Grasländern Afrikas verschwinden läßt.

Tarnung vor Löwen? Die Großkatzen müßten schon höchst ungewöhnliche Augen haben, wenn sie die Zebras wegen ihrer Streifung nicht erkennen könnten! Das trifft natürlich nicht zu. Wir Menschen machen es doch genau umgekehrt. Der Zebrastreifen auf den Straßen dient dazu, einen bestimmten Bereich besonders deutlich hervorzuheben, und nicht etwa, um die Straße und die Fußgänger zu tarnen. Für uns wäre es einfach absurd, mit einem so auffälligen und klar abgesetzten Streifenmuster etwas verbergen zu wollen. Keine Armee der Welt ist bisher auf die Idee gekommen, Panzer und Geländewagen mit Zebrastreifen zu bemalen. Gestaltauflösende Muster sehen völlig anders aus. Es fehlt ihnen das Regelmäßige, das präzis Wiederkehrende. Genau das zeichnet aber die Streifung am Zebra aus.

Wenn sie anfängt, die Körperform aufzulösen, sind die Tigerpferde bereits so weit vom Betrachter entfernt, daß auch die Körper der Gnus und der Antilopen, sogar die massigen Leiber der Büffel, im Dunst der Savanne verschwinden. Auf solche Entfernungen lohnt sich für Löwen kein Angriff. Sie lauern ihrer Beute auf und hetzen sie nicht. Das würde sie viel zuviel Kraft kosten. Ein Großteil des Beutemachens entfällt auf die Nacht, wo Geruch und Geräusche weit verräterischere Signale liefern als Farbmuster am Körper. Schließlich machen Zebras, ihrem Streifenmuster zum Trotz, in vielen Gebieten Afrikas den Hauptanteil an der Löwenbeute aus. Würde man nur nach den Häufigkeitsanteilen der Beute im Spektrum gehen, käme man zum genau umgekehrten Schluß: Weil die Zebras so auffällig gestreift sind, fallen sie den Löwen so überdurchschnittlich häufig zum Opfer.

Die Geschichte wird vollends verwirrend, wenn man nun auch noch berücksichtigt, daß trotz der Tatsache, daß die Zebras besonders häufig von Löwen erbeutet werden, die dadurch verursachten Verluste an den Zebra-Beständen so gering sind, daß sie nicht einmal ausreichen, um die Kranken und Schwachen auszumerzen. Den natürlichen Bestandszuwachs bei den Zebras schöpfen weder die Löwen noch die kombinierte Gruppe der übrigen natürlichen Feinde wie Hyänen, Wildhunde und Krokodile (wenn die Zebras zur Tränke kommen) ab.

Es sollte also, was den Feinddruck betrifft, gleichgültig sein, ob die Zebras gestreift sind wie Zebras oder einfarbig wie die übrigen Wildpferde. Da Löwen, Hyänen und die anderen Jäger in den Savannen nun keineswegs nur Zebras jagen, sondern auch die ungestreiften Gnus und

Antilopen oder die viel kräftigeren Büffel, muß die Vorstellung, die Streifung würde vor den Freßfeinden schützen, vollends aufgegeben werden. Was für die Zebras recht ist, sollte den anderen Betroffenen billig sein. Doch sie sind ungestreift.

Mit den Feinden ist das Phänomen der Streifung also nicht zu erklären. Versuchen wir daher einen anderen Ansatz zu finden. Er geht davon aus, daß Zebra nicht gleich Zebra ist. Die Streifenmuster unterscheiden sich von Zebra zu Zebra geradeso, wie die feinen Hautlinien an unseren Fingerkuppen sich von Mensch zu Mensch unterscheiden. So wie der Fingerabdruck Individualität vermittelt, so könnte das individuelle Streifenmuster für das gegenseitige Sich-Erkennen der Zebras untereinander dienlich sein. Tatsächlich erkennen sich die Zebras, die, von einem Hengst geführt, in Familiengruppen leben, untereinander individuell. Es läßt sich nachweisen, daß insbesondere im Kopfbereich die Streifen als Erkennungsmittel dienen.

Das Problem ist mit dieser Erkenntnis freilich überhaupt nicht gelöst. Denn erstens erkennen sich auch die nicht gestreiften Pferde untereinander sehr genau, wie jeder Pferdehalter und -kenner weiß. Sie brauchen dazu kein Streifenmuster. Wenn ein solches da ist, mag es ganz gut sein und zur Erkennung mitbenutzt werden, aber darauf angewiesen sind die Pferde nicht. Warum sollten die Zebras sich nicht in der herkömmlichen Weise erkennen können?

Das zweite Gegenargument erweist sich als noch überzeugender. Es gibt Zebras, nein, es gab solche, denn inzwischen sind sie ausgerottet worden, bei denen die Streifung sehr stark zurückgebildet war. Nur am Kopf hat sich ein deutliches Muster erhalten, dem aber die scharfen weißen Linien fehlten. Dieses Zebra lebte ganz unten im Süden von Afrika. Es war das berühmte Quagga, das in großen Herden am Kap lebte. Die Buren haben es ausgerottet. Nur ein paar Museumspräparate zeugen noch von einem Zebra, das beinahe kein Zebra mehr war. Wie hätte das Quagga, wäre die Streifung entscheidend für das Sich-Erkennen in der Herde gewesen, das charakteristische Muster verlieren können? Ein Abglanz davon am Kopf und Reste am Hinterteil genügten, um eventuell das Sich-Erkennen zu gewährleisten, wenn die Streifen beim Quagga dazu überhaupt gedient hatten. Wieder scheint der Faden abzureißen. Doch im Quagga steckt mehr. Es lenkt den Blick über die Herden hinaus auf die geographische Verbreitung der Zebras in Afrika. Dabei kommt nun ein höchst interessantes Bild zustande.

Die Streifung ist beim nordöstlichsten Zebra, dem Grevy-Zebra, viel schmäler angelegt als bei den weiter südwärts anschließenden Formen

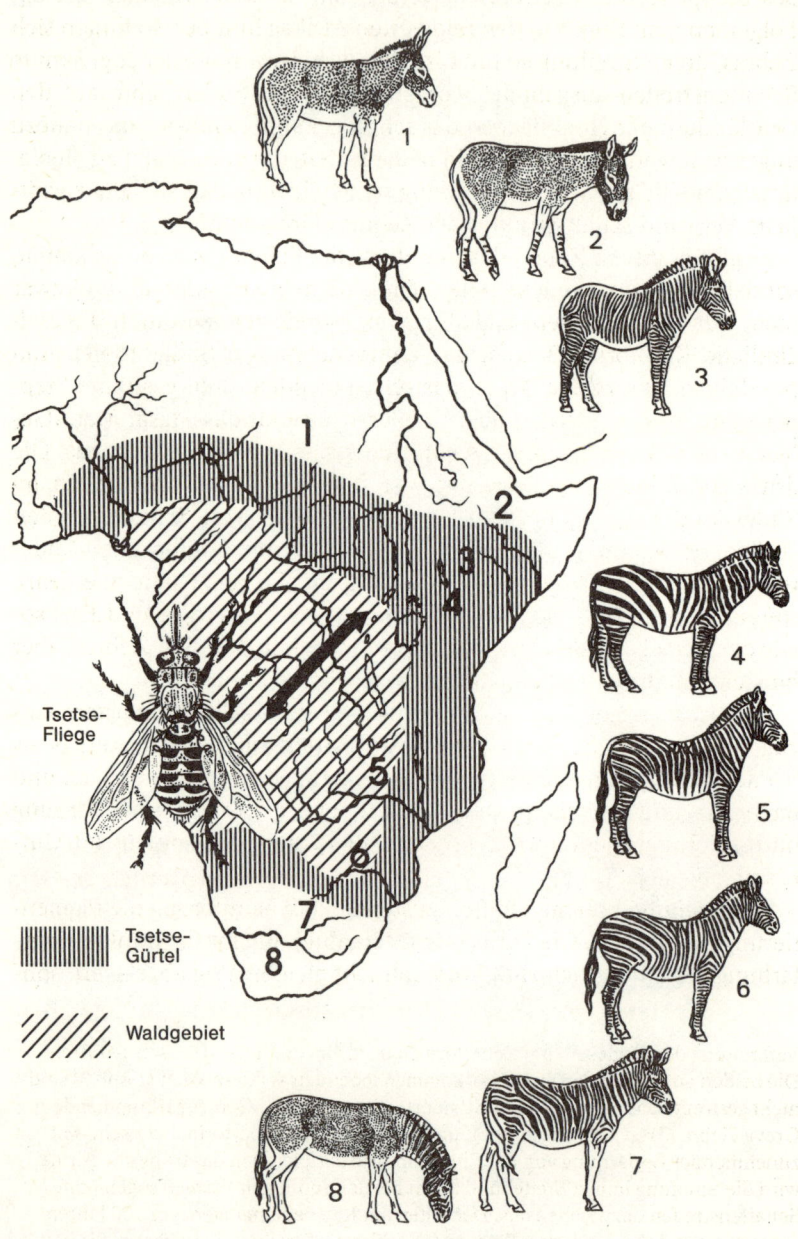

des Steppenzebras. Bei diesen werden die Streifen erheblich breiter. Folgt man dem Bogen in den Südwesten Afrikas hinüber, so finden sich Zebras, deren Streifung so breit ist, daß dazwischen wieder sogenannte Schattenstreifen ausgebildet werden. Unten im Süden lebte auf den Grasländern der Hochflächen das schon genannte Quagga, das nahezu ungestreift war. Es gelang erst in neuerer Zeit, die von Gebiet zu Gebiet unterschiedliche Form der Streifung so zu gliedern, daß sich die eigentliche Verwandtschaftsstruktur der Zebras klären ließ.

Es gibt nicht ein Zebra, das in unterschiedlichen Formen vorkommt, sondern drei verschiedene Arten. Die eine hebt sich klar ab, und zwar nicht nur durch die sehr enge Streifung, sondern auch durch die eselähnliche Kopfform. Dies ist das Grevy-Zebra von Südäthiopien und Nordkenia. Die zweite Art ist das schon ziemlich breit gestreifte Steppenzebra, dessen Herden über die Serengeti und das Masai-Mara-Gebiet ziehen. Steppenzebras breiten sich bis etwa zum Sambesi aus. Die dritte Art bildet das Bergzebra mit seinen engeren Verwandten im Süden und Südwesten von Afrika. Sehr breite, von Schattenstreifen gegliederte Streifung oder deren Auflösung kennzeichnen unter anderem diese dritte Art. Folglich gibt es in Afrika nicht eine Pferdeart, sondern deren drei, die eingeführten europäischen Pferde und Esel sowie der Somali-Wildesel nicht mitgerechnet. Alle drei sind Zebras, aber hinsichtlich ihrer Streifung in unterschiedlichem Maße.

Jetzt ist es angebracht, auf die Entstehung des Streifenmusters einzugehen. Zebrafohlen kommen bereits gestreift auf die Welt. Anders als bei den Schimmeln, die als Fohlen noch dunkel sind und erst nach und nach grau und schließlich weiß werden, wird die Erwachsenenfärbung und -zeichnung schon während der Entwicklung des Fohlens im Mutterleib angelegt.

Die Streifung kommt dadurch zustande, daß bandförmig die Pigmentierung unterbleibt. Die Farbstoffe (Melanine), die für die dunkle Haarfärbung verantwortlich sind, werden nicht gleichmäßig abgelagert, son-

Verbreitung der Wildesel- und Zebraformen in Afrika und Lage des Tsetse-Gürtels. Die beiden außerhalb der Tsetse-Vorkommen lebenden Wildeselarten (1 und 2) sind nicht gestreift. Das nahe der »Eintrittspforte« in das Tsetse-Gebiet vorkommende Grevy-Zebra (3) ist sehr eng gestreift und ähnelt in der Körperform den Eseln. Mit zunehmender Entfernung von der Eintrittspforte der Pferde in das tropische Afrika wird die Streifung immer breiter und bildet bei den südlichen Formen sogenannte Schattenstreifen dazwischen aus. Der unten am Kap beheimateten, vor 100 Jahren ausgerotteten Zebraform, dem Quagga (8), fehlte die Streifung weitgehend. Sie hatte sich nur an Kopf und Hals sowie um den Schwanzansatz erhalten.

dern eben im Wechsel: mal kräftig, das sind die dunklen Streifen, dann wieder nicht, das werden die weißen. Die Frage, ob denn nun die Zebras schwarzgestreift auf weißem Grund (also gestreifte Schimmel) oder weißgestreift auf schwarzem Grund (also gestreifte Rappen) wären, ist ziemlich müßig. Sie sind es weder noch. Ursprünglich waren sie aber dunkel, weil zur Entstehung der Streifung die Ablagerung des Farbstoffes streifenweise unterdrückt werden muß. So betrachtet könnte man sie also für weißgestreift halten. Das Wichtige an der Lösung dieser Streitfrage ist die Tatsache, daß Pigmentablagerung unterdrückt werden muß, und nicht etwa neu dunkles Pigment erst aufgebaut wird.

Damit lassen sich die Zebras hinsichtlich ihrer Färbung zweifelsfrei von den dunkel gefärbten asiatischen Wildpferden ableiten. Und weil die Pigmentierung streifenweise unterdrückt werden muß, damit es zur Ausbildung des charakteristischen Musters kommen kann, ergibt sich zwangsläufig eine Abhängigkeit der Streifenbreite vom Zeitpunkt der Entwicklung, an dem die Unterdrückung einsetzt. Je früher das Muster angelegt wird (in der Entwicklung des Fötus im Mutterleib), um so breiter werden die Streifen, und umgekehrt. Bei den enggestreiften Grevy-Zebras entstehen die Streifen später als bei den breitgestreiften Steppenzebras und den noch breiter angelegten Streifen der südlichen Zebraformen. Nimmt man nun an, daß die späte Anlage der Streifung das stammesgeschichtlich jüngere Ereignis ist als die frühe Ausbildung der Streifung, dann entsteht ein bemerkenswerter Zusammenhang.

Das Grevy-Zebra wäre demnach mit seiner engen Streifung stammesgeschichtlich jünger als das Steppenzebra und dieses wiederum jünger als das Quagga, welches die älteste Form darstellen müßte. Legt man diese Überlegung auf die Geographie Afrikas um, so bedeutet das, daß das am weitesten nach Süden und Südwesten vorgedrungene Zebra die älteste Pferdeform in Afrika darstellt, das enggestreifte Grevy-Zebra aber die jüngste. Sie ist am wenigsten weit vorgedrungen. Dazwischen befindet sich das Steppenzebra. Die Überlegung läßt sich einen weiteren Schritt vorantreiben.

Nordöstlich vom Grevy-Zebra befindet sich ein weiterer Vertreter der Pferdegruppe, der Somali-Wildesel. Er gehört zur Gruppe der Esel, denen, wie bereits ausgeführt, auch das Grevy-Zebra nahesteht. Der Somali-Wildesel hat keine Zebrastreifung, wohl aber deuten dunkle Streifen an den Beinen an, daß in ihm die Möglichkeit schlummert, ein Streifenmuster zu entwickeln. Gänzlich oder weitgehend ungestreifte

Pferde leben beziehungsweise lebten also an den beiden geographischen Extrempunkten des Zebra-Areals in Afrika. Die zeitliche Abfolge der Musterbildung deckt sich gut mit der geographischen Entfernung von der Eintrittspforte der Pferde nach Afrika. Verbleibt nur noch, die Funktion des Streifenmusters zu klären. In dieser Hinsicht sind wir, trotz aller erzielten Fortschritte bei der Behandlung des Zebra-Problems, noch immer nicht weitergekommen. Immerhin läßt sich schon soviel sagen, daß die Streifung ursächlich mit Afrika verbunden sein muß, und zwar mit einem Bereich, der in Südäthiopien beginnt und irgendwo in der Kapregion endet. Ganz unten im Süden wurde das Muster offensichtlich unnötig. Löwen lebten dort allerdings auch.

Für eine überraschende Wende in der anhaltenden Diskussion um die Frage der Bedeutung der Zebrastreifung sorgte der britische Fliegenforscher Jeffry Waage. Er war in Ostafrika unterwegs, um das Ausmaß der Durchseuchung der Wildtiere mit den Erregern der für das Vieh gefährlichen Nagana-Seuche festzustellen. Von Elefanten bis zu den nur gut hasengroßen Dickdick-Antilopen wurden Blutproben genommen und der Befallsgrad mit den Erregern, den Trypanosomen, festgehalten. Die Wildtiere stellen erfahrungsgemäß ein eminent bedeutungsvolles Reservoir für die Erreger dar, denen die Hausrinder nicht gewachsen sind. Die Trypanosomen werden von den Tsetse-Fliegen übertragen. Eine besondere, gleichfalls von Tsetse-Fliegen übertragene Form verursacht beim Menschen die Schlafkrankheit. Genaue Kenntnisse der natürlichen Verbreitung der Verursacher von Nagana-Seuche und Schlafkrankheit sind natürlich für das Leben in den Tsetse-Gebieten von größter Wichtigkeit. Erfolg oder Mißerfolg von Bekämpfungsmaßnahmen hängen davon ab.

Jeffry Waage fand die Erreger im Blut von Elefanten, denen die dicke Haut offensichtlich keinen vollständigen Schutz vor den blutsaugenden Tsetse-Fliegen verschaffte. Er fand sie bei Büffeln und Löwen, bei Gnus und allen Antilopen und Gazellen. Nur eine häufige Großtierart der Grasländer war so gut wie frei davon, und das waren die Zebras. Ganz offensichtlich wurden sie nur in ganz geringem Maße von den Tsetse-Fliegen heimgesucht. Entsprechend ihrer Häufigkeit hätten die Zebras wohl in der Spitzengruppe mit hohem Trypanosomen-Befall liegen müssen. Sie lagen am Ende der Serie!

Dieser Befund war um so merkwürdiger, als jeder, der im Tsetse-Gebiet mit Pferden zu tun hat, weiß, daß diese verrückt werden, wenn nur eine dieser Fliegen sticht. Pferde sind überhaupt sehr empfindlich in dieser Hinsicht. Bremsen können sie auf den mitteleuropäischen Weiden in Raserei versetzen. Die weißen Camargue-Pferde rasten in den heißen Mittagsstunden nicht im Schatten, wenn die Zeit der Bremsen und Stechfliegen angebrochen ist, sondern draußen in der prallen Sonne. Offensichtlich macht ihnen die Hitzebelastung weniger aus als die Insektenstiche. Daß dem nicht erst seit kurzem so ist, etwa weil die Hauspferde oder die halbwild gehaltenen Pferde unter besonders stechfliegen- und bremsenreichen Verhältnissen leben müssen, geht aus der Struktur des Pferdeschwanzes hervor. Die langen, peitschenartigen Schwanzhaare sind so fest, daß sie beim Aufschlag einen Insektenkörper entzweischneiden können. Bekanntlich benutzen die Pferde ihren Schwanz ausgiebig dazu, die lästigen Fliegen zu bekämpfen und zu vertreiben.

Die Seltenheit von Trypanosomen im Blut der Zebras kann also nicht etwa damit erklärt werden, daß Pferde für Fliegen unattraktiv wären. Ganz im Gegenteil. Nicht nur mit dem Schwanz versuchen sie sich der Fliegen zu erwehren, sondern auch mit fast punktgenau konzentrierten Hautzuckungen, wenn sich eine Bremse niederläßt und Blut zu saugen beginnt. Solche weitreichenden Anpassungen, wie die Einschaltung einer speziellen Muskulatur unter der Haut, bedeuten, daß das Fliegenproblem für die Pferde seit langen Zeiten von großer Bedeutung gewesen ist und nicht erst in der Neuzeit entstand, als der Mensch freilebende Pferde in fliegenreiche Ställe zwang und auf Weiden in Flußniederungen einschloß. Warum werden dann ausgerechnet die Zebras von den sonst so aggressiven Tsetse-Fliegen verschont?

Für Jeffry Waage lag die Lösung auf der Hand: Es ist die Streifung. Sie tarnt die Zebras nicht vor den Löwen, sondern vor den Fliegen. Und darüber gibt das Auge dieser Fliege Aufschluß: Für eine sich nähernde Tsetse-Fliege löst sich der Zebra-Körper in eine Serie auseinanderstrebender schwarzer und weißer Streifen auf. Das Komplexauge der Fliegen ist weit weniger dafür geeignet, Formen zu erkennen und tiefenscharfe Bilder zu liefern als das Kamera-Auge der Wirbeltiere. Mit einem Streifenmuster können die Fliegen nichts anfangen. Es paßt überhaupt nicht zu ihrem Bild einer attraktiven Nahrungsquelle. Wie ein solches aussieht, ist in zahlreichen Experimenten geklärt worden: ein dunkler, sich langsam bewegender Körper, der sich gegen den hellen Horizont abhebt. Er löst den Anflug der Tsetse-Fliege aus. Erst im Nahbereich kommt der Geruch hinzu. Er lenkt die Angriffe der Fliegen auf die Zonen dünnerer Haut, die leichter zu durchstechen sind.

Damit wäre die Funktion des Streifenmusters erklärt. Um wirklich zu überzeugen, muß die neue Erklärung aber noch mehr leisten. Sie muß begründen, weshalb es für die Zebras tatsächlich so lebenswichtig ist, sich auf diese Weise der Tsetse zu erwehren. Warum reichen Peitschenschläge mit den steifen Schwanzhaaren und Hautzuckungen nicht aus, wie bei den Pferden außerhalb von Afrika? Oder, anders gefragt, kann es sein, daß von der Tsetse tatsächlich ein höherer Selektionsdruck als von Löwen und Hyänen ausgeht? Das müßte der Fall sein, wenn dieser Zusammenhang besteht, weil es sonst unmöglich wäre, daß sich das Streifenmuster so präzise erhält. Würde es nur einen allgemeinen Tarneffekt verursachen, wie etwa die unregelmäßige Streifung beim Tiger, dann sollte es eine entsprechend große Variationsbreite zeigen. Dies ist nicht der Fall. Vielmehr erweist sich die Zebrastreifung als außerordentlich konstant. Die Streifenbreite hält sich in engen Grenzen, und besonders bemerkenswert ist, daß die schwarzen und weißen Streifen so scharf abgegrenzt aufeinander folgen. Nur im äußersten Süden Afrikas hat sich diese scharfe Begrenzung aufgelöst.

Die erste Detailfrage dazu muß daher der Verbreitung der Tsetse-Fliegen gelten. Wo kommen sie vor? Fliegen der Gattung Glossina (die Tsetse-Fliegen bilden eine verwandte Gruppe, die mehrere Arten enthält) kommen nur in Afrika südlich der Sahara vor. Es gibt sie sonst nirgends auf der Erde. Sie fehlen unten im Süden von Afrika und in den Wüsten, Halbwüsten und Trockensteppen-Regionen dieses Kontinents. Ihre Hauptvorkommen reichen von den wechselfeuchten Savannen über die Ränder der tropischen Wälder bis zum Okavango-Delta im heutigen Botswana. Die großtierreichen Savannen im ostafrikanischen Hochland gehören größtenteils zum Tsetse-Gebiet.

Bernhard Grzimek hat die Tsetse-Fliegen vor einigen Jahrzehnten die besten Naturschützer in Afrika genannt. Wo es viele Tsetse-Fliegen gibt, konnten auch viele Wildtiere überleben, weil der Mensch dorthin nicht dauerhaft vorzudringen vermochte. Die Tsetse-verseuchten Gebiete blieben daher gleichsam von Natur aus als Wildreservate erhalten.

Daran knüpft sich die zweite Detailfrage: Woran liegt es, daß sich die Zebras in für uns so augenfälliger Weise vor den Tsetse-Fliegen schützen (müssen), die übrigen Großtiere der afrikanischen Savannen hingegen nicht? Zur Beantwortung dieser Frage, deren Ergebnis sich noch als sehr bedeutsam für die Evolution des Menschen erweisen wird, ist es notwendig, die Grundzüge der Lebensweise der Tsetse-Fliegen zu betrachten. Erst dann wird verständlich, warum die Zebras so ganz anders als Büffel, Gnus und andere Wiederkäuer reagieren.

11. Kapitel
Die Tsetse-Fliege

Tsetses sind kräftige Fliegen, die deutlich größer als Stubenfliegen werden. Sie besitzen einen Stechrüssel, mit dem sie die Haut von Warmblütern durchbohren und Blut saugen. Dabei träufeln sie vorher etwas Speichel in die Einstichstelle. Er verhindert, daß das Blut gerinnt, während es von der Fliege aufgesogen wird. Dieser gerinnungshemmende Speichel ist die Ursache dafür, daß die Stichstelle zu jucken anfängt. Wie andere Blutsauger auch, überträgt die Tsetse winzige Blutschmarotzer. Es handelt sich in diesem Fall um einzellige Organismen, Trypanosomen genannt, die sich im Blut vermehren. Einer der Trypanosomen-Typen verursacht beim Menschen die Entstehung der Schlafkrankheit, ein anderer bei Rindern und Pferden die Nagana-Seuche. Zur Übertragung kommt es, weil die Fliegen in der Regel zwei- oder mehrmals Blut saugen. Dadurch nehmen sie die Krankheitserreger beim ersten Mal auf. Diese wandern in die Speicheldrüse und werden somit beim nächsten Stich übertragen. Handelt es sich um ein noch nicht infiziertes Tier, hat es damit die Erreger erhalten. Normalerweise reicht ein Stich noch nicht aus, um genügend Erreger zu übertragen. Die körpereigene Abwehr schafft es, einen geringen Infektionsgrad unter Kontrolle zu bringen. Erst bei einer höheren Infektionsrate versagt die Abwehr, und es kommt zur Massenvermehrung. Sie löst die Erkrankung aus.

Bei den allermeisten Arten, die von den Tsetse-Fliegen als Blutquelle genutzt werden, kommt es nicht dazu, weil die Tiere immun sind. In ihrem Blut zirkuliert dann eine mehr oder minder große Menge lebender Trypanosomen. Dadurch werden sie zur Gefahr für die Haustiere, denen die Immunität fehlt. Es wurde daher bis in die jüngste Zeit versucht, Tsetse-verseuchte Ländereien dadurch für den Menschen nutzbar zu machen, daß man durch massenhafte Vernichtung der Wildtiere das Erreger-Reservoir so weit ausdünnte, daß es zu keiner Ansteckung mehr kommen konnte. Diese Bemühungen haben bei weitem nicht das gebracht, was man sich erhofft hatte, weil die Tsetse-Fliegen über erstaunlich große Strecken gezielt anfliegen. Das hängt mit ihrer Lebensweise zusammen.

Diese Fliegen entwickeln kein eigenständiges, freilebendes Larvenstadium mehr, wie das für die große Mehrzahl der anderen Fliegen charakteristisch ist. Sie legen auch keine Eier. Die Entwicklung der Larve findet nämlich bereits im Leib des befruchteten Fliegenweibchens statt. Sie wächst darin, wie ein Embryo gut geschützt vor den Unbilden und Wechselfällen des äußeren Lebens, heran, bis sie zur Verpuppung bereit ist. Dann erst wird sie vom Fliegenweibchen abgegeben, gleichsam geboren. Die Fliege braucht dazu eine ziemlich feuchte Stelle. Sie sucht diese an den Flußufern und im Randbereich feuchter Galeriewälder, welche die afrikanischen Savannenflüsse begleiten. Dort setzt sie die fertige Larve am Boden ab. Diese verpuppt sich kurz danach. Die Feuchtigkeit ist offenbar notwendig, um das Austrocknen und die zu schnelle Härtung der Puppenhülle zu verhindern. Die junge Fliege könnte sonst nicht mehr schlüpfen. Hat das Weibchen aber die passende Feuchte gefunden, läuft der Vorgang ab, ohne daß die Larve noch weitere Nahrung aufnehmen muß. Vorläufer der hochspezialisierten Tsetse-Fliegen machten noch ein länger andauerndes Larvenstadium im Freien, gleichfalls im feuchten, reichlich mit vermodernden organischen Stoffen versorgten Boden durch. Während der Zeit der Puppenruhe bildet sich die fertige Fliege heran. Sie muß, wie das sich entwickelnde Küken im Ei, mit dem zurechtkommen, was das Larvenstadium an Vorräten mitgebracht hat. Selber ist sie nicht in der Lage, Nahrung aufzunehmen.

Die frisch geschlüpfte Fliege ist noch weich. Sie streckt sich, und im Verlauf der folgenden Stunden härtet sich ihre Körperhülle. Das Chitin, aus dem sie besteht, ist bei den Tsetse-Fliegen besonders kräftig und elastisch. Wer einmal auf einer Ostafrika-Safari versucht hat, eine in den Wagen eingedrungene Tsetse-Fliege totzuschlagen, weiß, wie schwer das ist. Sie scheint aus einem höchst elastischen Hartplastikmaterial zu bestehen, und recht ähnlich ist ihr Chitin in der Tat gebaut. Das bringt diesen Fliegen zwei Vorteile ein. Erstens können sie den Versuchen der Wildtiere gut widerstehen, mit ihrem Schwanz die Fliegen zu erschlagen. Einmal festgesaugt, lassen sie sich nicht so schnell vertreiben, weil sie hart genug sind, die Schläge der Schwanzhaare auszuhalten. Zweitens trocknen sie nicht so schnell aus wie andere Fliegen. Das ist bei den hohen Savannentemperaturen, die weit über 30 Grad hochklettern können, besonders wichtig. Ein zarter, wasserdurchlässiger Insektenkörper würde schnell verdorren. Die kleinen Stechmücken stehen vor diesem Problem. Sie können es sich nicht leisten, auch nur für kurze Zeit in die Hitze des offenen Landes hinauszufliegen, auch wenn dort große Mengen blutreicher Körper zu finden wären. Sie müssen sich in den schattigen Nischen mit hoher Luftfeuchtigkeit verborgen halten und die Abend- und Nachtstunden abwarten, in denen die Luftfeuchtigkeit ansteigt. Schwülwarme Abende begünstigen bekanntlich die Aktivität der Mücken, trockene, windige hemmen sie.

Mit dem Einbruch der Nacht steigt aber nicht nur die Luftfeuchtigkeit, sondern es sinken auch die Lufttemperaturen ganz kräftig, und der Wind legt sich. Die Mücken sind damit in der Lage, die Körper der Warmblüter mit Hilfe der Wärme zu finden, die diese abstrahlen. Die meisten größeren Säugetiere besitzen ähnlich wie der Mensch eine Körpertemperatur, die sich im Bereich zwischen 35 und 37 Grad bewegt. Ist die Lufttemperatur auf etwa 20 Grad abgesunken, entsteht damit ein starker Temperaturkontrast, an dem sich die Mücken orientieren können. In der Tageshitze wäre das nicht möglich. Auch der Geruch kommt unter diesen Bedingungen als Hilfsmittel für die Orientierung nicht in Frage. Die steigenden Temperaturen erzeugen am Tage schnell Luftwirbel und bodennahen Wind, der die Geruchsspuren der Weidetiere verwirbelt und verweht. In der ruhig gewordenen Luft während der Nacht oder im Wald können die blutsaugenden Insekten dem Geruchsgefälle folgen und die »Beute« aufspüren.

Körpertemperatur der Weidetiere und ihr Geruch kommen daher für die Tsetse-Fliegen als Orientierungshilfen bei der Suche nach einer Blutmahlzeit nicht in Frage. Sie helfen nur dann weiter, wenn die Fliegen schon sehr nahe gekommen sind. Über die Distanz bedarf es eines anderen Hilfsmittels. Ein Blick auf die Tsetse-Fliegen verrät sofort, was das nur sein kann. Ihre Augen sind so riesig, daß sie fast über den Kopf hinauszuquellen scheinen. Sie sind aus vielen Tausenden von winzigen Einzelaugen zusammengesetzt, die insgesamt eine fast vollständige Rundumsicht ermöglichen. Durch ihren kugeligen Bau eignen sie sich ganz besonders dafür, Bewegungen zu erfassen. Am leistungsfähigsten sind diese Augen, wie die Experimente gezeigt haben, wenn sie dunkle Silhouetten erfassen, die sich am Horizont des Gesichtsfeldes bewegen. Schon langsame Bewegungen, wie sie für die grasenden Weidetiere typisch sind, erfassen diese Augen. Aber mit dem Erkennen von Formen ist es nicht weit her. Wiederum zeigten die Experimente, daß parallele Streifen und Barren aus schwarz-weißen Mustern so gut wie keine

Reaktion auslösen, während ein langsam bewegtes, dunkles Quadrat genügt, um die Anflugreaktion auszulösen. Das alles paßt gut mit den Überlegungen zur Zebrastreifung zusammen.

Und es enthält den entscheidenden Hinweis auf die ökologische Nische, die sich die Tsetse-Fliegen erschlossen haben. Sie saugen Blut während der Tagesstunden an Tieren, die sich draußen im offenen Gelände bewegen und die sie optisch ausfindig machen. Eine solche Lebensweise können sie sich leisten, weil ihr dichter Chitinpanzer undurchlässig genug ist, daß sie nicht austrocknen, wenn sie in der Tageshitze stundenlang warten müssen, bis Beute vorbeikommt. Natürlich bleibt ihre Reichweite begrenzt. Sie dürfen sich nicht allzu weit von den Flußufern und Waldrändern entfernen. In der Feuchtsavanne ist das weit genug. Kritisch werden die Lebensbedingungen in der überwiegend trockenen Savanne für die Tsetse-Fliegen. Sie sind sehr kräftige Flieger, die schnell über Hunderte von Metern fliegen. Das Blut, das sie aufnehmen, liefert reichlich Energie und eine komplette Nahrung für die Entwicklung der Larve. Der Anpassungsweg dieser Fliegen lohnte sich, als die großen Tierherden entstanden. Sie kamen mit der Ausbreitung des Graslandes, und sie gehörten, wie festgestellt, in Afrika zur Gruppe der Wiederkäuer. Die Evolution der Tsetse-Fliegen ist in engem Zusammenhang mit den Wiederkäuern zu sehen. Mit den Pferden hatte sie bis in die Eiszeit nichts zu tun. Es gab keine Pferde zur Zeit des Tertiärs in Afrika.

Die Wiederkäuer dagegen kamen aus dem Wald. Ihre Anfänge gehen auf Formen zurück, die ähnlich wie die heutigen Ducker und kleine Waldantilopen ausgesehen haben. Diese Vorläufer der Gnus, Antilopen und Gazellen lebten genau dort, wo auch die Tsetse-Fliegen ihre Vorkommen hatten. Über die Jahrmillionen hinweg paßten sich die afrikanischen Wiederkäuer an die Tsetse an. Vielleicht stammen die im Blut parasitierenden Trypanosomen sogar direkt vom Grundstock der afrikanischen Wiederkäuer ab, und die Tsetse-Fliege wurde erst im nachhinein zum Überträger, als die Wiederkäuer anfingen, in zunehmendem Maße den Waldrand zu besiedeln und von dort aus aufs Grasland hinauszuwechseln. Dies ist sogar der wahrscheinlichere Weg, weil die Trypanosomen die Fliege tatsächlich nur als Zwischenträger benutzen. Die Immunität der afrikanischen Wiederkäuer spricht für eine lange gemeinsame Geschichte, für eine Co-Evolution.

Die Wiederkäuer sind auch besser eingerichtet, mit solchen Blutparasiten fertig zu werden. Ihre Milz übernimmt zusätzliche Blutreinigungs- und Entgiftungsarbeit. Außerdem nehmen sie schnell größere Mengen

Nahrung auf, die sie dann in Ruhe wiederkäuen. Dabei können sie sich in den Schatten oder in Deckung zurückziehen.

Bei geringem Nährstoffgehalt der Nahrung müssen die Pferde, wie bereits ausgeführt, relativ mehr Nahrung bearbeiten als die Wiederkäuer, um zur gleichen Nährstoffmenge zu kommen. Das bedeutet auch eine längere Zeitspanne, die für das Grasen eingesetzt werden muß. Die Zebras sind aus diesem Grunde den Angriffen der Tsetse länger ausgesetzt. Häufig müssen sie auch noch die Mittagsstunden zum Grasen nutzen, wenn die Nahrung knapp und schlecht geworden ist.

Der entscheidende Umstand liegt aber darin, daß die Pferde erst während der Eiszeit, vor weniger als zwei Millionen Jahren, nach Afrika gekommen sind. Das macht weniger als ein Zehntel der Zeitspanne aus, die den afrikanischen Wiederkäuern zur Verfügung stand, mit den Trypanosomen ein Gleichgewicht zu erreichen, das heißt, immun zu werden. Für die Pferde war das eine zu kurze Zeit, um wesentliche Funktionen ihrer Physiologie auf die neue Parasitenbelastung einzustellen. Die Entwicklung des speziellen Tarnkleides war sicher ungleich einfacher, weil sie keine nachhaltigen Umstellungen in inneren Stoffwechselprozessen nötig machte, aber den Befallsgrad durch die Parasiten auf ein erträgliches Maß verminderte.

Aus diesen Erwägungen ergibt sich, daß die Belastung mit den Krankheitserregern für die Pferde von größter Bedeutung gewesen sein muß. Sie ist es heute noch für die europäischen Pferde. Diese können in den Tsetse-Gebieten nicht überleben. Auch das Vieh, das seit einer ganzen Reihe von Jahrhunderten vom Menschen in den afrikanischen Steppen und Savannen gehalten wird, unterliegt dieser Gefahr. Die Nagana-Seuche fordert ihre Opfer. Es wurde nachgewiesen, daß die fast weißen Zebu-Rinder nicht nur die Hitze besser vertragen, sondern auch weniger von den Tsetse-Fliegen heimgesucht werden als braune oder dunkle Rinder, weil sie sich weniger deutlich als Silhouetten abheben.

Diese Befunde bedeuten, daß der Befall mit den Trypanosomen eine hohe Todesrate nach sich zieht. Die erkrankten Tiere werden zusehends schwächer. Sie verlieren ihre Leistungsfähigkeit und Widerstandskraft, bis sie schließlich eingehen. Beim Menschen verläuft die Erkrankung ganz ähnlich. Sie wurde daher recht treffend Schlafkrankheit genannt. Ist eine Infektion einmal in Gang gekommen, kann sie schnell ganze Herden erfassen, weil die Fliegen in großer Zahl vorhanden sind und ihre Rolle als Überträger spielen können. Das ist der entscheidende Punkt: Durch die zur Seuche werdende Erkrankung entstehen die sehr hohen Ausfallquoten, die notwendig sind, um einen derart massiven Selektionsdruck zu erzeugen, wie er nötig ist, um ein so präzises Muster wie die Zebrastreifung langfristig aufrechtzuerhalten.

Sobald dieser permanente Selektionsdruck wegfällt, beginnt das Muster sich aufzulösen und auf die inzwischen für das Sozialverhalten notwendig gewordenen Bereiche am Kopf zu beschränken. Das zeigte sich beim Quagga, das in die tsetsefreien Gebiete im südlichen Afrika gekommen war. Bei starkem Trypanosomenbefall kann die Todesrate auf über 90 Prozent ansteigen. Die wenigen Überlebenden gewinnen dabei die entscheidenden Vorteile.

Haben sie einmal angefangen, auch nur in geringem Maße solche Streifen zu entwickeln, welche die Körperform für das Fliegenauge schwerer erkennbar machen, gewinnen sie enorme Fortpflanzungsvorteile. Die Zwischenstufe dazu verlief vermutlich über die Verminderung der Einlagerung von dunklem Pigment (Melanin) in die Haare. Die Pferde werden dadurch zu Schimmeln. Doch bei der äußerst intensiven Einstrahlung von Ultraviolett-Licht können es sich die Pferde unter den hochtropischen Bedingungen nicht leisten, auf den Schutz des Melanins zu verzichten. Dieser Farbstoff macht die UV-Strahlung biologisch unschädlich. Am wichtigsten ist dieser Schutz für die noch stark wachsenden Jungtiere. Das ist wohl der Grund dafür, daß die Schimmel nicht als Schimmel zu Welt kommen, sondern beinahe als Rappen. Erst wenn sie herangewachsen sind, färben sie um. Die Somali-Wildesel zeigen diesen Übergangszustand in ihrer hellen Sandfarbe, die doch von Melanin unterlagert bleibt, das den Sonnenschutz bietet. Beim Übergang zum Zebra mußte diese Pigmentierung in rhythmischem Wechsel erfolgen. Je später dieser Rhythmus bei der Jugendentwicklung einsetzte, desto enger blieben die Streifen, und umgekehrt.

Damit macht die geographische Abfolge der Zebrastreifung über Afrika biologischen Sinn. Sie läßt sich als Schritt in der Evolution der Zebras verstehen. Die später angekommenen Grevy-Zebras hatten weniger Zeit, sich mit den gefährlichen Blutparasiten auseinanderzusetzen als die Erstankömmlinge, die sich bis nach Süd- und Südwestafrika ausbreiten konnten. Mag sein, daß dies der Grund dafür ist, daß sich die Grevys stärker als die anderen Zebras in Ostafrika auf die trockenen, von Tsetse-Fliegen nur relativ selten heimgesuchten Gebiete beschränkt haben. Mit ihrer engen Streifung erzeugen sie unter geeigneten Lichtverhältnissen noch eher den Eindruck einer dunklen Silhouette als die breiter gestreiften Steppenzebras. Diese Formen, die mitten in den Tsetse-Gebieten vorkommen, weisen eine Streifenbreite auf, die der im

Experiment ermittelten effektivsten Streifenbreite am nächsten kommt. Sie bietet den besten Schutz.

Setzt man die vielen Einzelbefunde auf diese Weise zusammen, dann wird sofort klar, warum die Pferde in den anderen tropischen Gebieten der Welt keine grundsätzlichen Schwierigkeiten hatten, sich zu akklimatisieren. Voraussetzung ist nur ein ausreichendes Nahrungsangebot. In den südamerikanischen Steppen und Savannen gedeihen Pferde. Innerhalb weniger Jahrhunderte setzten sich zwar die schlanken, feingliedrigen Formen durch, aber es traten keinerlei Streifen auf. Puma und Jaguar erbeuten Pferde, aber genausowenig wie die natürlichen Feinde der Zebras in Afrika waren sie in der Lage, die verwilderten Pferdebestände zu dezimieren. Krankheiten und insbesondere Seuchen bilden die weitaus größere Gefahr. An Rinderpest gingen in Afrika um ein Vielfaches mehr Wildtiere zugrunde als durch die natürlichen Feinde und die Bejagung durch den Menschen.

In der Tsetse-Fliege und der von ihr übertragenen Krankheit haben wir somit die Gesamtlösung des »Zebra-Problems«. Und wir haben noch viel mehr Aufschluß bekommen: Die Hürden, welche die Zebras zu überwinden hatten, waren auch, wie sich zeigen wird, die Hemmnisse, die sich dem Menschen entgegenstellten. Bis heute ist es für ihn schwierig, wenn nicht unmöglich, in den Tsetse-Gebieten dauerhaft Fuß zu fassen. Diese Feststellung muß nun eigentlich den Anschein erwecken, daß sich die Argumentation selbst gefangen hat. Alles schien doch so klar dafür zu sprechen, daß sich der Mensch in Ostafrika entwickelt hat. Und nun nähren die neuen Befunde an den Zebras den Verdacht, daß dies womöglich gar nicht stimmen kann, weil dort, genau da, wo die Fossilfunde gemacht worden sind, die Herrschaftsbereiche der Tsetse-Fliegen liegen.

Der Mensch ist nicht immun. Keine einzige Menschengruppe hat bislang auch nur ansatzweise eine Immunität gegen die Schlafkrankheit gezeigt. Nicht einmal so weit wie im Falle der Malaria hat es der Mensch gebracht. In einigen Kerngebieten des Malaria-Vorkommens verformten sich die roten Blutkörperchen so, daß die Malaria-Parasiten nicht eindringen können. Dadurch entsteht eine gewisse Immunität gegen diese oft genug als »Geißel der Menschheit« apostrophierte Krankheit; allerdings mit dem empfindlichen Nachteil, daß die daraus entstehende Blutarmut (»Sichelzellen-Anämie«) die Leistungsfähigkeit der Träger dieser Eigenschaft stark vermindert. Kommt die genetische Anlage gar von beiden Eltern, welche die Ausbildung sichelförmiger roter Blutkörperchen bedingt, wird sie tödlich. Nur solche Menschen können überleben, die von einem Elternteil das Erbmerkmal für normale Blutkörperchen mitbekommen haben (Heterozygote). Wird die Anlage homozygot, ist sie letal.

Noch geringer sind die Überlebensaussichten bei der Entstehung der Schlafkrankheit gewesen, bevor moderne Arzneimittel dagegen eingesetzt werden konnten. Die betroffenen Menschen siechten dahin. Es fehlte ihnen an körperlicher Leistungsfähigkeit, und die Chancen, eine einmal aufgeflackerte Schlafkrankheit wenigstens zu überstehen, waren sehr gering gewesen. Bezeichnenderweise hielten die gut ernährten Europäer häufig einem stärkerem Befallsgrad des Blutes mit Trypanosomen noch eher stand als unterernährte Afrikaner. Dies zeigt, wie sehr diese Krankheit von der körperlichen Kondition abhängt. Die Trypanosomen wirken langsam. Das ist, so könnte man es sehen, ihre Strategie zu überleben. Würden sie ihr Opfer gleich töten, bestünde kaum Aussicht, daß andere Tsetse-Fliegen davon Blut saugen und die Infektion weitertragen. Eine zu virulente Erkrankung müßte sich selbst totlaufen, wenn sie von solchen Überträgern abhängig ist.

Die Geschichte mit der Tsetse-Fliege verursacht nun ein ernstes Dilemma. Trifft sie zu, dann dürften sich die Vorkommen von Mensch und Tsetse nicht überlagern. Genau das ist aber im ostafrikanischen Savannenland der Fall. Olduvai, die Ufer des Viktoria-Sees und die anderen berühmten Fundstellen menschlicher Fossilien liegen mitten im Tsetse-Gebiet. Es kommt noch hinzu, daß die Einwanderung der Pferde, der späteren Zebras, nach Afrika gerade in eine Phase am Beginn des Eiszeitalters fällt, die auch für den Weg des Menschen von ausschlaggebender Bedeutung gewesen sein muß. Folglich müßten entweder alle Argumente für einen Ursprung des Menschen in Ostafrika unzutreffend sein, oder die Zusammenhänge mit der Tsetse-Fliege dürften nicht stimmen. Dieser Widerspruch muß vorerst offen bleiben. Er wird sich erst lösen lassen, wenn Anpassung und Lebensweise der früheiszeitlichen Menschen ausführlich genug behandelt sind.

Die Abschweifung zu den Pferden und den Tsetse-Fliegen hat vielleicht die Aufmerksamkeit auf Vorgänge gelenkt, die bislang zu wenig beachtet worden sind. Mit geschärftem Blick kann nun versucht werden, über die Enge der geradlinigen Sicht der Evolution des Menschen hinauszukommen. Viel ist über die Entstehung des Menschen geschrieben worden, und laufend kommen neue Befunde hinzu, die unser Wissen vergrößern und das Bild verfeinern.

Woran es dabei aber in aller Regel mangelt, das sind die Zusammenhänge mit der Umwelt. Es reicht nicht aus, den frühen Menschen als

»Jäger und Sammler« zu bezeichnen, seine Gehirnentwicklung anhand der Schädelfunde zu beschreiben und die Abschnitte der Entwicklung in eine Vielzahl von Stadien zu gliedern. Wenn die Entstehung des Menschen einen natürlichen Prozeß darstellt, dann muß es auch möglich sein, hinter den bloßen Ablauf zu blicken und die Ursachen aufzudecken, die diesen Prozeß begleitet und bestimmt haben.

Die Evolution der Zebras ist in diesem Zusammenhang mehr als ein Modellfall. Sie verdeutlicht die ungemein weitreichenden und komplexen Zusammenhänge vom Ursprung in den nordamerikanischen Prärien bis zur Entwicklung der Streifung bei der Einwanderung ins Tsetse-Gebiet und dessen Überwindung im südlichsten Afrika. Zum Weg, den der Mensch genommen hat, ergeben sich daraus erstaunliche Querverbindungen und Parallelen.

Ein gänzlich anderer Pfad entwickelte sich über die Wiederkäuer zu den Tsetse-Fliegen. Fassen wir die wichtigen Befunde davon zusammen, so ergeben sie eine Umdrehung der herkömmlichen Sicht zur Anpassung der afrikanischen Großsäuger an die Trypanosomen. Die Wiederkäuer und die anderen in den Savannen Afrikas heimischen Großtierarten hatten diese aus ihrer Waldrandheimat mitgebracht oder bereits ausgebildet. In der viele Jahrmillionen umfassenden, gemeinsamen Entwicklung während der zweiten Hälfte des Tertiärs erzielten sie das Gleichgewicht mit den Blutschmarotzern, und der Blutverlust an die Stechfliegen war für sie bedeutungslos. Den neu angekommenen Pferden wäre es aber beinahe zum Verhängnis geworden, daß die Tsetse-Fliegen auch sie in ihr Beutespektrum mit einbezogen, als sie Afrika erreichten. Damit kamen zwei Stammeslinien in engste Berührung, die während des allergrößten Teiles ihrer Entwicklung nichts miteinander zu tun gehabt hatten. Ein ganzer Ozean trennte sie voneinander. Wenn sich solche Querverbindungen für Arten wahrscheinlich machen lassen, die mit dem Menschen den Lebensraum teilten und die bedeutende Zeitspannen der Entstehungsgeschichte mit dem Menschen gemeinsam haben, dann muß man damit rechnen, daß auch der Mensch von jenen Zwängen und Vorgängen nicht unberührt geblieben ist, die diesen Entwicklungen zugrunde liegen. Die Bühne ist damit aufgebaut – wenden wir uns dem Hauptakteur zu.

12. Kapitel

Das übergroße Gehirn

Der Hauptakteur ist der Mensch. Um seinen Ursprung geht es. Mit dem Wechsel der Bühnen vom ausgehenden Tertiär über das Pleistozän zur Nacheiszeit hat sich auch sein Aussehen gewandelt. Zu Beginn war er äffischen Vorfahren noch recht ähnlich. Als er als »aufrechter Mensch« über die Savannen zog, hatte er schon so viel Menschenähnliches entwickelt, daß man ihn, würde er noch leben, gewiß zur eigenen Gattung gestellt hätte. Ein nach heutigen Schönheitsvorstellungen gepflegter Neandertaler mit Anzug und Krawatte wäre höchstens noch durch seine kräftige Statur mit fliehender Stirn aufgefallen; nicht unangenehm womöglich, weil er Athletik verkörpert hätte. Australopithecus dagegen wäre wohl mit einem dressierten Schimpansen verwechselt worden, der es gelernt hatte, in fast tadelloser Haltung aufrecht zu gehen. Am schwersten hätten wir es mit Homo habilis, jener Zwischenform zwischen den noch äffischen Australopithecinen und dem menschlich wirkenden Homo erectus.

Der Übergang vollzog sich fließend. Nicht abrupt, sondern nach und nach veränderten sich die Kennzeichen vom Äffischen zum Menschlichen hin. Die Grenzziehung zwischen den verschiedenen Formen auf dem Weg zum Menschen ist willkürlich. Sie entspricht nicht dem natürlichen Übergang. Dennoch besitzt sie ihre Berechtigung, weil sie wichtige Abschnitte in der Evolution des Menschen charakterisiert.

Diese Abschnitte lassen sich an einigen Eigenschaften der körperlichen Entwicklung besonders gut erkennen, wie zum Beispiel an der Entwicklung des Gehirns, an der Entstehung des aufrechten Ganges oder am Verlust des Haarkleides am Körper. Umbildungen am Kehlkopf und im Bau des Beckens sind weitere wichtige Merkmale, die gesondert zu betrachten sind, um ihre Rolle in der Menschwerdung verständlich werden zu lassen.

Ein Herausgreifen einzelner Entwicklungen darf aber nicht darüber hinwegtäuschen, daß es ausnahmslos stets der gesamte Organismus gewesen ist, der funktionstüchtig und überlebensfähig sein mußte. Fortschritte in Teilen davon durften nie im Widerspruch zu Notwendigkeiten stehen, die sich aus der Ganzheit des Organismus herleiten. Das wird die Evolution des menschlichen Gehirns verdeutlichen, die als erste unter den besonderen Merkmalen des Menschen erörtert werden soll.

Ohne Zweifel war die Vergrößerung des Gehirns die bedeutendste Errungenschaft in der Evolution des Menschen. Ihr ist es zu verdanken, daß wir darüber überhaupt nachdenken, darüber schreiben und diskutieren können.

Am Anfang der Überlegungen zur Gehirnentwicklung soll Australopithecus stehen, weil er mit seinem rund 500 Kubikzentimeter großen Gehirn gerade deutlich genug über die Schimpansengröße hinausgekommen war. Der Fortschritt war, absolut gesehen, noch bescheiden, aber relativ schon recht deutlich, weil Australopithecus ein etwas geringeres Körpergewicht hatte als der Schimpanse. Da das Gehirnvolumen normalerweise mit der Körpergröße in einer ganz bestimmten, vorausberechenbaren Weise ansteigt, hatte der kleinere Australopithecus folglich ein relativ größeres Gehirn.

Man darf annehmen, daß die relative Gehirngröße zumindest ein grobes Maß für die Leistungsfähigkeit ist. Demnach kann man dem Australopithecus auch bereits mehr zutrauen als seinem Vetter, der den Weg in die Wälder genommen hatte und sich dort einnistete, während Australopithecus nach draußen ging. Diese Feststellung einer ersten Divergenz in der Gehirngröße ist von weitaus größerer Bedeutung, als es auf den ersten Blick den Anschein haben mag.

Das Gehirn ist nämlich ein recht besonderes Organ. Es läßt sich nicht, wie die Muskulatur, durch Übung aufbauen. Schon bei der Geburt liegt die spätere Endgröße weitgehend fest, weil nämlich nachgeburtlich die Zahl der Nervenzellen, die sich zur Gehirnmasse verdichtet haben, nicht mehr zunehmen kann. Auch wenn das Gehirn, insbesondere im ersten Lebensjahr, noch an Größe zunimmt, bestimmt dennoch der Zustand vor der Geburt, wie leistungsfähig es werden kann. Mit zunehmendem Alter des Individuums scheiden immer mehr Gehirnzellen aus, so daß ihre Zahl abnimmt. Das ist einer der Effekte des Alterns.

Darum geht es hier aber nicht. Wichtiger ist der Beginn. Wie kommt die Gehirnmasse zustande? Was zeichnet sie etwa im Vergleich mit einem wichtigen inneren Organ wie dem Herzmuskel aus? Der größte Unterschied liegt im Gehalt an Phosphorverbindungen, insbesondere an jenem Stoff, der die Energie-Umsetzungen in den Zellen leistet. Es ist dies das Adenosin-Triphosphat, kurz ATP genannt. Diese Phosphorverbindung gehört zu den Grundelementen des Lebens, und sie bildet eine unentbehrliche Funktionsgrundlage für das Gehirn. Sie ist schwer zu bekommen. Phosphor zählt zu den raren Stoffen im Naturhaushalt. Vom Gehalt an Phosphorverbindungen hängt die biologische Produktivität der Gewässer ab, aber auch der Nährwert vieler Pflanzen.

Eine zweite wichtige Komponente stellt das Eiweiß dar. Es enthält besondere Stickstoffverbindungen. Kohlenstoffverbindungen dagegen, wie Zucker und andere Kohlehydrate, gibt es vergleichsweise reichlich in der Natur. Die grünen Pflanzen leben davon, daß sie solche Kohlenstoffverbindungen aufbauen. Den Prozeß kennen wir als Photosynthese. Er liefert aus den anorganischen Grundstoffen Kohlendioxid und Wasser mit Hilfe des Farbstoffes Chlorophyll, der in der Lage ist, Energie aus dem Sonnenlicht einzufangen und in die chemischen Reaktionsketten einzuschleusen, die organischen Zuckerverbindungen (Kohlehydrate) und Sauerstoff. So phantastisch dieser Vorgang in der Tat ist, und sosehr fast alles Leben auf der Erde von dieser Leistung der grünen Pflanzen abhängt, sowenig trägt er dazu bei, die Organismen mit den beiden anderen Grundstoffen zu versorgen, die oben genannt worden sind. An Stickstoff mangelt es zumeist weniger, weil einige Mikroben in der Lage sind, ihn im Bedarfsfalle aus dem riesigen Reservoir der Luft herauszuholen. Den Engpaß bildet der Phosphor.

Doch gerade die Phosphorverbindungen sind ganz besonders wichtig, wenn es darum geht, ein leistungsfähiges Gehirn aufzubauen. Muskeln werden in der Hauptsache aus Eiweiß und Kohlehydraten aufgebaut. Sie können auch bei phosphorärmerer Ernährung entwickelt werden, wenn sie genügend Kohlehydrate und Eiweiß (Aminosäuren) enthält. Beim Gehirn geht das nicht. Seine Masse hängt ursächlich mit einer entsprechend reichlichen Phosphorversorgung zusammen. Besteht aber die Nahrung überwiegend oder fast ausschließlich aus Blattwerk und zuckrigen Früchten mit geringem Eiweiß- und noch geringerem Phosphorgehalt, so beeinträchtigt dies die Gehirnentwicklung. Schimpansen ernähren sich auf diese Weise. Ihr mitunter beobachteter Fleischhunger und ihr raubtierhaftes Verhalten stehen in Zusammenhang mit dem Mangel an diesen Stoffen. Wenn sie gar einem erbeuteten Tier den Schädel öffnen und das Gehirn verzehren, so hat das nichts mit einer angeborenen Brutalität zu tun, sondern ganz einfach damit, daß dieses Organ die beste Quelle für Phosphorverbindungen ist.

Offensichtlicher wird der Hunger nach Phosphor beim Verzehr von

Knochenmark oder Knochen, weil darin Blutbildung vor sich gegangen ist und die Knochen sehr reich an Phosphat sind. Der langlebige, große Säugetierkörper hat in den Knochen seinen Phosphorvorrat. Knochenmarkkrebs gehört bekanntlich zu den gefährlichsten Formen der Krebserkrankung, und auf eine etwas anders gelagerte Weise zeigt die Anfälligkeit für Rachitis, wieviel Lebenswichtiges mit den Knochen verbunden ist. Der Phosphor ist die Schlüsselsubstanz, um die es geht. Das muß nochmals betont werden, weil der Unterschied in der relativen Gehirngröße zwischen Schimpanse und Australopithecus zwingend bedeutet, daß letzterer eine einträglichere Quelle für Phosphor gehabt haben muß. Sonst hätte sein Gehirn nicht größer werden können.

Das gilt in noch stärkerem Maße für die Nachfolger von Australopithecus. Deren Gehirnvolumen stieg, wie schon an anderer Stelle betont, in der vergleichsweise kurzen Zeitspanne einer knappen Jahrmillion von 500 Kubikzentimetern auf mehr als einen Liter an, kletterte weiter und erreichte beim Neandertaler vor etwa 200 000 Jahren mit gut 1500 Kubikzentimetern den Rekordwert, der sogar den Durchschnitt des heutigen Menschen deutlich übertrifft.

Eine solche Verdreifachung ist ein Phänomen, das erklärt werden muß, will man die Evolution des Menschen verstehen. Eine Verdreifachung der Muskulatur oder des Körpergewichts wäre ein geradezu vernachlässigbares Ereignis, verglichen mit dieser Massezunahme des Gehirns. Keine andere Stammeslinie der Säugetiere gleicht dem Menschen in dieser Hinsicht oder kommt ihm auch nur nahe. Nur bei einer Gruppe von Meeressäugetieren, bei den Delphinen, zeichnen sich gewisse Parallelen ab. Ihre enorme Leistungsfähigkeit ist wohl bekannt, nur für uns Menschen durch die grundlegende Andersartigkeit ihres Lebensraumes und den Mangel an Verständigungsmöglichkeiten so schwer verständlich. Die Delphine ernähren sich von phosphorreichen Fischen. Das tun die Haie auch. Dennoch sind sie nicht annähernd so intelligent. An der bloßen Verfügbarkeit von Phosphor allein liegt es also nicht. Die gleichmäßig hohe, geregelte Körpertemperatur kommt als notwendige Voraussetzung für gesteigerte Gehirnleistungen genauso hinzu wie eine sehr gute, höchst effiziente Sauerstoffversorgung. Beides bringen nur die hochentwickelten Säugetiere zustande, und zu ihnen gehören die Delphine.

Ganz allgemein gilt, daß Gehirngröße und Leistungsfähigkeit der Organismen voneinander abhängen. Für viele Gruppen ist dieser Zusammenhang gut erforscht und bestätigt worden. Der Mensch fällt hierbei nicht prinzipiell aus dem Rahmen, auch wenn bei ihm das Gehirnvolumen relativ zur Körpermasse ungleich stärker als bei allen anderen größeren Organismen angewachsen ist.

Zurück zu Australopithecus. Wieso kam er an bessere Phosphorquellen als seine Vettern? Sein Gebiß verrät, daß er gemischte Kost zu sich nahm und daß er sich nicht überwiegend pflanzlich ernährte. Die gemischte Kost muß einen erheblichen Anteil an Fleisch enthalten haben, wahrscheinlich auch größere Insekten sowie stärkereiche Wurzeln. Australopithecus war kein Raubaffe. Sein Gebiß hätte ihn nie in die Lage versetzt, ein größeres Tier, das eine lohnende Beute abgegeben hätte, totzubeißen. Noch weniger trifft dies für seinen Nachfahren, den zierlichen Homo habilis, zu.

Der Fleischanteil in der Nahrung mußte also anderweitig beschafft worden sein. Aber wie?

Homo habilis benutzte Werkzeuge. Primitive zwar, aber eben doch Werkzeuge. Faustkeile und Schaber in einfachster Form als Splitter von Steinen hatten sicher die ersten Werkzeuge überhaupt abgegeben, die der werdende Mensch benutzte. Sie waren zur Verteidigung gegen Feinde geeignet. Wie sehr das nötig war, läßt sich schwer abschätzen, weil wir keine Informationen darüber besitzen, in welchem Umfang Australopithecine und später der Homo habilis natürlichen Feinden zum Opfer fielen. Die wichtigste Funktion der Werkzeuge dürfte gar nicht einmal in ihrer Nutzung zur Verteidigung gelegen haben, sondern in etwas ganz anderem. Sie waren notwendig, um Kadaver zu öffnen. Kadaver von Großtieren gibt es in den wildtierreichen Savannen in bemerkenswertem Umfang. Zum Teil, oftmals zum überwiegenden Teil, entstehen sie durch Todesfälle bei Geburten, durch Verletzungen oder Verhungern. Auch Steppenbrände können die Ursache von Todesfällen sein, die nicht von natürlichen Feinden verursacht worden sind. Die Hauptquelle von Großtierkadavern bildeten Krankheiten, Seuchen und Nahrungsmangel; also Ursachen, wie sie gegenwärtig auch auftreten. Da die meisten Großtiere in Herden wandern und nicht gleichmäßig über den gesamten ostafrikanischen Raum verteilt auftreten, müssen die Kadaver entsprechend unregelmäßig vorgekommen sein.

Wenn die Herden durchziehen, geht es den Großraubtieren gut. Sie finden reichlich Beute, und viele Kadaver bleiben ungenutzt. Dieser Überschuß war es, der für Australopithecus und seine Nachfolger in der Evolution zum Menschen attraktiv wurde.

Klingt das zu unglaubwürdig, zu weit hergeholt? Muß die Kadaverhäufigkeit nicht realistischer eingeschätzt werden? Der Einwand ist berechtigt, aber er läßt sich leicht entkräften. Denn es gibt eine ganze

Vogelgruppe, die sich auf die Nutzung von Großtierkadavern verlegt hat, und zwar so stark, daß sie nicht mehr in der Lage ist, lebende Beute zu schlagen. Es handelt sich um die Geier. Sieben verschiedene Arten kommen allein in Ostafrika vor. Sie sind in besonderer Weise auf die Nutzung von Kadavern spezialisiert. Jede hat ihre besonderen Fähigkeiten und Anpassungen entwickelt. Das ist nur möglich, wenn Kadaver in so großem Umfang und so zuverlässig angefallen sind, daß sich schon kleine Abweichungen und Verbesserungen in der Nutzung lohnten. Nur dadurch konnte die Geier-Evolution ihren Lauf nehmen.

Dabei sind sie in der Verwertung der Kadaver nicht allein. Auch die Marabus beteiligen sich an diesen Mahlzeiten, ebenso gehören die Schwarzmilane zu den Vögeln, die sich an den toten Großtieren einfinden. Raubadler und andere große Greifvögel gesellen sich, wo immer das möglich ist, hinzu. Würden die Löwen, Hyänen und Wildhunde so vollständig mit den Kadavern aufräumen, daß nur noch unbedeutende Reste übrigbleiben, hätten sich bei dieser Konkurrenz die Geier nie als eigenständige Anpassungslinie entwickeln können. Sie haben dabei das eigene Beuteschlagen gänzlich aufgegeben. Ihre Füße und Krallen taugen nicht mehr dazu. Ihr Flug ist auf ausdauerndes, langsames Segeln eingerichtet, und nicht auf das Schlagen schneller Beute. Ihre Spezialität ist der raumgreifende Suchflug in der Thermik, die sich tagsüber, wenn sich das offene Land kräftig erwärmt hat, entwickelt.

Die Geier verfügen über Magensäfte von solcher Schärfe, daß ihnen die aus der bakteriellen Zersetzung des Fleisches hervorgehenden Leichengifte nichts mehr anhaben können. Doch die gute Anpassung hat auch ihre Nachteile: Die Geier können erst dann brüten, wenn die Gegend gut mit Kadavern versorgt ist. In nahrungsknappen Perioden vermindern sie ihre Aktivität auf das absolut Notwendige und setzen mit dem Brüten aus.

Die Anpassung an die Nutzung der Kadaver ist so differenziert, daß mehrere Arten am gleichen toten Tier beisammen sein können, ohne sich gegenseitig wesentlich zu beeinträchtigen. Es ist häufig sogar notwendig, daß mehrere Arten zusammenarbeiten. So müssen die großen Arten mit ihren mächtigen Hakenschnäbeln erst die Haut aufreißen, bis die langhalsigen, mit schwächeren Schnäbeln ausgestatteten Arten weitermachen können. Arbeitsteilung am Aas verbessert die Verwertung. Am Ende der Reihe steht, wenn Bergland in der Nähe ist, der riesige Bartgeier. Er schleppt mit schweren Flügelschlägen die markreichen Knochen in die Höhe und läßt sie über Felsen herabfallen, so daß sie zerbrechen.

Aasjägerei ist nicht nur eine billige Art des Beutemachens, sondern auch eine sehr profitable. Erst wenn man die Zusammensetzung der Nahrung genauer berücksichtigt, wird klar, weshalb die Artenzahl der Jäger von Großtieren (Löwe, Afrikanischer Wildhund, Tüpfelhyäne) geringer ist als die Zahl der verschiedenen Arten, welche vom Aas leben. Diejenigen, welche die Beute töten müssen, haben dazu fett- und energiereiche Nahrung nötig. Der Angriff oder auch schon die vorausgegangene Verfolgung verzehren sehr viel Energie. Der Suchflug auf breiten Schwingen, der von den Aufwinden getragen wird, kostet hingegen fast nichts. Damit kann von den Aasjägern die Beute weitaus wirkungsvoller verwertet werden, weil sie keine Vorab-Investitionen in beträchtlichem Umfang zu leisten haben. Das wirkt sich auch auf die Verwertbarkeit für die Entwicklung so »anspruchsvoller« Organe wie des Gehirns aus.

Wichtig ist in diesem Zusammenhang die Art und Weise, wie die Geier das Aas finden. Sie scheinen manchmal aus dem Nichts zu kommen, so hoch sind sie auf ihrem Suchflug geflogen. Haben sie das verendete Tier entdeckt, signalisiert ihr Niedergleiten auf eine ganz bestimmte Stelle den anderen Geiern, wo sich der Kadaver befindet. Die Geier bauen mit ihren Suchflügen regelrecht ein weitmaschiges Netz auf, mit dessen Hilfe sie die sterbenden Großtiere ausfindig machen. Sie kommen von weither – und kennen sich deshalb auch nicht persönlich, wie das sonst bei gemeinsam beutesuchenden Gruppen in der Regel der Fall ist. Daher entwickeln sie auch keine feste Rangordnung. Die jeweils hungrigsten stürzen sich am vehementesten auf die Beute, dominieren eine Zeitlang, bis sie satt genug geworden sind, daß sie wieder von anderen, die mehr Hunger haben, verdrängt werden. Eine bemerkenswerte Drohgebärde unterstützt sie dabei. Sperbergeier sträuben die Federn des Vorderrückengefieders, senken den Kopf und lassen an den Halsseiten große, runde, blauunterlaufene Flecken nackter Haut sichtbar werden. Aus der Geierperspektive sieht das einen Moment lang so aus, als ob ein riesiger Raubtierkopf anstürmen würde. Das reicht, um eine kurze Fluchtreaktion auszulösen, die dem drohenden Neuankömmling eine Gasse zum Kadaver öffnet.

Die Häufigkeit, mit der sie wirklich vor anstürmenden Löwen Reißaus nehmen müssen, liegt hoch genug, um dieses einfache Drohsignal wirksam zu erhalten. Löwen, insbesondere Löwenmännchen, halten sich auch lieber an bereits toten Großtieren schadlos, als daß sie selbst welche erjagen. Für sie gilt das gleiche Prinzip, wie oben dargestellt: Eine Beute ist um so attraktiver, je weniger Aufwand damit verbunden ist, um sie sich anzueignen.

Nun haben die Geier aber eine Fähigkeit, die ihnen bei der Auseinandersetzung um einen Großtierkadaver Vorteile verschafft. Es ist dies ihr Flugvermögen. Sie können es riskieren, die angreifenden Löwen, Hyänen oder Wildhunde bis auf geringe Entfernungen herankommen zu lassen. Ein Meter Sicherheitsabstand genügt ihnen, weil sie schon nach ein paar Sprüngen abheben können. Der Schlag einer Löwenpranke trifft dann ins Leere, weil der Geier rechtzeitig in die Luft gekommen ist. Die Schakale, Verwandte der Hunde, müssen sich schon mehr vorsehen, wenn sie sich am Kadaver zu schaffen machen, den die Löwen bereits beanspruchen.

Die kleinen Schabrackenschakale jagen meistens paarweise. Sie verstehen es ganz ausgezeichnet, an Kadaver zu kommen und ihren Teil davon abzubekommen. Einen Großteil ihrer Ernährung müssen sie allerdings durch den Fang von Käfern bestreiten, die sich im Dung der Weidetiere tummeln. Oder sie graben deren fette Larven aus. Mit weniger als einem halben Meter Höhe, die sie bei hochgerecktem Kopf gerade erreichen, verschwinden sie schnell im Gras der Savanne. Für die Löwen lohnt es nicht, den kleinen Aasjägern nachzulaufen, um sie endgültig zu vertreiben oder gar zu töten. Wiederum wäre der Aufwand, der sich mit einem solchen Vorgehen verbindet, weitaus größer als der Gewinn von ein paar Brocken Fleisch oder einigen kleineren Knochen. Hier steckt auch nicht das Problem. Die Löwen können es sich leisten, solch kleine Mitesser zu dulden. Auch die Geier können sie sich leisten, weil sich diese vornehmlich mit Kadaverteilen begnügen, die von den Löwen ohnehin verschmäht oder übriggelassen werden. Löwenmägen vertragen nicht so viele Leichengifte wie Geiermägen.

Für die Schakale sieht das Problem ganz anders aus. Mit den Löwen kommen sie zurecht. Aber wie finden sie überhaupt die Beute? Sie können nicht einfach ziellos über weite Strecken in der Savanne umherlaufen, bis sie nahe genug und zufällig an einen Kadaver kommen. Auch wenn sie unterwegs immer wieder Insekten fangen, wäre dies zu aufwendig. Also dürften sie eigentlich nur höchst selten einmal an einem Kadaver zu finden sein.

Das trifft nicht zu. Wo immer Schakale in normaler Häufigkeit vorkommen, finden sie sich auf den ostafrikanischen Savannen so schnell und so regelmäßig an Kadavern ein, daß sie über einen Mechanismus verfügen müssen, diese über einige Entfernung zu orten. Die Nase kann es nicht sein, denn die beste Spürnase versagt auf größere Entfernungen. Die Schakale sind zu klein, um ihre Nase hoch genug übers Steppengras emporrecken zu können. Eine Aufrichtung auf die Hinterbeine würde ihnen nichts nützen. Das wäre aber nötig, um weiter entfernte Beute zu riechen. Der Wind ist wenig zuverlässig: mal weht er stärker, mal schwächer. Nur im Nahbereich funktioniert die geruchliche Orientierung. Im Prinzip befindet sich der Schakal in der gleichen Lage wie die Tsetse-Fliege. In der hitzeflimmernden Steppe eignet sich die geruchliche Orientierung nicht besonders. Die Orientierung auf Sicht ist viel besser, vor allem, wenn sie sich an Hinweise halten kann, die sich hoch genug über dem Flimmern der Bodenoberfläche befinden.

Folgt man einem Schakal bei seiner scheinbar ziellosen Wanderung über das Grasland, so wird man schnell bemerken, daß er immer wieder mit schräg gehaltenem Kopf aufwärts blickt. Gewiß, er muß vor großen Adlern auf der Hut sein. Aber das ist nicht der eigentliche Grund. Die wehrhaften Schakale fallen selten den großen Greifvögeln zum Opfer. Vielmehr halten die Schakale nach den Geiern Ausschau. Bemerken sie, daß irgendwo in nicht allzu großer Entfernung Geier niedergehen, läuft das Schakalpärchen zielgerichtet dorthin. So findet der kleine Steppenhund doch immer wieder frühzeitig genug einen Kadaver, von dem etwas zu holen ist. Nun lohnt sich der zielgerichtete, raumgreifende Lauf, weil niedergehende Geier fast mit Sicherheit Nahrung bedeuten.

Was der kleine Schakal fertigbringt, das sollte für jemanden mit Interesse an Frischfleisch von Großtieren kein Problem sein, zumal wenn dieser »jemand« mit etwa 1,5 Meter Größe das Steppengras überragt, wenn er über Beine verfügt, die ein ausdauerndes Laufen ermöglichen und über ein Sehvermögen, das eine hinreichend präzise Abschätzung der Entfernung gestattet. Beinahe selbstverständlich sollte eine derartige Leistung sein, wenn ein ungewöhnlich großes Gehirn alle relevanten Daten aus der Umwelt schnell und sicher zu verwerten vermag. Dieser »jemand« ist der werdende Mensch, der sich vom Australopithecus zum Homo habilis und zum Homo erectus weiterentwickelt. Nur für die Gattung Mensch treffen diese Voraussetzungen und Rahmenbedingungen zu.

Der Mensch hat ohne jeden Zweifel die beispiellose Gehirnvergrößerung durchgemacht. Das belegen die Fossilfunde. Er ist ohne jeden Zweifel aufrecht gegangen, auch das geht aus den Funden klar hervor. Es steht auch außer Frage, daß ein größeres Gehirn besser ist als ein kleineres. Offen ist hingegen die Frage, was diese Größenzunahme des Gehirns verursacht hat. Wäre die primäre Quelle, der stammesgeschichtliche Antrieb hierfür, das Erjagen von größerer tierischer Beute gewesen, wäre also, um es noch schärfer zu verdichten, die Jagd zur

Triebkraft der Evolution zum Menschen gewesen, dann wäre eine (moderate) Größenzunahme des Gehirns wohl zu erwarten, aber es hätte sich nicht notwendigerweise damit das Aufrichten des Körpers in die Senkrechte verbinden müssen. Alle nicht-menschlichen Jäger der ostafrikanischen Heimat des Menschen sind Vierfüßler. Mit vier Beinen läßt sich eine höhere Schnelligkeit erzielen als mit zwei. Auch die Schimpansen laufen nach Art der Vierfüßler, wenn sie hinter einer kleinen Gazelle oder einem Paviankind her sind. Der bessere Weg zum Beutemachen wäre somit eine Entwicklung zu schnellem Lauf auf vier Beinen und die Ausbildung kräftiger, furchteinflößender Eckzähne gewesen. Das kennt man alles von anderen Primaten, insbesondere von den zu den Hundsaffen gehörenden Pavianen.

Sie haben solch furchterregende Eckzähne, daß eine Koalition einiger alter Männchen genügt, um ihren Hauptfeind, den Leoparden, in die Schranken zu verweisen. Es ist nachweislich geschehen, daß Paviane Leoparden getötet haben. Sie laufen gut und ausdauernd auf vier Beinen. Die Zuordnung zu den »Hundsaffen« deckt sich umgangssprachlich mit dem hundeartigen Eindruck, den diese Primaten vermitteln. Ihr Verhalten ist in vieler Hinsicht, insbesondere was ihr Gruppenleben betrifft, sehr menschenähnlich.

Die Überlegungen, daß ein primär auf Jagd ausgerichteter Entwicklungsweg vom Australopithecus zur Gattung Homo keineswegs zwingend die tatsächlichen Veränderungen in Körperbau und Lebensweise des werdenden Menschen erklärt, sind deshalb gewiß nicht als unerheblich abzutun. Etwas überspitzt ausgedrückt, könnte man sogar fortfahren, daß die Aufrichtung des Körpers dem Sammlerdasein – als der zweiten Komponente, die das Leben der frühen Vertreter der Gattung Homo bestimmt haben soll – sogar abträglich hätte sein müssen. Ein aufgerichteter Rücken muß sich immer wieder beugen, um nach Wurzeln und stärkereichen Knollen oder nach eiweiß- und fettreichen Larven am Boden zu suchen. »Bück den Rück« ist eine strapaziöse, oftmals schmerzhafte Tätigkeit. Die krummen Rücken der mit einfachen Methoden und Handarbeit wirtschaftenden Bauern stehen in krassem Gegensatz zu den aufgerichteten der Nomaden, die mit ihren Herden durch die Weiten der Landschaft ziehen. Zweifel sind also zumindest angebracht, ob die Aufrichtung des Körpers dem Jagen und Sammeln dienlich war.

13. Kapitel

Der aufrechte Gang

Die aufgerichtete Körperhaltung ist etwas Besonderes. Sie gehört zum Menschen. Obwohl sie für unsere Art selbstverständlich ist, scheint uns das unbewußt offenbar doch nicht so natürlich. Wie sonst könnten wir psychische Qualitäten damit in Verbindung bringen? Das tun wir aber, wenn wir von einem »aufrechten Menschen« sprechen, der »Rückgrat zeigt«. Merkwürdigerweise stört uns die so unterschiedliche Ausprägung der Gesichter und ihre Mimik weitaus weniger, wenn wir die großen Menschenaffen mit uns Menschen vergleichen, als ihre unzureichende Fähigkeit, aufrecht zu gehen.

Der aufrechte Gang ist das äußerlich auffallendste Kennzeichen des Menschen. Größe und Leistungsfähigkeit des Gehirns äußern sich anders und nicht so deutlich durch den bloßen Augenschein. Wir erkennen sich nähernde Menschen an der Art, wie sie sich aufgerichtet bewegen, man braucht dazu keine Gesichter oder andere Details des Körpers zu sehen. In so vielen anderen Eigenschaften ähneln wir den Menschenaffen, daß sie uns wie Zerrbilder unseres Selbst erscheinen. Wenn wir etwas an ihnen komisch finden, dann ist es ihre Art sich fortzubewegen.

Der aufrechte Gang entwickelt sich beim Menschen bekanntlich schon recht früh. Mit rund einem Jahr können sich Kinder auf ihren Beinen sicher fortbewegen. Das Krabbelstadium ist in wenigen Monaten überwunden. Die Aufrichtung verläuft unter großen Mühen, und man kann sich des Eindrucks nicht erwehren, daß geradezu ein Drang vorhanden sein muß, sich aufzurichten. Immer wieder wird es probiert, bis es klappt. Von nun an können nur noch schwerste Schädigungen den Menschen davon abhalten, sich zweibeinig fortzubewegen. Unsere Füße sind darauf eingerichtet, und nicht auf ein Laufen auf allen vieren.

Aus dieser so simplen Feststellung ergeben sich vielfältige Konsequenzen für die Gesamtstruktur unseres Körpers. Um das Ausmaß der Umgestaltungen einigermaßen erfassen zu können, müssen wir uns vergegenwärtigen, wie ein Mensch aussieht, der versucht, sich auf allen vieren fortzubewegen, und was den Unterschied zum Skelett des Pavians ausmacht, der sich normalerweise so fortbewegt. Fangen wir ganz vorne an, das heißt am Kopf. Er soll dabei so betrachtet werden, wie er sich in der Normalhaltung auf der Wirbelsäule befindet. In dieser aufgerichteten Stellung weist das Gesicht nach vorne. Das Schädeldach bildet den höchsten Punkt. Ein doppeltes Drehgelenk, vom ersten und zweiten Wirbel gebildet, ermöglicht es uns, den Kopf seitwärts so zu drehen, daß insgesamt ein Halbkreis zustande kommt. Außerdem können wir den Kopf so weit zurückziehen, daß die Augen fast senkrecht nach oben gerichtet sind, und so weit nach vorne sinken lassen, wie es uns das vorstehende Kinn eben ermöglicht. Damit sind die Augen und die Nase nach vorne gerichtet, und die Ohren befinden sich in einer Position, die ausgeprägtes Richtungshören (Stereo-Hören) zustande bringt.

Gehen wir nun auf alle viere zu Boden und ändern wir dabei unsere Normalhaltung des Kopfes nicht, so wird das Gesicht zu Boden gerichtet. Wir können uns dann auf die Hände schauen, aber nicht viel mehr mit unseren Sinnesorganen anfangen. Ziehen wir nun den Kopf nach oben, so drückt er schnell gegen die Schultern. Ein bißchen mehr Sicht haben wir zwar gewonnen, aber zuwenig, um unsere Umwelt wirklich erfassen zu können. Die Arme sind nämlich ganz einfach viel zu kurz dazu. Der Rücken muß sich zudem stark krümmen, und wenn wenigstens die Beine in Laufstellung bleiben sollen, kippen wir beinahe vornüber. Wollen wir diese Starthaltung zu einem 100-Meter-Lauf etwas entkrampfen, müssen wir die Beine seitlich ausscheren, was erst dann einigermaßen bequem wird, wenn wir in die Hocke gehen. Zum Aufrichten fehlt dann nicht mehr viel.

Betrachten wir nun die Arme und die Beine etwas genauer. Wir unterscheiden sie aus guten Gründen umgangssprachlich recht genau voneinander, wenn die Vorderextremität (bezeichnenderweise ein Kunstwort!) andere Aufgaben erfüllt als die Hinterextremität. Ansonsten sprechen wir von Vorder- und Hinterbeinen. Von Armen spricht man nur, wenn die Vorderextremität tatsächlich die Funktion von Armen zeigt, wiewohl wir dann auch Hände von Füßen unterscheiden, auch wenn sie gleichen Ursprungs sind.

Allein daraus geht bereits hervor, daß Arme und Beine ausgesprochen stark voneinander verschieden sind. Die Hände der Arme dienen zum Hantieren, zum Zugreifen und Handhaben, aber nur noch in stark eingeschränktem Maße zum Festhalten beim Klettern. Ein besonderes

Kennzeichen der Hände ist der von den Fingern abgesetzte Daumen, der diesen so schräg gegenübersteht, daß Finger und Daumen einen festen Griff ermöglichen. Mehr als das: Mit Daumen und (Zeige-)Finger können wir außerordentlich fein zugreifen. Sie wirken wie eine Pinzette zusammen. Mit dem großen Zeh geht das nicht. Er ist den übrigen Zehen nicht gegenüberzustellen, und mehr als einfache Klammerungen bringen wir auch bei großer Übung mit unseren Zehen nicht fertig. Sie sind fest eingebaute Bestandteile des Fußes, der eine brückenartig gewölbte, an den Rändern aufliegende und über eine vorspringende, runde Ferse abrollbare Fläche bildet, die elastisch der Unterlage aufliegt. Eine der Ferse vergleichbare Bildung fehlt der Hand, weshalb sie stets flach aussieht. Sie ist gut, wenn es um Zugkräfte geht, aber schwach beim Sich-Abdrücken. So leicht uns der Fußstand fällt, so schwer tun wir uns mit seiner Umkehrung, mit dem Handstand, obwohl die bei abgespreizten Fingern entstehende Aufliegefläche der Hand nicht wesentlich kleiner als die Standfläche des Fußes ist.

Natürlich ist uns das alles geläufig, und es wäre nicht der Frage wert, welche Bedeutung diesem Unterschied für die Stammesgeschichte des Menschen zukommt, wenn nicht die Menschenaffen so handähnliche Füße hätten.

Damit stecken wir erneut in einer Klemme: Welcher Zustand ist der ursprünglichere, welcher der davon abgeleitete? Ist die menschliche Hand, die alles so gut »be-greift«, dem Urzustand näher oder der Fuß? Wenn wir die Menschenaffen als nächste Verwandte zum einfachen und unkritischen Vergleich heranziehen, ist alles klar. Bei ihnen sind die Füße den Händen ähnlicher. Sie besitzen auch an den Füßen gegenstellbare (opponierbare) große Zehen, weshalb sie mit Händen und Füßen die Äste greifen können. Hände und Füße sind sich insgesamt viel ähnlicher als beim Menschen. Also wäre dies der ursprünglichere Zustand. Betrachten wir hingegen die Menschenaffen als das, was sie sind: zeitgenössische Zweige am Stammbaum der Primaten, die sich genauso weit vom gemeinsamen Ursprung entfernt befinden wie der Mensch, dann schwindet die Klarheit. Es könnte nun auch so sein, daß die Menschenaffen durch ihre Anpassung an das Leben im Wald ihre Beine in eine Richtung weiterentwickelt haben, welche den Notwendigkeiten besser entspricht, die sich bei der Fortbewegung durchs Geäst ergeben, als die früheren Laufbeine am Boden. Dann wären die händeartigen Füße das abgeleitete Entwicklungsstadium, und die menschlichen Füße würden dem Ursprung näherstehen.

Soll man solche Überlegungen einfach als (zu) akademisch abtun?

Vielleicht wäre das gar nicht schlecht, weil es eine Menge Probleme ersparen würde. Was sind das für Probleme?

Das wichtigste unter ihnen ist die Frage, ob für die Umbildung menschenaffenähnlicher Greif- und Kletterfüße zum typischen Lauf-Fuß des Menschen überhaupt genügend Zeit zur Verfügung gestanden haben kann. Hätten sich die ersten zur Gattung Homo gehörenden Vertreter der Menschenlinie noch weitgehend ähnlich wie die Menschenaffen fortbewegen müssen, wäre ihr so konsequent erscheinender Aufstieg wohl schwerlich möglich gewesen. Denn, und das ist der entscheidende Punkt, die Umstrukturierung der Beine zur Ausführung, wie sie der moderne Mensch zeigt und wie sie für die frühen Vertreter der Gattung Homo schon nachgewiesen werden kann, muß sehr weitreichende Veränderungen im gesamten Körperbau nach sich gezogen haben. Wir greifen jetzt wieder zurück auf den Vergleich des aufrechten mit dem auf allen vieren stehenden Menschen und seinem auffälligen Unterschied zum Pavian. Um aus einem Vierfüßler einen Zweibeiner werden zu lassen, bedarf es erheblich mehr als nur einfacher Veränderungen am Fuß oder am ganzen Bein. Der gesamte übrige Körper wird davon betroffen.

Das ist eine gänzlich andere Ausgangssituation als bei der Größenzunahme des Gehirns. Hier konnte sich die Veränderung im wesentlichen auf die Vergrößerung der Gehirnkapsel beschränken. Der übrige Körper blieb davon hinsichtlich seiner Bauweise unberührt, bis das Gehirn eine kritische obere Grenze erreicht hatte, die noch zu behandeln ist. Die ersten Schritte der Größenzunahme bedurften nichts weiter als einer gewissen Elastizität der Schädelkapsel während der Gehirnentwicklung im Mutterleib. Da die Zahl der Gehirnzellen nachgeburtlich nicht mehr anwächst, wurde die Größenzunahme also im Körper der Mutter entschieden. Beim ungeborenen Kind ist aber die Schädeldecke noch nicht vollständig verknöchert. Es bleibt sogar für einige Zeit nach der Geburt eine Nahtzone zwischen den Schädelknochen, weich und dehnbar. Sie gestattet auch nach der Geburt noch ein Wachstum des Kopfes bis zu ihrer vollständigen Verknöcherung. Das Gehirn kann noch an Masse zunehmen, auch wenn sich dabei die Zahl der Gehirnzellen nicht mehr steigert. So einfach hat es also das Gehirn. Der Kopf wird zu keinem Zeitpunkt der Gehirnentwicklung in seiner allgemeinen Funktionsfähigkeit beeinträchtigt.

Das sieht ganz anders aus, wenn wir das gleiche Prinzip einer einfachen Veränderung aus einem ursprünglicheren (primitiveren) Zustand heraus für die Umbildung der Füße heranziehen wollen. Wäre der wer-

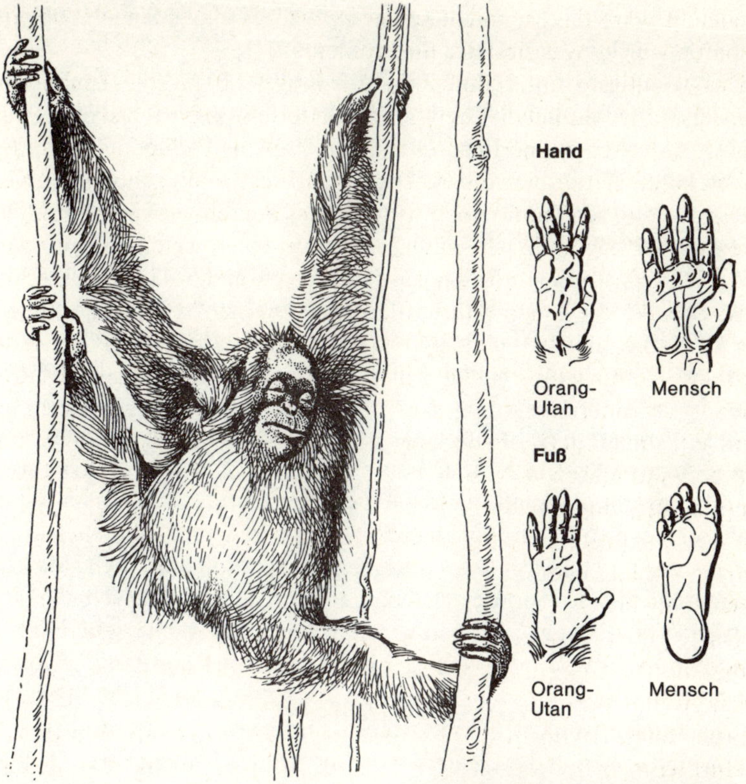

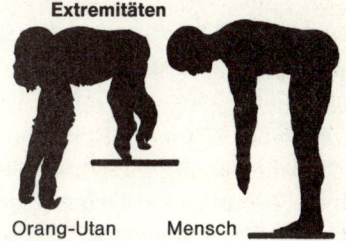

Proportionen von Armen und Beinen sowie Ausbildung von Händen und Füßen beim Orang-Utan und beim Menschen. Armlänge und Handform weisen den Orang-Utan als »Hangler« aus, den Menschen hingegen als »Läufer«.

dende Mensch zuerst, bildlich ausgedrückt, von den Bäumen herabgestiegen, um sich dann auf zwei Beinen in die Savanne hinauszuwagen, hätten sich ohne Zweifel Engpässe bis hin zur Funktionsuntüchtigkeit ergeben. Nur wenn wir das Problem anders angehen und davon ausgehen, daß die Vorläufer des Australopithecus keine reinen Baumbewohner waren, sondern noch mehr wie der ursprüngliche Grundstock der

Primaten auf die Fortbewegung am Boden eingerichtet waren, kommen die Füße der Menschen und die »Fuß-Hände« der Menschenaffen in eine vernünftige Relation zueinander. Sie wären dann beide etwa gleich weit vom Ursprung entfernt und jeweils in eine andere Entwicklungsrichtung gekommen, die im zeitlichen Schnitt der Gegenwart tatsächlich auch gleich weit von den Wurzeln entfernt sind. Der gemeinsame Vorfahre wäre demnach schon in stärkerem Maße auf die Fortbewegung am Boden ausgerichtet gewesen.

Das würde nun auch bedeuten, daß die Entwicklung des aufrechten Ganges der Gehirnentwicklung zeitlich vorausläuft. Die Fortbewegung auf zwei Beinen wird damit zum Schrittmacher der Gehirnentwicklung, weil sie ihr in ausreichendem Maße vorausgeht, um dabei die notwendige Verbesserung der Nahrungsqualität einbringen zu können. Eine solche Verbesserung ist notwendige Voraussetzung für die Steigerung der Gehirngröße. Um es nochmals zu betonen: Die Gehirngröße hängt in erheblichem Ausmaß mit der Art der Ernährung zusammen. Sie betrifft als Formveränderung am Körper nur einen ganz kleinen Teil. Die Fortbewegung auf zwei Beinen hingegen beeinflußt einen Großteil des Körperbaues und erfordert Umbauten an Stellen, die weit von den Füßen entfernt sind. Sie kann sich infolgedessen nur sehr langsam und behutsam vollzogen haben. Ein Umweg über die Baumbewohner ist unwahrscheinlich.

Die fortschrittlichsten unter ihnen sind die südostasiatischen Gibbons und in Afrika die Guerezas, die wegen des Fehlens ihrer Daumen auch Stummelaffen genannt werden. Perfekte Fortbewegung im Geäst mit großer Schnelligkeit entspricht daher nicht dem Leistungsstand der Schimpansen und Orang-Utans. Sie geht weit darüber hinaus. Das macht alles nur dann Sinn, wenn wir die Menschenaffen als unterschiedlich weit vorangekommene Stammeslinien betrachten, die sich dem Wald anpassen, deren Vorfahren aber nicht bereits perfekte Baumbewohner gewesen sind. Der Mensch »stieg nicht von den Bäumen«. Er, das heißt seine fernen Vorfahren, haben nie wirklich auf Bäumen gelebt. Es muß sich bei dem Grundstock der Höheren Primaten um überwiegend bodenbewohnende Formen gehandelt haben. Sie lebten vor mehr als 10 Millionen Jahren, und aus ihnen entwickelten sich sowohl Australopithecus als auch die Menschenaffen. Unsere nächsten Verwandten sind Parallelentwicklungen und keine Vorfahren! Das dürfte viele Mißdeutungen der menschlichen Stammesgeschichte als Mißverständnisse des Evolutionsprozesses entlarven.

Für unsere engere Fragestellung nach dem Ursprung des aufrechten

Ganges bedeutet dies, daß erstens der Entwicklungsweg zu den Füßen neu bewertet werden muß und nicht einfach als Wechselspiel zwischen Größenzunahme des Gehirns und Verbesserung der Fortbewegungsweise zu verstehen ist, und zweitens, daß der Zeitraum genügend lang ist, der für so tiefgreifende Veränderungen im Körperbau gefordert werden muß. Für die Entstehung des aufrechten Ganges steht nach den neueren Fossilbelegen mehr als die zehnfache Zeitspanne zur Verfügung wie für die Entwicklung des großen Gehirns. Der Mensch war bereits im Prinzip ein Läufer, bevor er richtig zum Menschen geworden ist. Die zweibeinige Fortbewegung entpuppt sich als notwendige Voraussetzung für die Entwicklung des Hochleistungsgehirns. Als Australopithecus über die ostafrikanischen Savannen zog, waren die Grundlagen für seinen weiteren Aufstieg bereits vorhanden. Er konnte sich aufrichten, tat dies wahrscheinlich schon regelmäßig und bewegte sich über weitere Strecken zweibeinig fort.

Nochmals sei darauf verwiesen, daß Australopithecus kein Fleischesser-Gebiß besaß, sondern Zähne, die für gemischte Kost geeignet waren. Die Form der Zähne deckt sich, nach allem was wir wissen, so gut mit ihrer Funktion, daß an dieser Feststellung kein Zweifel bestehen kann.

Wäre nun das herkömmliche Modell vom »jagenden Affen« oder »Raubaffen« richtig, hätten sich über die kommenden Jahrmillionen Veränderungen am Gebiß zeigen müssen, wie sie für Raubtiere typisch sind. Nichts dergleichen ist festzustellen. Eher im Gegenteil. Das Gebiß wurde eher schwächer und gleichmäßiger – und anfälliger, wie wir aus leidvollen Erfahrungen wissen. Niemals haben wir so eindrucksvolle Eckzähne entwickelt wie die Paviane, und etwas Lebendiges totzubeißen liegt unserem Verhaltensrepertoire sehr fern.

Womit läßt sich aber dann, wenn nicht mit aktiver Jagd nach attraktiver Beute, der gewaltige Gehirnzuwachs erklären? Kann man die Rolle der Jagd überhaupt wegdiskutieren? Sicher nicht, und sie wird sich in anderem Zusammenhang noch als bedeutsam herausstellen. Für den unmittelbaren Prozeß der Menschwerdung, für das Überwinden des Tier-Mensch-Übergangsfeldes, dürfte sie aber nicht annähernd die Rolle gespielt haben, die ihr in der Regel zugewiesen wird. Eine weitaus plausiblere Erklärung bietet sich an. Sie wurde bereits bei der Behandlung der Geier und der Schakale vorbereitet. Darauf können wir nun, da wir davon auszugehen haben, daß die Entwicklung des aufrechten Ganges der Gehirnzunahme vorausgegangen war, zurückgreifen, um den Faden wieder aufzunehmen.

Sehen wir den Vorgang nochmals genau an. Was passiert, wenn ein Großtier draußen in der Savanne umkommt, und nehmen wir an, daß das sterbende Tier nicht von einem Löwen oder von einer Meute Hyänen verspeist wird. Vielleicht ist es ein Zebra, das den Weg zur Wasserstelle nicht mehr geschafft hat und in der Trockenzeit an Entkräftung zugrunde ging, vielleicht ein alt gewordener Büffel, den die harten Kampfesjahre überwältigt haben, oder ein Gnu mit gebrochenem Bein, das der Herde nicht mehr folgen konnte. Das sterbende Tier legt sich nieder, und ohne zu klagen verendet es in der Kühle der Nacht. Keiner der Löwen, die im Gebiet umherstreifen, hat es entdeckt, den Hyänen ist es entgangen, und die Gepardin, die daran vorbeizieht, beachtet es nicht. Sie jagt nur lebende Beute und geht an kein totes Tier.

Zwei, drei Stunden nach Sonnenaufgang hat sich die Luft über der Savanne aufgewärmt. Die ersten Warmluftmassen quellen hoch und setzen die Thermik in Gang. Das ist die Stunde der Geier. Sie lassen sich aus den Felswänden, in denen sie die Nacht über geruht hatten, in die ausgebreiteten Schwingen fallen. Einige wenige Flügelschläge genügen, dann hat sie der Hangaufwind erfaßt. Nun schrauben sie sich hoch und schwärmen in alle Richtungen aus. Die Thermik trägt sie übers Land. Sie ziehen ihre Kreise so hoch oben, daß nur ein scharfes Auge ihnen zu folgen vermag.

Da entdeckt einer der Geier das tote Tier. Er geht in den Sturzflug über und zieht weiter unten erneut Kreise; doch nur kurz, weil er sogleich feststellt, daß das Tier wirklich tot ist. Er setzt zur Landung an. Währenddessen sind andere Geier darauf aufmerksam geworden. Sie wiederholen das gleiche Manöver, nur daß sie es abkürzen und gleich zu Boden gehen. Nun entsteht ein regelrechter Sog. Von allen Seiten segeln Geier heran. Sie gleiten schräg abwärts und entwickeln dabei höhere Geschwindigkeiten als im Suchflug. Das entdecken noch weiter entfernt fliegende Geier. Es hat keine 20 Minuten gedauert. Über dem toten Tier steht ein Schlauch kreisender und »abstürzender« Geier; weithin sichtbar für das geübte Auge. Die Fahrer der Safari-Busse steuern darauf zu, weil die Geier mit ihrem Verhalten das tote Tier anzeigen. Das steigert die Aussichten, eine der großen Katzen dort zu finden. Sie wissen ja nicht, ob ein Löwenriß die Geier herangelockt hat oder ein auf andere Weise zu Tode gekommenes Tier. Die gleiche Szene hat sich immer wieder abgespielt; vielfach in jedem Jahr, gehäuft in Trockenjahren, aber stets regelmäßig genug, daß die Geier davon leben konnten.

In unserer Rückschau auf die Zeit der Menschwerdung verlief der Vorgang in gleicher Weise. Nur sind an die Stelle der Safari-Busse Vertreter der Gattung Homo zu setzen. Sie sahen die Geier kreisen, blickten wieder und wieder darauf hin, bis sie sicher sein konnten: Die Geier kreisen über einem toten Tier.

Nun galt es schnell handeln. Die Richtung mußte genau eingehalten werden. Über die flachwellige Ebene hinweg war nicht ein Baum oder Busch am Horizont das Orientierungsziel, sondern der hochreichende Schlauch der Geier. Sie ließen sich im Auge behalten, auch wenn der niedrige Busch etwas unübersichtlich wurde. Sie führten zielgenau die Gruppe von Homo habilis, die sich auf den Weg gemacht hatte.

Die nächsten Stunden waren die entscheidenden. Gelang es der Homo-habilis-Gruppe, an das tote Tier zu kommen, bevor es von Hyänen oder Löwen oder beiden entdeckt wurde, dann hatten sie gute Chancen, die besten Stücke abzubekommen.

Denn die Geier mußten warten. Die zähe Haut leistete zu viel elastischen Widerstand. Sie schützte das Fleisch vor den Schmeißfliegen, die gleichfalls schon in Scharen angekommen waren. Die inneren Zersetzungsprozesse würden erst nach Stunden oder am nächsten Tag die Haut am After und an anderen dünnen Stellen so gespannt haben, daß es den Geierschnäbeln möglich würde, sie aufzureißen. So lange blieben aber auch wesentliche Teile des Fleisches in gutem Zustand.

Diese Stunden zwischen Eintritt des Todes und Beginn der Verwesung müssen die wichtigsten für die Frühmenschengruppe gewesen sein. Gelang es ihnen, rechtzeitig anzukommen, war ihnen eine Menge hochwertiger Nahrung sicher. Kamen sie zu spät, war das Fleisch verdorben und nur noch für Aasfresser und Geier zu verwerten. Je mehr die beginnende Verwesung Geruch verbreitete, um so größer wurde die Gefahr, daß Löwen und Hyänen angelockt wurden.

Schnelles Handeln war somit in doppelter Hinsicht überlebensnotwendig. Die Frühmenschen mußten der Verwesung und den Konkurrenten zuvorkommen. Ihr Hilfsmittel können nur die Geier gewesen sein. Eine andere Form von Orientierung über größere Entfernungen ist nicht vorstellbar. Den Löwen hatten sie eine wesentliche Fähigkeit voraus, die ihre Unterlegenheit, was Körperkraft oder Riechvermögen betrifft, in diesem Zusammenhang nicht nur ausglich, sondern zur Überlegenheit werden ließ, und das war ihre Fähigkeit, in die Ferne sehen zu können. Die Löwen sind ziemlich kurzsichtig. Ihre Jagdstrategie braucht keine überragende Fernsicht. Sie sind keine Hetzjäger und könnten auch keine Hetzjagd über eine Strecke von mehr als ein paar hundert Meter durchhalten. Sie kommen nur dann zum Zuge, wenn die angepirschte Beute nahe genug ist; so nahe, daß sie spätestens nach ein paar mächtigen Sprüngen gefaßt werden kann. Sie hören gut und entnehmen dem Gekreische und Gebrüll an der Beute, wo welche Löwengruppe Erfolg gehabt hat. Aber mit dem Flug der Geier können sie nichts anfangen. Das ziellose Umherschweifen würde ihnen zu viel Kraft abverlangen. Sie kommen besser durch, wenn sie lange ruhen, so lange wie möglich, und sich dann auf eine erfolgversprechende Jagd begeben.

Wer den schleppenden, schwerfälligen Gang der Löwen bei ihrer normalen Fortbewegung betrachtet, der wird nicht daran zweifeln, daß ihnen der leichtfüßige Mensch in der Überwindung größerer Strecken haushoch überlegen ist. Dabei spielen sich die beiden Hauptvorteile des aufrechten Ganges in den Vordergrund. Er gestattet, die Übersicht zu bewahren, auch während schneller Fortbewegung, und er transportiert einen 50-Kilogramm-Körper fast mit genausowenig Aufwand wie die vier schlanken Beine eine Antilope dieses Gewichts.

Nun zurück zu jener Szene, die sich ungezählte Male so oder so ähnlich abgespielt hat, während sich der Mensch entwickelte und sein Gehirn von 500 Kubikzentimetern auf über 1000 Kubikzentimeter zunahm. Die Homo-habilis-Gruppe hat das tote Tier erreicht. Die Frühmenschen hatten das Verhalten der Geier richtig gedeutet, das Tier gefunden, und nun stehen sie davor. Ohne Brechscheren-Gebiß und Krallen von der Qualität der Löwen könnten sie es den Geiern nur gleichtun und zuwarten, bis sich der Kadaver weitgehend von selbst öffnet oder bis Löwen kommen, deren Mahlzeit man abwartet. Vielleicht bliebe dann noch ein bißchen von der Beute übrig – aber viel mehr als die größeren Knochen bleiben nicht übrig, wenn die Löwen hungrig sind und das Rudel, das sie bilden, groß ist. Die Geier haben dann vergebens gewartet. So schlimm ist das allerdings nicht, weil sie kaum eigene Energie für die Suche nach dem Kadaver aufgewendet hatten. Die Thermik trug sie heran, und von ihr werden sie sich wieder forttragen lassen.

Anders die Gruppe der Frühmenschen. Sie sind vielleicht eineinhalb Kilometer oder weiter über die Savanne gelaufen. Das hat sie Kraft gekostet, und sie haben beim anhaltenden Laufen auch viel Wasser verloren. Wasser ist insbesondere in der Trockenzeit, wenn die meisten Kadaver anfallen, sehr rar. Es wäre unklug für den einzelnen und tödlich für die Gruppe, wenn sie sich zu oft auf eine solche Unternehmung einließe, die zu nichts weiter führt als zu einer Konfrontation mit den Löwen und zu ein paar großen Knochen, die nicht einmal ein Löwengebiß aufknacken kann.

Der Erfolg kann sich nur einstellen, wenn die Gruppe einen bedeutenden Anteil vom Fleisch abbekommt. Es stellt konzentrierte Nahrung dar. Das Mittel zum Erfolg halten die Frühmenschen in der Hand. Es ist ungleich wirkungsvoller als ein Geierschnabel und vielseitiger zu verwenden: es ist der faustgerechte Steinsplitter mit scharfen Kanten. Mit seiner Hilfe kann die zähe Haut durchschnitten und aufgerissen werden, bevor die Verwesung von innen her das wertvolle Fleisch erfaßt. Mit Hilfe des harten Steines lassen sich auch die Knochen aufschlagen, um das Beste vom Besten zu gewinnen, das rote Knochenmark. Schon ein ganz einfacher Stein leistet bereits gute Dienste, wenn er nur wenigstens eine scharfe Kante aufweist. Solche scharfen Kanten entstehen von Natur aus bei manchen Arten von Steinen in ausgeprägterem Maße als bei anderen. Sandstein und Granit taugen dazu weit weniger als Basalt und insbesondere Feuerstein und Obsidian. In den weiten Schwemmlandgebieten sind Steine überhaupt selten. Wenn sie vorkommen, dann meistens als große Blöcke, die in einem Meer von Sand stecken. Aber es gibt Stellen, an denen sich Steine passender Größe und Zusammensetzung gehäuft finden, und das sind die Oberläufe und Mittelläufe schnellfließender Flüsse mit Schotteruntergrund und Gebiete mit Vulkanismus. Dort entstand der Obsidian, ein vulkanisches Glas, welches das beste Rohmaterial für jene einfachsten Werkzeuge liefert, die den Zugang zum Kadaver eröffnen mußten.

Ein weiterer Zusammenhang beginnt sich aus dieser frühen »technischen Notwendigkeit« abzuzeichnen: Nur bestimmte Gebiete kamen als Lebensraum für Homo habilis und seine Nachfahren in Frage; nämlich Gebiete, in denen natürlicherweise scharfkantig splitternde Steine in handlicher Größe verfügbar waren. Es sind dies die Vulkangebiete in Ostafrika, nicht aber die Tiefländer des Kongobeckens, die zu den Höhepunkten der Eiszeit keine großflächige Waldbedeckung, sondern neben ausgedehnten Waldresten vorwiegend offene Savannen getragen hatten. Günstige Bereiche finden sich auch in den Gebirgen der heutigen Sahara, aber nicht in den riesigen Sandgebieten der Sahel-Zone. Gute Chancen, das Rohmaterial für die Steinwerkzeuge zu finden, boten sich – und würden sich auch noch heute bieten – in den Flußtälern, wo hartes Gestein länger erhalten bleibt als weiches.

Großtierkadaver können daher nur in Zusammenhang mit Werkzeuggebrauch genutzt worden sein. Es ist zumindest einfacher, sich vorzustellen, daß flinke Homo-habilis-Gruppen das beste von den toten Tieren für sich holten, bevor die Löwen und Hyänen kamen, als daß sie diesen die Beute, die bereits angerissen worden war, streitig machten und abjagten. Das Hyänenrudel, das solches bei Löwen versucht, muß schon sehr groß sein, wenn es Erfolg haben will. Löwen tun gut daran, sich vor dem gewaltigen Gebiß der Hyänen in acht zu nehmen. Wie umfangreich müßte eine Horde von Frühmenschen gewesen sein, um sich gegen solche Raubtiere behaupten und durchsetzen zu können? Später, mit wirkungsvollen Waffen, die schon auf Distanz töten, sieht das Kräfteverhältnis anders aus. Aber solange nur einfache Faustkeile und Schaber aus Steinsplittern verfügbar waren und die Frühmenschen über keine körpereigenen Waffen verfügten, klingt eine solche Vorstellung absurd, der werdende Mensch hätte sich der Beute anderer Großtierjäger bemächtigt.

Das gewichtigste Argument dagegen ist aber der evolutionäre Prozeß selbst. Wie könnte ein solch massives Vorgehen gegen Löwen, Hyänen und andere Großraubtiere, die es zu Beginn der Eiszeit in Ostafrika noch gegeben hat, in seinen Anfängen mit einem Überlebensvorteil verbunden gewesen sein? Alle anfänglichen Versuche, gegen die Großen und die Starken vorzugehen, wären im Keim erstickt, weil die Verlustrate einfach zu hoch gewesen sein müßte. Die Löwen waren so stark wie heute, eher noch kräftiger. Wie hätte ihnen eine Frühmenschenhorde beikommen sollen? Steinwürfe wären sicher nicht das geeignete Mittel, weil die Last der Steine enge Grenzen für ihre Anwendbarkeit setzt, die Würfe sehr präzise hätten ausgeführt werden müssen und auf jeden Fall eine mehrfache Übermacht seitens der Frühmenschen notwendig gewesen wäre. Nun spricht aber nichts dafür, daß die Löwen zu jener Zeit nicht in Rudeln lebten.

Geht man von einer durchschnittlichen Rudelgröße von 8 erwachsenen Löwen, 6 Löwinnen und 2 rudelführenden alten Männchen aus, und nimmt man an, daß unter günstigen Umständen drei Frühmenschen mit einem Löwen fertiggeworden wären, dann hätte die Homo-habilis-Gruppe wenigstens 24 Erwachsene umfassen müssen, die höchstwahrscheinlich sogar männlichen Geschlechts gewesen sein müßten. Denn anders als bei den Hyänen, wo diese 3:1-Übermacht gerade ausreicht, um das Blatt zugunsten der Hyänen zu wenden, verfügten die Frauen der Frühmenschen gewiß nicht über männliche Kräfte. Sie waren sogar wahrscheinlich erheblich kleiner als die Männer. Bei den Hyänen dominieren die Weibchen. Sie sind damit hinsichtlich der Löwen vollwertige Gegner. Ihr Gebiß ist stärker als das der Löwen entwickelt. All diese Umstände reichen aber gerade aus, um bei einer dreifachen Übermacht das Löwenrudel von seiner Beute zu vertreiben.

Zusammen mit Frauen und Kindern wäre es also höchstens einer insgesamt mehr als 50köpfigen Frühmenschengruppe gelungen, einem durchschnittlichen Löwenrudel die Beute zu entreißen. Was hätten diese 50 Frühmenschen dann für einen lächerlich geringen Anteil von der Beute erhalten. Ein Fünfzigstel als Lohn der Mühe könnte wohl kaum das Risiko rechtfertigen und die vielen Toten ausgleichen, die die Auseinandersetzung mit den Löwen gekostet hätten.

Die Vorstellung, Großraubtieren ihre Beute abzunehmen, sie gleichsam für den Menschen jagen zu lassen, wird erst dann realistischer, wenn wenigstens das Feuer als Hilfsmittel mit eingesetzt wird. Doch bis dahin, bis zur Nutzung des Feuers, war noch ein weiter Weg. Der direktere, mehr Erfolg versprechende Ansatz ergibt sich aus dem anderen Szenario, bei welchem die Geier der Frühmenschengruppe den Weg weisen, rechtzeitig vor den Löwen an die Nahrung zu kommen.

Diese Interpretation verlangt von Homo habilis keine übermenschlichen Fähigkeiten, sondern nichts weiter als die Ausnutzung des guten Laufvermögens in Verbindung mit der Fernsichtigkeit des menschlichen Auges und bei größeren, eben verendeten Tieren die Benutzung eines Hilfsmittels zum Öffnen der zähen Haut. Kamen dann gefährliche Raubtiere vorzeitig an, so blieb den Frühmenschen nichts anderes übrig, als sich vor ihnen zurückzuziehen und vielleicht das eine oder andere Stück der Beute noch mitzunehmen. Dazu hatten sie die Hände frei! Mit diesen kann die Beute oder können Stücke davon viel besser getragen werden als zwischen den Zähnen. Für die Löwen oder die Hyänen war die restliche Beute wichtiger als die Verfolgung ihrer früheren Besitzer, wofür wiederum nicht nur Gründe des ökonomischen Verhaltens, sondern auch die bis heute nachvollziehbaren Reaktionen dieser Tiere sprechen, wenn sie eine Beute entdeckt haben, die nicht mehr gejagt zu werden braucht. Sie halten sich nur das unmittelbare Umfeld des Kadavers von Konkurrenten frei, verfolgen diese aber nicht. Jeder Löwe, jede Hyäne, die das tun würde, bekäme selbst weniger von der Beute ab, geriete aber in Gefahr, isoliert von seiner Gruppe überwältigt zu werden.

Wenn sich das Verhalten von Großraubtieren an der Beute seither nicht von Grund auf geändert hat, wofür es auch keine Anhaltspunkte gibt, dann dürften sich die Frühmenschen auch nicht in große Gefahr begeben haben, wenn sie die toten Tiere so schnell wie möglich zu finden versuchten. Je mehr sie aber ihre Fähigkeiten verbesserten, die Beute effizient aufzuarbeiten, zu zerteilen und vielleicht auch in transportable Stücke zu zerlegen, desto größer war ihr Gewinn und ihr Überlebensvorteil.

Die Homo-habilis-Stufe war ein wichtiger Abschnitt in der Menschwerdung, weil sie durch die Entdeckung des Werkzeuggebrauches das nutzbare Spektrum der Kadaver sehr stark vergrößerte. Mit Hilfe einfachster Steinwerkzeuge konnten auch fleischreiche Großtiere angeschnitten und geöffnet werden, deren Muskelfleisch eine weitere wichtige Eigenschaft besitzt: Es läßt sich, zumal bei trockener Witterung, unter der Tropensonne schneller trocknen, als es verdirbt. Nur muß es dazu in entsprechend dünne Streifen oder Fladen geschnitten werden.

Die Werkzeuge eröffneten daher schon damals, lange vor der Weiterentwicklung zum Homo sapiens, grundsätzlich die Möglichkeit, Fleisch für eine gewisse Zeit aufzubewahren. Ihre Benutzung setzt nicht voraus, daß irgendwann ein Mitglied einer Homo-habilis-Gruppe gleichsam auf die Idee gekommen ist, einen scharfkantigen Stein zum Anschneiden des noch geschlossenen Tierkörpers zu verwenden und damit das erste Werkzeug erfunden war, dessen Benutzung nun über die Generationen weitervermittelt wurde, sondern viel weniger. Steine mit scharfen Kanten können immer wieder, von den unterschiedlichsten Gruppen und unter den verschiedensten Umständen kurzfristig aufgegriffen worden sein. Nachdem sie benutzt waren, wurden sie wieder weggeworfen. Der Übergang zur regelmäßigen Werkzeugbenutzung kann sich sehr langsam vollzogen haben. Vielleicht ist er ähnlich zu sehen wie der Gebrauch eines Steines zum Aufschlagen von Straußeneiern. Sicher würde man als Mensch, ohne Werkzeug in der weiten Steppe Afrikas, so verfahren, wenn man ein Straußengelege findet. Man nimmt einen Stein und zerschlägt damit die Schale. Dann kann der Inhalt ausgetrunken werden. Ganz genauso macht es ein Vogel, der selbst zu schwach ist, um mit dem Schnabel die Eier aufzuschlagen. Ist es Zufall, daß dieser Vogel auch zu den Geiern gehört, die sich regelmäßig am Aas einfinden? Der Schmutzgeier ist der kleinste unter den afrikanischen Geiern. Er kommt aber überall dort in Ostafrika vor, wo es Funde aus der Vorzeit des Menschen gibt und wo heute ganz ähnliche Lebensbedingungen herrschen wie vor ein bis zwei Millionen Jahren. Warum sollten die Frühmenschen nicht auch beobachtet haben, wie der Schmutzgeier durch Steinwürfe die Eier der Strauße knackt? Es wird ihnen auch nicht entgangen sein, daß scharfkantige Steine am besten geeignet sind.

Ob sie nun solche Verhaltensweisen einer Geierart beobachteten, die mit ihnen am Kadaver vergesellschaftet war, oder nicht, beeinträchtigt die Schlüssigkeit der Überlegungen nicht. Sie sollen vielmehr mit dem Beispiel des Gebrauchs eines Steinwerkzeuges durch den Schmutzgeier andeuten, daß die damit verbundene Erweiterung der Ernährungsmöglichkeiten kein menschliches Privileg darstellt. Werkzeuggebrauch gibt es auch im Tierreich in zahlreichen Fällen. Die meisten sind für den Menschen unmittelbar bedeutungslos. Der Schmutzgeier könnte eine wichtige Ausnahme sein. Und er hat einen Partner, der unmittelbar am Kadaver ansetzt, und zwar bei dessen letzten, scheinbar unbrauchbaren Resten, bei den großen Knochen. Sie enthalten das meiste und beste Mark. Neben dem rasch verderblichen Gehirn stellen sie die Hauptquelle von Phosphorverbindungen und sie liefern andere mineralische Stoffe, die der Mensch zum Leben braucht. Knochen bestehen zu etwa 16% aus Fett und zu 12% aus Eiweiß. Wieder betätigt sich ein Geier daran und liefert das Vorbild für ihre Handhabung: der Bartgeier.

Er »begnügt« sich mit den Überresten, wenn die anderen Geier die Walstatt verlassen. Dann müht er sich um die Knochen. Mit seinen kräftigen, schmalen und langen Flügeln ist er in der Lage, große Knochen ein gutes Stück hochzutragen. Über felsigem Untergrund läßt er sie fallen. Beim Aufprall am Boden zerbrechen sie und legen das Mark frei. Gut geschützt in den massiven Knochen, war es noch nicht der Verwesung anheimgefallen. Nun kann der Bartgeier das Mark herausholen. Knochenbrecher bezeichnet die spanische Sprache diesen Geier, der auch in den Pyrenäen und in anderen Gebirgen der Iberischen Halbinsel vorkommt. In Ostafrika ist er weit verbreitet. Auch in den Bergen Südasiens leben Bartgeier. Sie brauchen das Gebirge nicht in erster Linie der Aufwinde wegen, sondern ganz besonders wegen der geschilderten Methode, Knochen zu zerschmettern. Damit versorgen sie sich mit so hochwertiger Nahrung, daß sie im übrigen mit Sehnen, besonders zähen Partien und letzten Resten von Fleisch leben können.

Übrigens benutzen wir auch heute in großem Umfang Produkte aus Knochenmark für unsere Ernährung. Auf afrikanischen Märkten gehören scheinbar fleischlose Knochen zum regelmäßigen Angebot. Das »Fleisch« steckt in den Knochen, womit der hohe Wert ausgedrückt werden soll. Es geht dabei nicht um die Kalorien, sondern um den Nährstoffgehalt, insbesondere um die Phosphorverbindungen. Wenn sich eine solche schwierige Form der Ernährung bis in unsere Zeit der Überflußgesellschaft gehalten hat, muß mehr dahinter stehen. Wir haben keinen Mangel an Eiweiß, Fett und Kohlehydraten. Es stehen uns auch genügend Salate und Früchte zur Verfügung, die Vitamine und Mineralstoffe liefern. Und doch wird auf die Knochenextrakt-Suppen nicht verzichtet.

Es ist nun an der Zeit, wieder auf die aufrechte Fortbewegung zurückzublenden. Sie hatte sich, so wurde argumentiert, schon vor der großen Zunahme des Gehirnvolumens herausgebildet. Sie bildete die Voraussetzung für ein vergleichsweise wenig aufwendiges Umherschweifen in der Savanne. In Verbindung mit der Beobachtung der Geier läßt sich das aufrechte Laufen sehr direkt mit der Beschaffung qualitativ hochwertiger Nahrung in Verbindung bringen. Dieser Gewinn erschließt ohne wesentliche Einbußen in anderen Lebensbereichen eine bedeutende Nahrungsquelle, jedoch nur wirklich effizient, wenn einfache Werkzeuge benutzt werden können, um die toten Tiere an den richtigen Stellen zu öffnen. Das gilt genauso für das Öffnen von Knochen, was ohne Werkzeuge nicht möglich ist.

Die Veränderungen im Körperbau, die zum zweibeinigen Laufen nötig waren, könnte man in der Rückschau vernachlässigen, wenn man nicht davon auszugehen braucht, daß die Vorfahren der frühesten Menschenformen Waldbewohner waren. Dann reichen die Evolutionszeiten aus, um funktionstüchtige Laufbeine in Abstimmung mit einem auf ausdauerndes Gehen und Laufen eingerichteten Körper entstehen zu lassen. Der große Gewinn, der dahinter steckt und der als höchst unmittelbare Triebkraft für die Entwicklung anzusehen ist, stammt aber von der gehaltvolleren Nahrung. Qualitativ hochwertige Nahrung ist nicht gleichmäßig im Raum verteilt, sondern punktuell. Diese »Punkte« müssen gefunden werden. Zielloses Suchen stellt keine Strategie dar, an die hochwertige Nahrung zu gelangen, weil ein Großteil des Gewinnes dem Suchen geopfert werden müßte.

Lauern und Anschleichen sind eine Alternative, der sich vor allem die Großkatzen bedienen. Hetzjagd würde die andere Möglichkeit eröffnen, doch dazu taugt der Körperbau des Primaten nicht. Hetzen ist das Metier der Hunde und ihrer Verwandten. Dazu bedarf es der Zusammenarbeit im Rudel. Sie verteilt die Anstrengung auf mehrere und nimmt damit die Last vom einzelnen. Bei der Lauertechnik muß die Beute schnell und wirkungsvoll überwunden werden. Würgebiß, die Wirbelsäule brechende Prankenschläge oder Erdolchen mit langen Eckzähnen sind die Methoden, die hierbei einen raschen Tod der Beute herbeiführen, der allein das Risiko einer erheblichen Verletzung des Angreifers gering hält. Über solche Waffen verfügte der werdende Mensch während des größten Teils seiner Entstehungsgeschichte nicht. Also konnte keine der beiden Jagdmethoden für ihn in Frage kommen.

Deshalb müssen andere, weniger aufwendige Nahrungsquellen in den ersten Jahrmillionen die Grundlage der Ernährung geliefert und gleichzeitig die Aufrichtung des Körpers vorangetrieben haben, bevor der

Mensch im Homo-habilis-Stadium an die Nutzung von Großtierkadavern gehen konnte.

Dieser Klippe dürfen wir nicht ausweichen. Es ist auch nicht nötig, weil das Beobachten fernen Geierverhaltens auch im mittleren Distanzbereich durchaus ähnlich zielführend ist. Der umherschweifende Australopithecus und seine Vorfahren, die sich angeschickt hatten, die Aufrichtung des Körpers zu vollziehen, konnten in nahtlosem Übergang vom ganz weit zurückliegenden Stadium des Insektenessens im offenen Land sowohl die überquellenden Eiweißmassen schlüpfender Termiten als auch Heuschreckenschwärme und attraktive Fruchtbäume in dem Maße besser ausmachen, in dem sie sich über die Gräser emporreckten. Aber sie konnten auch die Stellen sehen und finden, an denen Gazellen ihre Jungen zur Welt brachten oder wo sich Vögel von ihren Bodennestern wegzudrücken versuchten. Solche eiweißreiche Stellen zu suchen und ausfindig zu machen, brachte weit mehr als das Graben nach stärkereichen Knollen und Zwiebeln. Eier, neugeborene Jungtiere oder schwärmende Termitenmassen wehren sich nicht. Sie brauchen nicht totgebissen zu werden. Oftmals waren sie sogar gleichsam gebraten worden, als Steppenbrände übers Land zogen. Bei schnellen, vom Wind getriebenen Feuern entsteht eine Wirkung, die mehr einem Abflämmen oder Grillen entspricht als einem richtigen Verbrennen. Nur leicht entzündliche Stoffe wie dürres Gras verkohlen. Die frühen Vertreter der Menschenlinie konnten dank ihres ausgeprägten Tiefensehens die Entfernungen zum Feuer oder die Distanzen gut abschätzen, die zwischen ihnen und der Stelle lagen, an der sich eine brütende Henne einer Trappe erhob oder andere Vögel von ihrem Nest abgeflogen waren.

Der Suche nach Sämereien, nach Blättern oder Gras und der Jagd nach Kleintieren am Boden wäre eine aufgerichtete Körperhaltung wenig förderlich. Eher würde sie ein Hindernis darstellen. Der entscheidende Vorteil für eine solche Entwicklung muß in der sich ständig verbessernden Möglichkeit gelegen haben, ein bestimmtes, auf die Entfernung genau genug bestimmbares Ziel anzusteuern und mit geringstmöglichem Aufwand zu erreichen. Aus diesen Gründen hat sich die Suche nach den Ursachen des aufrechten Ganges auf die Ziele konzentriert. Nun sollen die Folgen näher betrachtet werden.

14. Kapitel
Die Nacktheit

Greifen wir nochmals auf die Szene zurück, die sich abspielte, als die Frühmenschen die Geier beobachteten, die ihnen den Weg zum Großtierkadaver wiesen. Worauf kam es an? Zunächst auf die ausreichende Fernsichtigkeit, die eine Abschätzung der Entfernung ermöglichte. Nahsichtigkeit hätte nicht zum Ziel geführt. Wir wissen nicht, ob die Frühmenschen fernsichtig waren, aber wir können das durchaus annehmen, weil unsere Augen in Ruhestellung auf Fernsicht eingestellt sind. Normalerweise haben wir Schwierigkeiten, die Nahsicht, die mit einer Kontraktion der Augenlinse verbunden ist, zu bewahren. Mit zunehmendem Alter und schwindender Elastizität der Augenlinse »werden die Arme beim Lesen zu kurz«. Die Fernsichtigkeit sollte daher ein biologisches Erbe des Menschen und nicht erst eine Neuentwicklung in jüngster Zeit sein.

Waren Richtung und Entfernung bestimmt, so schlenderten die Frühmenschen gewiß nicht gemächlich zu dem verendeten Tier. Es ist anzunehmen, daß die Homo-habilis-Horde gerannt ist, um so schnell wie möglich an die Nahrung zu gelangen, die das Einkreisen der Geier verhieß. Ihre Beine und Füße waren dazu bereits sehr gut geeignet. Sie hatten die Proportionen, die unsere Beine auszeichnen und die es trainierten Menschen ermöglichen, einen Marathonlauf durchzuhalten. Nur leistungsstarke Pferde und Hunde, die den Wolfstyp bewahrt haben, können bei einer solchen Dauerleistung mithalten. Der Mensch besitzt also eine wirklich bemerkenswerte Fähigkeit, anhaltend zu laufen, wie sie im übrigen Tierreich vergleichsweise höchst selten zu finden ist. Die Höchstgeschwindigkeiten, die er erreicht, würden allerdings nicht ausreichen, um schnelle Beute im Lauf zu erjagen. Es wäre auch sehr unwahrscheinlich, daß er eine Hetzjagd nach Art der Wölfe und Wildhunde durchhalten könnte, weil die gejagten Großtiere anfangs einfach zu viel Vorsprung ob ihrer größeren Schnelligkeit gewinnen würden.

Geht es aber darum, ein eben verendetes Großtier, das kilometerweit entfernt ist, so schnell wie möglich zu erreichen, dann gewinnt der kräfteschonende Dauerlauf. Genau das ist es, was der Mensch am besten kann, wenn es ums Laufen geht. Nicht der Kurzstreckensprint ist seine Domäne, sondern der raumgreifende Dauerlauf. Der Bau des menschlichen Fußes paßt hierzu genauso wie die Verteilung der Muskulatur am Bein.

Aber der Lauf hat natürlich seine Kosten. Er verbraucht zunächst einmal Kraft, was, anders ausgedrückt, bedeutet, daß er an den Energievorräten zehrt. Nur wenn der Gewinn an hochwertiger Beute die damit verbundenen Energiekosten im Schnitt deutlich übersteigt, lohnt der Aufwand. Nur dann kann sich ein Selektionsdruck entwickeln, der das Laufen fördert und die eingeschlagene Entwicklungsrichtung des werdenden Menschen stabilisiert.

Die verbrauchte Energiemenge bis zum Erreichen der Beute ist allerdings nicht der einzige Posten, der in der Bilanz auf der Kostenseite zu Buche schlägt. Es entsteht beim Laufen eine Belastung ganz anderer Art. Die anhaltende Bewegung der Muskulatur setzt Wärme frei. Jeder weiß, daß man sich bei schnellem Lauf erhitzt. Die Bewegung erzeugt Wärme, und diese überschüssige Wärme muß abgeführt werden, sonst kommt die Temperatur des Körpers aus dem Gleichgewicht. Mit 37 Grad liegt sie zwar nicht ganz so hoch wie bei manchen Kleinsäugern oder den Vögeln, die eine Körpertemperatur um die 40 Grad oder sogar noch etwas darüber besitzen. Diese Organismen können sich die Annäherung an die Todesgrenze von 42 bis 43 Grad leisten, weil ihre kleinen Körper eine sehr große Oberfläche aufweisen, die rasch Wärme verliert. Bei den Vögeln kommt eine sehr wirksame Entlastung durch den Bau der Lunge hinzu, die in Verbindung mit einem ausgedehnten Luftsacksystem für eine rasche Abfuhr überschüssiger Wärme sorgt. Nur während des Langstreckenfluges entstehen bei den Vögeln ähnliche Schwierigkeiten, wie sie der Mensch beim Dauerlauf bekommt.

Nun ist aber unsere Lunge nach Art der Säugetierlungen und nicht wie Vogellungen gebaut, so daß uns die Möglichkeit verwehrt ist, diese in größerem Umfang zur Abfuhr von Wärme zu benutzen. Sie endet in zwei großen Säcken, die durch Zusammendrücken des Brustkorbes und Zwerchfelltätigkeit teilweise entleert werden (Ausatmen) und daraufhin durch Heben der Rippen sich wieder füllen. Ein Restluftvolumen bleibt zurück, weil die Lunge blind endet. Wir geraten dadurch außer Atem, wenn wir uns eine zu große Laufleistung zugemutet haben.

So ungünstig, wie es jetzt den Anschein erwecken mag, sind wir aber nun auch wieder nicht gebaut. Unser Vorteil besteht darin, daß der

Körper eine große Oberfläche besitzt. Die Muskulatur und die inneren Organe sind nicht kompakt zusammengefügt wie im Vogelkörper, sondern liegen ziemlich weit auseinander. Die großen Muskeln der Beine, welche die Hauptarbeit leisten und damit die größte Wärmemenge freisetzen, befinden sich am Oberschenkel und am Gesäß und damit völlig getrennt von den inneren Organen. Einen Teil der Wärme können sie nach außen abstrahlen, ohne den Organismus zu belasten. Nur das gelangt in den Organbereich, was an Wärme mit dem Blutstrom transportiert wird.

Wir kennen die Reaktion sehr gut, die einsetzt, sobald man sich aufgewärmt hat: Die Haut fängt auf fast der gesamten Körperoberfläche an, rot zu werden. Das bedeutet, daß die außenliegenden Teile des Körpers, die peripheren Bereiche, verstärkt durchblutet werden. Damit kann wiederum Wärme abgeführt werden. Wie stark die Wärmeabgabe ist, hängt jedoch aus physikalischen Gründen vom Ausmaß des Temperaturunterschiedes ab. Die Wärme kann nicht vom warmen zum noch wärmeren Bereich fließen. Der Wärmefluß geht nur umgekehrt: von der höheren zur niedrigeren Temperatur.

In der Situation der ostafrikanischen Savanne ist dieses physikalische Gesetz lebensentscheidend. Denn tagsüber erhitzt sich die Luft unter der intensiven Wärmeeinstrahlung im bodennahen Bereich so stark, daß ihre Temperatur jener des Körpers laufender (Früh-)Menschen gleichkommen kann. Schon über 30 Grad Lufttemperatur reichen aus, um den Wärmeabfluß aus dem Körper schwer zu beeinträchtigen. Nun sind das aber genau die Temperaturen, bei denen sich die beste Thermik entwickelt und die Geier am meisten auf Suchflug sind. Die Temperaturverhältnisse geraten daher in Konflikt mit der Notwendigkeit schnellen Laufes, um die Beute zu erreichen. Das um so mehr, je wärmer es wird, weil dann auch das Fleisch um so schneller zersetzt wird.

Einer ausreichenden Kühlung kommt daher eine entscheidende Rolle zu. Nur wenn es gelang, den Körper bei anhaltendem Lauf gut genug zu kühlen, konnte der geschilderte Weg der Evolution zum Menschen erfolgreich verlaufen. Wie einschneidend diese Zusammenhänge sind, geht auch daraus hervor, daß Geparden oder Löwen nach erfolgreicher Jagd, die sich über eine Strecke von mehr als 100 Metern hingezogen hat, so »fertig« sind, daß sie erst eine Weile ruhen müssen, bevor sie anfangen können, die Beute zu verzehren. Wir Menschen kommen nicht nur außer Atem, wenn wir zu schnell gelaufen sind, sondern es setzt auch Seitenstechen als Zeichen dafür ein, daß nicht mehr genügend Blut durch den überlasteten Körper gepumpt werden kann.

Dieser Umstand setzt den spurtschnellen Raubtieren enge Grenzen für ihre Reichweite. Der Mensch konnte diese Grenzen nicht etwa dadurch überwinden, daß sein Körper schlank gebaut ist und daß die Muskeln weitab von den inneren Organen liegen. Auch die verstärkte Durchblutung der Haut würde für eine Wärmeabgabe nicht genügen, wenn man die tropischen Temperaturverhältnisse berücksichtigt. In kühlen Lebensräumen sieht die Bilanz hinsichtlich der Abfuhr überschüssiger Wärme natürlich besser aus. Aber kühle Phasen gibt es im äquatorialen Hochland nur während der Nacht, wenn die Beute eben nicht nach der geschilderten Methode gefunden werden kann. Die Leistungsfähigkeit der menschlichen Sinne reicht für eine umfangreiche Nahrungssuche während der kühlen Nachtstunden nicht aus; vor allem, wenn die Betonung auf Suche liegt.

Die Lösung brachte eine Neuerung, die für die biologische Eigenart der Gattung Homo ähnlich kennzeichnend ist wie der aufrechte Gang. Es ist dies die Entwicklung von Schweißdrüsen am ganzen Körper in Verbindung mit der Verminderung des Haarkleides. Die Nacktheit des Menschen ist das Kennzeichen für diese Notwendigkeit, den Körper wirkungsvoll zu kühlen und die Voraussetzung für unsere Fähigkeit, körperliche Arbeit zu leisten.

Durch die Nacktheit wird der überhitzte Körper in die Lage versetzt, Wärme schnell abzugeben, weil keine im dichten Fell eingeschlossene Luftschicht die Wärme zurückhält, wie das bei fast allen übrigen Säugetieren, zumal jenen, die mit den Frühmenschen den Lebensraum der offenen Savanne teilten, der Fall ist. Die volle Wirksamkeit konnte die Rückbildung der Körperbehaarung jedoch erst dann entfalten, als sich mehr und mehr Schweißdrüsen gebildet hatten. Mit ihrer Hilfe kann sich der Körper eine physikalische Eigenschaft des Wassers zunutze machen, nämlich bei der Verdunstung der Umgebung sehr viel Wärme zu entziehen. Verdunstung von Wasser stellt den wirksamsten Wärmeentzug dar, dessen sich Organismen bedienen können. Damit gelingt die Kühlung selbst dann, wenn die Umgebungstemperatur der Körpertemperatur fast gleichkommt. Je wärmer es (uns) wird, um so mehr schwitzen wir. Je nach Ausmaß des Schwitzens verlieren wir dabei bis zu 10 Liter Wasser pro Tag.

Ein Kühlsystem, das solcherart auf Verdunstung angelegt ist, muß entsprechend aufgefüllt werden. Der Mensch bekommt Durst, mehr Durst als andere Organismen seiner Größenordnung. Das liegt einmal daran, daß er über den wenig konzentrierten Harn viel Wasser verliert, weil er sich der Abbauprodukte der Eiweißstoffe entledigen muß. Aber der tägliche Wasserverlust durch Verdunstung an der Körperoberfläche spielt eine nicht minder bedeutende Rolle. Er bewegt sich auch ohne Schwitzen in der Größenordnung um 2 Liter. Der Mensch ist aus diesem Grunde der Durstigste unter den Großsäugern. Nach wenigen Tagen ohne Wasserzufuhr ist er verdurstet, während er Nahrungsmangel ungleich länger ertragen kann. Daraus ergibt sich ein weiteres Dilemma: die Abhängigkeit von Wasserstellen. Je weiter der Mensch seine Streifzüge dank der verbesserten Körperkühlung ausdehnen konnte, desto abhängiger wurde er von der Verfügbarkeit von Wasser.

Eine zusätzliche Belastung leitet sich von der Verdunstungskühlung ab: Sie ist mit dem Verlust von Salzen verbunden. Der Körper kann nicht einfach über die Schweißdrüsen Wasser abgeben. Wieder stehen physikalische Gesetzmäßigkeiten dagegen. Das Wasser bewegt sich von der geringeren Salzkonzentration in den Körperzellen zu der höheren, aber nicht umgekehrt. Der Vorgang wird Osmose genannt. Um Wasser aus dem Körper zu bringen, müssen die betreffenden Drüsen erst eine erhöhte Salzkonzentration aufbauen. Diese zieht gleichsam Wasser nach, das nun nach außen abgegeben wird, wo es an der Körperoberfläche verdunstet. Zurück bleibt das Salz, das nicht verdunsten kann, sondern in feinsten Kristallen ausfällt. Das ist der Grund dafür, daß der Schweiß salzig schmeckt und daß sich nach dem Verdunsten des Schweißes eine dünne salzige Kruste bildet. Sowenig das für eine einzelne Schweißdrüse ausmacht, soviel ergibt sich daraus für den Körper als Ganzes. Er verbraucht um so mehr Salz, je mehr er schwitzt.

Zwei Überlegungen schließen sich an diesen Befund an. Die erste liegt auf der Hand: Der Salzverlust muß ergänzt werden. Der Mensch braucht Salz, und das um so mehr, je schwerer er arbeitet. Bekanntlich bildete der Salzhandel bis weit in die Neuzeit das ausgedehnteste Handelssystem in Eurasien. Salzbergwerke wurden mit vergleichsweise primitiven technischen Mitteln in die Berge hineingetrieben; Salz war Zahlungs- und Tauschmittel; es war »die Würze des Lebens« und ist das gebietsweise heute noch. Daß unser Salzhunger auf tiefreichende Wurzeln zurückgehen muß, geht nicht zuletzt auch daraus hervor, wie sehr wir uns dazu zwingen müssen, salzarm zu essen, obwohl die gesundheitlichen Gründe offenkundig sind. Heutzutage verfügen wir im Übermaß über Salz. Doch das ist eine ganz junge Entwicklung. Der Weg der Menschheit war von Salzmangel begleitet.

Die zweite Überlegung ist weniger offensichtlich, aber deswegen nicht minder bedeutsam. Sie geht davon aus, daß die Entwicklung salzverbrauchender Schweißdrüsen überhaupt nur möglich sein konnte, wenn der betreffende Lebensraum genügend Salz zum Ausgleich geboten hat. In den riesigen salzarmen bis (Kochsalz-)freien Räumen Afrikas und der anderen Kontinente hätte sich die Menschwerdung gar nicht vollziehen können, weil die Salzverluste nicht auszugleichen gewesen wären. Das ostafrikanische Hochland bot auch in dieser Hinsicht ungewöhnlich günstige Voraussetzungen. Die äquatoriale Lage bedingt eine intensive Sonneneinstrahlung, die das Wasser in flachen Seen verdunstet und Salz freilegt. Aber dieser klimatische Umstand alleine würde nicht ausreichen. Es müssen auch Fundstellen des Salzes vorhanden sein, und die finden sich wieder im Zusammenhang mit dem Vulkanismus in diesem gewaltigen Rißsystem der Erdkruste, das einzig hier einen Kontinent durchzieht. Denn dort entstanden salzreiche, periodisch austrocknende Flachgewässer, an denen Salz gewonnen werden konnte, aber auch mineralreiche Aschen, die heute noch von Großtieren, wie Elefanten und Büffeln, aufgesucht werden. In dieser Kombination entstehen die notwendigen Voraussetzungen für eine rasche Ergänzung des Salzverlustes durch intensives Schwitzen.

Die Vorteile der Nacktheit sind offensichtlich mit der erhöhten Leistungsfähigkeit verbunden. Die Kosten, die sie an Salz und Wasser verursacht, lassen sich einbringen, wenn die Landschaft beides in ausreichendem Maße liefert. Die ostafrikanische Savanne erhält große Niederschlagsmengen während der Regenzeiten. In den Trockenzeiten führen zumindest jene Flüsse Wasser, die von den Bergen kommen. Am Kilimandscharo und am Mount Kenia liegt Schnee. Die Gipfel dieser Bergriesen reichen so hoch, daß es selbst die senkrecht stehende Sonne nicht fertigbringt, den Schnee zu schmelzen und die Ausbildung von Gletschern zu verhindern. Andere, niedrigere Berge erhalten während der Trockenzeiten immer wieder Wasser, weil sich Quellwolken bilden, die zu Gewittertürmen anwachsen. Sie entladen ihre Feuchtigkeit an den Bergflanken, die wiederum Flüsse und Quellen speisen. Wasserstellen gibt es reichlich im ostafrikanischen Hochland. Natürlich sind sie nicht regelmäßig übers Land verteilt, aber doch selbst während der Trockenzeiten nahe genug beieinander, daß sie immer wieder erreicht werden können. Unter diesen geographischen Bedingungen herrschten also keine Einschränkungen oder gar Zwänge, die der Entwicklung der Nacktheit entgegengewirkt hätten.

Anders sieht es vielleicht aus, wenn wir zwei weitere Faktoren der Umwelt betrachten, nämlich die Temperaturen während der Nacht und die Zusammensetzung der Strahlung am Tage. Nachts wird es im Hochland empfindlich kühl. Die heute dort lebenden Menschen lösen diese

Schwierigkeit, indem sie ein wärmendes Feuer machen und Kleidung tragen. Mit beiden »Entdeckungen« des Menschen werden wir uns noch auseinandersetzen müssen, um ein schlüssiges Bild der Evolution zum Homo sapiens zu entwickeln. An dieser Stelle seien sie vorerst zurückgestellt.

Dagegen soll der andere Aspekt, die Verteilung der Strahlung am Tage, hier behandelt werden, weil er mit der Kühlung des Körpers unmittelbar zu tun hat. Die Strahlung, die von der Sonne kommt, läßt sich hinsichtlich ihrer Wirkung auf den Menschen in drei Bereiche von Wellenlängen zerlegen. Es sind dies die Wellenlängen des sichtbaren Lichtes, die langwelligere Wärmestrahlung und das kurzwelligere Ultraviolett. Gegen die zusätzliche Aufheizung durch die Wärmestrahlung schützt eine entsprechende Verdunstung von Wasser durch Schwitzen. Dieser Vorgang bietet aber keinerlei Schutz gegen die UV-Strahlung. Sie würde, zumal bei der hohen Intensität, die sie unter den äquatorialen Bedingungen und in der dünneren Luft des Hochlandes erreicht, die ungeschützte Haut aufs schwerste schädigen. Solange ein dichtes Haarkleid ausgebildet ist, fängt dieses die UV-Strahlung ab und macht sie unwirksam. Ohne diese schützende Hülle ist die Haut jedoch der Strahlung voll ausgesetzt.

Die Gegenreaktion ist bekannt. Die Haut entwickelt eine Bräunung als Sonnenschutz. Sie kommt dadurch zustande, daß besondere Zellen in der Haut einen dunklen Farbstoff, das Melanin, bilden. Dieser Farbstoff schluckt die kurzwellige UV-Strahlung und vernichtet dabei ihre biologische schädliche Wirkung. Je stärker die UV-Strahlung, desto mehr Melanin muß die Haut ausbilden – und umgekehrt. Der werdende Mensch muß daher in dem Maße mehr Melanin in der Haut abgelagert haben, in dem das Haarkleid schwand und die Haut der UV-Strahlung ausgesetzt wurde. Die Vorläufer des Menschen waren folglich in ihrer ostafrikanischen Heimat dunkel.

Faßt man diese Gesichtspunkte zuammen, so ergibt sich daraus, daß die Nacktheit des Menschen eine Anpassung an die ursprünglichen Lebensbedingungen in der ostafrikanischen Savanne bedeutet. Die Ausbildung langer, bis ins Alter wachsender Haupthaare widerspricht dieser Feststellung keineswegs, sondern bestärkt die Argumentation. Das Gehirn ist ganz besonders wärmeempfindlich. Es muß noch mehr als die übrigen Körperorgane vor der Überhitzung geschützt werden. Sonst kommt es zum Sonnenstich oder zu noch schwerer wiegenden Schäden. Die Kopfbehaarung umschließt ein isolierendes Luftkissen, dem besondere Bedeutung zukommen dürfte, weil die Schädelkapsel die einzige Zone am Körper ist, an der keine nennenswerte Muskelschicht außen die Knochen abdeckt. Darunter liegt aber ohne besonderen Schutz das Gehirn. Die dünne Hautbedeckung der Schädelkapsel wird nur von geringen Blutmengen durchströmt, so daß kein wirkungsvoller Kühleffekt über Schweißdrüsen möglich ist. Dabei tritt der Schweiß bekanntlich besonders schnell auf die Stirn; eine Reaktion des Körpers, die anzeigt, wie wichtig die Kühlung des Gehirns ist.

Auch das Umgekehrte, das Warmhalten der Kopfkapsel, muß berücksichtigt werden. Nackte Stellen können das nur in ausreichendem Maße, wenn darunter eine Fettschicht abgelagert wird. Sie würde aber im Wechsel von (zu) warm und (zu) kalt den Wärmefluß behindern, da sie nicht so schnell ab- und wiederaufgebaut werden kann, wie die Außentemperatur am Kopf wechselt. Die weitaus wirkungsvollere, weil die unmittelbar an die Schädeloberfläche angrenzende Zone weitgehend temperaturkonstant haltende Lösung ist die Ausbildung von Haaren, die mit Talg eingefettet werden. Die Talgdrüsen der Kopfhaut sind gut entwickelt. Sie halten die Haare in einem wasserabweisenden Zustand. Daß beim Mann der Bartwuchs als sekundäres Geschlechtsmerkmal hinzukommt und daß sich bei ihm durchschnittlich eine stärkere Körperbehaarung entwickelt als bei der Frau, hängt einerseits damit zusammen, daß er weniger Unterhautfettgewebe ausbildet und daher leichter friert, andererseits auch damit, daß die Ausbildung von Haarwuchs offenbar von den Hormonen mit beeinflußt wird. Beim männlichen Geschlecht wird dadurch die Haarentwicklung häufig zu einem Rang- beziehungsweise Statussymbol. Mit der ursprünglichen Funktion der Verminderung der Körperbehaarung kommt diese »Folgenutzung« nicht in Konflikt, weil sie den Wärmehaushalt nicht beeinträchtigt. Das gilt natürlich auch für die Schambehaarung als Zeichen für die Fortpflanzungsreife und als Mittel, sexuelle Lockstoffe mit Hilfe der Haare zu verbreiten. Die Entwicklung solcher Duftregionen an bestimmten Körperstellen ist bei höheren Säugetieren weit verbreitet. Der Schambehaarung kommt eine ähnliche Aufgabe zu wie den Achselhaaren. Erst in jüngster Zeit wurde das Verströmen von individuellem Geruch über diese Zonen durch die moderne Hygiene unterbunden.

Der Mensch ist, um den Titel eines bekannten Buches aufzugreifen, kein »nackter Affe«. Seine Nacktheit stellt eine ganz besondere, die Menschwerdung kennzeichnende Entwicklung dar, mit der er einzig unter den Primaten steht. Sie gehört zur Entstehung des Humanen und nicht in seine Primaten-Vergangenheit, die nur allzu leichtfertig als »äffische Vergangenheit« mißdeutet wird.

15. Kapitel

Die schmerzhafte Geburt

Die bisherigen Versuche, der Menschwerdung nachzuspüren und sie in einen schlüssigen Zusammenhang zu bringen, haben sich stillschweigend mit dem Erwachsenen befaßt. Wir haben den Prozeß der menschlichen Stammesgeschichte nachzuzeichnen versucht, ohne darauf Rücksicht zu nehmen, daß viele der wesentlichen Veränderungen die frühen Entwicklungsstadien, das Säuglings- und Kindesalter, mindestens genauso betreffen wie das Stadium der Erwachsenen. In der Abfolge der Generationen kommen aber nicht einfach »fertige Erwachsene« aneinandergereiht vor, wie das die Lehrbuchbeispiele zumeist aufzeigen, sondern Lebenszyklen, die mit der Entwicklung im Mutterleib beginnen, die Geburt durchmachen, dann die Phase der Säuglingszeit und der Kindheit, bis mit etwa 15 Jahren der Übergang zum Erwachsenenstadium erfolgt.

Wir tun also gut daran, innezuhalten, um zu überlegen, ob das bisherige Modell nicht einfach daran scheitert, daß es mit den Entwicklungsstadien des Menschen nicht in Einklang zu bringen ist. Wir haben nicht einmal berücksichtigt, ob für die beiden Geschlechter die gleichen Bedingungen Gültigkeit haben können, die den Gang der Evolution bestimmt haben. Vielleicht waren die bisherigen Ausführungen zu einseitig auf die männliche Seite ausgerichtet? Ein solcher Einwand ist durchaus berechtigt. Er soll im folgenden aufgegriffen und soweit wie möglich geklärt werden.

Betrachten wir zuerst den Nachwuchs, die Kinder. Sie werfen die geringeren Probleme auf, weil das Sozialverhalten der höheren Primaten voll ist mit Lösungsmodellen, wie die Jungtiere in die Gemeinschaft integriert werden. Bei den älteren Kindern ist anzunehmen, daß sie ähnlich wie heutzutage durchaus in der Lage gewesen sind, der Gruppe zu einem toten Tier zu folgen. Der Bewegungsdrang der Kinder ist bekanntlich groß. Im Alter von 10 Jahren bis zur Pubertät laufen sie wohl in den allermeisten Kulturen der Gegenwart mehr als die Erwachsenen.

Es gibt daher keinen Grund anzunehmen, daß diese größeren Kinder und die Jugendlichen nicht in der Lage gewesen wären, den Erwachsenen zu folgen. Sie brauchen nicht die ersten gewesen zu sein, die an der Beute ankamen. Die Fleischmenge eines großen Säugetieres reicht aus, um eine ganze Gruppe von Menschen, ob solche aus der Morgendämmerung der Gattung Mensch oder der heutigen Zeit, das spielt dabei keine Rolle, reichlich zu versorgen. Nur mußte die Verwertung der Beute sehr schnell vonstatten gehen, weil die Gefahr groß war, daß sie von anderen, mächtigeren Konkurrenten entdeckt wurde.

Aus dieser Überlegung und aus der Tatsache, daß die Fortbewegung auf zwei Beinen die beiden Hände freimachte, läßt sich folgern, daß von Anfang an, schon seit der Frühphase der Nutzung von Großtierkadavern, der schnelle Abtransport von handlichen Stücken der Beute eine gute Alternative gewesen sein müßte. Für Löwen und Hyänen würde es sich aus Gründen der Verhaltensökonomie nicht rentiert haben, einem Homo habilis zu folgen, der ein Stück Fleisch mit sich trägt, weil die Portion nur einen Happen dargestellt hätte, der mit zu viel Aufwand gewonnen worden wäre. Die Schakale führen vor, wie erfolgreich das Verschleppen von einzelnen Happen von der Beute ist. Sie werden kaum jemals deswegen verfolgt.

Zerteilt werden mußte die Beute auf jeden Fall, weil das Gebiß die Frühmenschen gar nicht in die Lage versetzt hätte, nach Art der Großraubtiere direkt vom Kadaver abzubeißen. Damit deutet sich aber eine einfache, in verschiedenen Säugetiergesellschaften unabhängig voneinander praktizierte Methode an, Nahrung zu einem festen Wohnplatz zu transportieren. Die Mütter und die kleinen Kinder haben mit diesem arbeitsteiligen Verhalten die Möglichkeit, an sicherer, geschützter Stelle auf die mit Beutestücken zurückkehrenden Männer und Jugendlichen zu warten. Diese Form der sozialen Rollenteilung ist so offenkundig, daß sie nicht weiter begründet zu werden braucht. Sie stellt kein Privileg des Menschen dar. Bei den im Wald lebenden Primaten liegen die Verhältnisse ganz anders. Sie ziehen langsam umher, so langsam, daß Neugeborene und kleine Junge mitgetragen werden können. Bei der überwiegend pflanzlichen Ernährung spielt der Transport von Nahrung für bewegliche Kleingruppen kaum eine Rolle.

Ist damit die Frage nach der Berücksichtigung der Unterschiede von Männern, Frauen und Kindern und ihrer besonderen Bedürfnisse gegenstandslos geworden? Mitnichten. Sie muß vielmehr präziser gestellt werden. Das wird sogleich klar, wenn man zur Entwicklung des Gehirns zurückblendet. Die Größenzunahme ist bestens belegt. Daß dazu eine geeignete Nahrungsgrundlage vorhanden sein muß, kann zumindest nicht grundsätzlich bezweifelt werden. Aber was nicht berücksichtigt worden ist, das ist die gleichfalls unumstößliche Tatsache, daß es an der mütterlichen Versorgung des Fötus liegt, wie er sich entwickelt. Wäre die Mutter nicht in der Lage, im benötigten Umfang Eiweiß und Phosphorverbindungen dem sich entwickelnden Fötus zur Verfügung zu stellen, könnte sich das Gehirn nicht in dieser Weise entwickeln. Denn nachgeburtlich findet eben keine Zunahme der Menge der Nervenzellen im Gehirn mehr statt. Schwangerschaften sind für den Organismus der Frauen eine erhebliche Belastung. Sie fordern ihren Tribut. Dem sich entwickelnden Kind müssen hochwertige Nährstoffe zugeführt werden. Der mütterliche Körper kann sie nicht einfach so, von nichts, erzeugen. Die Beanspruchung pflanzt sich nach der Geburt über mehrere Jahre fort, und zwar so lange, bis das Kind entwöhnt ist und nicht mehr gestillt wird. Die Produktion von Muttermilch »kostet« den mütterlichen Organismus Stoffe und Energie. Daraus ergibt sich ein fundamentaler Unterschied zum männlichen Geschlecht, das dieser unmittelbaren Belastung des Körpers nicht ausgesetzt ist. Es wird erst indirekt gefordert über die Beschaffung von Nahrung während der mehr oder minder ausgedehnten Zeitspanne, in der die Schwangere oder Kleinkinder Betreuende nicht mehr in der Lage ist, sich nötigenfalls selbst zu versorgen.

Über diese Selbstverständlichkeit brauchte man vielleicht gar keine Worte zu verlieren. Doch hinter allzu Selbstverständlichem verbirgt sich manchmal etwas Wichtiges. In unserem Fall sind es sogar mehrere bedeutsame Zusammenhänge, die zumindest beachtet werden sollten, wenn es um die Menschwerdung geht. Ein Punkt ist bereits angeschnitten: Es ist die Frau, die eigentlich die wertvollere Ernährung benötigt, und nicht der Mann. Sie braucht die phosphorreiche Kost mit viel Eiweiß, weil sie einen erheblichen Teil davon in die Entwicklung der Kinder stecken muß. Der Mann braucht nur das, was er selbst zu seinem Wachstum und zur Aufrechterhaltung des Stoffwechselgeschehens nötig hat. Seine Bedürfnisse sind, rein energetisch betrachtet, durchaus anders gelagert. Für den Aufwand an Kraft, den er bei der Suche nach der Nahrung zu tätigen hat, für ausdauerndes Laufen und für hartes Arbeiten beim Zerteilen der Kadaver verbraucht er »Brennstoff« in Form von Fett und Kohlehydraten. Seine Muskeln müssen mehr leisten. Sie sollten daher kräftiger entwickelt sein als bei der Frau. Dazu dient Eiweiß, aber es muß nicht allzu reichlich sein. (Daß wir recht leicht Gicht bekommen, wenn die Nahrung zu eiweißreich ist, spricht für denselben Zusammenhang.) Kurz, in den unterschiedlichen Bedürfnissen ist ein Geschlechtsunterschied, ein Geschlechtsdimorphismus, gewissermaßen einprogrammiert. Das männliche Geschlecht sollte demnach größer und kräftiger sein als das weibliche und einen höheren Bedarf an fett- und kohlehydratreicher Nahrung haben. Auch das ist uns geläufig. Männer sind durchschnittlich größer und kräftiger als Frauen, und wenn sie körperlich hart arbeiten, haben sie einen hohen Bedarf an fett- oder stärkereicher Nahrung. Wo liegt das Problem?

Es äußert sich in der herkömmlichen Sicht der Geschlechterrollen. Der Mann jagt und bringt damit Fleisch bei, während die Frau nach stärkereichen Knollen sucht oder den Garten bestellt und somit die energieliefernde Nahrung bereitstellt. Die Rollen sind genau vertauscht. Was das eine Geschlecht bringt, braucht vornehmlich das andere. Liegt darin eine Wurzel der starken Bindung der Geschlechter aneinander, die viel stärker beim Menschen ausgeprägt ist als bei seinen nächsten Verwandten? Unser Wissen reicht noch nicht aus, um diese Idee weiterverfolgen zu können. Jedenfalls muß mehr hinter der engen Paarbindung beim Menschen stehen, als nur sekundäre soziale Entwicklungen, ökologische Anpassungen und kulturelle Errungenschaften. Dazu sind die zugehörigen Verhaltensweisen zu fest und über die verschiedensten Kulturen sogenannter Naturvölker hinweg zu gleichartig ausgebildet. Die Kernfamilie ist, daran kann wohl kein Zweifel sein, die Grundeinheit der menschlichen Sozietät und nicht die Weibchengruppe wie bei den Menschenaffen oder den Löwen, die wegen ihres Jagdverhaltens als Modell der frühmenschlichen Verhältnisse angesehen worden sind.

Lassen wir die Menschenaffen als starke Vegetarier, die nur gelegentlich Fleisch verzehren, beiseite, und wenden wir uns kurz den Löwen zu. Man hat sie als einen Vergleichsfall für die frühmenschliche Sozietät betrachtet, weil sie, anders als Tiger oder Leoparden, in Gruppen zusammenleben und häufig gemeinsam jagen. Sie beanspruchen große Reviere für ihr Rudel. Die Verteidigung dieses »Landbesitzes« obliegt in der Hauptsache den Männchen, während die Weibchen den größten Teil der Beute erjagen. Die Löwinnen eines Rudels sind in der Regel nahe miteinander verwandt. Oft handelt es sich um Schwestern, die zusammengeblieben sind und die den Kern des Rudels bilden. Die Löwinnen gehen häufig gemeinsam auf die Jagd, wobei sich scheinbar unvorsichtig verhaltende Löwinnen den anderen, die in Deckung auf der Lauer liegen, die Beute zutreiben. Ein solches Verhalten erfordert ein hohes Maß an Koordination und an wechselseitigem Verständnis.

Man könnte sich vorstellen, daß die Jagdgruppen der Frühmenschen in ähnlicher Weise zusammengearbeitet haben. Dieser Aspekt soll für eine spätere Behandlung zurückgestellt werden. Jetzt geht es um anderes. Es geht um die Klarstellung des wesentlichen Unterschiedes zwischen Mensch und Löwen in der Kooperation bei der Nahrungsbeschaffung.

Bei den Löwen leben beide Geschlechter von der gleichen Nahrung, nämlich vom Fleisch großer Säugetiere. Es gibt keinen nennenswerten Unterschied zwischen Männchen und Weibchen. Beide Geschlechter verbringen einen Großteil ihrer Zeit mit Ruhen. Die langen Phasen der Ruhe werden nur von vergleichsweise kurzen der Aktivität unterbrochen. Die Jagd und die Revierverteidigung beanspruchen den Hauptteil der Aktivität. In der Gemeinschaft des Rudels profitieren die Löwen vom Jagderfolg ihrer Weibchen. Ihr Anteil am Beutemachen ist gering und würde nicht ausreichen, Junge zu versorgen.

Löwenbabys kommen wie alle Katzenkinder klein und hilflos zur Welt. Ihre Augen sind bei der Geburt noch geschlossen. Merkwürdigerweise begnügt sich das stärkste Raubtier Afrikas nicht mit einem einzigen Jungen pro Wurf, dem intensive Pflege zuteil wird, sondern die Löwinnen bringen drei bis fünf oder mehr Junge pro Wurf zur Welt. Die Mehrzahl erreicht nicht das Ende des ersten Lebensjahres, und nur ein geringer Prozentsatz überlebt bis zum Selbständigwerden. Ein solcher Befund muß nicht zuletzt deshalb überraschen, weil man erwarten könnte, daß die Gemeinschaft des Löwenrudels stark genug sein sollte, ihrem Nachwuchs das Überleben zu sichern.

Hierin äußert sich ein grundlegender Unterschied zum Gruppenleben der Frühmenschen, das wir zwar nie im unmittelbaren Sinne kennen werden, weil die Zeit nicht zurückzudrehen ist, für das aber so sichere Hinweise vorliegen, daß wir keinen Zweifel zu haben brauchen: Die Frühmenschenhorde war kooperativ, während im Löwenrudel beide Geschlechter ihre eigenen Strategien verfolgen. Was verbirgt sich in einer solchen Aussage?

Sie gründet sich auf die Tatsache, daß die Frau pro Geburt im Regelfall nur ein einziges Kind zur Welt bringt, während bei der Löwin Mehrlinge die Regel sind. Beim Menschen dauert es rund drei Jahre bis zur nächsten Schwangerschaft, wenn das Kind gestillt wird, bei den Löwen aber weniger als ein Jahr. Löwinnen, die kleine Junge verloren haben und die in einigermaßen guter Kondition sind, werden schon nach wenigen Wochen wieder aufnahmefähig. Übernimmt ein fremder Pascha das Löwinnenrudel, dann versucht er – oder versuchen die

Männchen, wenn es mehrere sind –, so schnell wie möglich die kleinen Jungen, die im Rudel vorhanden sind und die vom Vorgänger stammen, zu töten. Dadurch kommen die Löwinnen in kürzestmöglicher Frist wieder in den Östrus. Sie bringen dann nach der üblichen Tragezeit von gut 100 Tagen einen neuen Wurf zur Welt. Die Löwinnen investieren auf diese Weise ein Vielfaches, verglichen mit der Menschenfrau. Aber nur nach der Zahl des Nachwuchses. Das ist der springende Punkt. Die Gesamtleistung der Löwin ist erheblich geringer, weil die Jungen so klein und unterentwickelt geboren werden. Sie wachsen nachgeburtlich schnell heran und beginnen schon im Alter von gut vier Wochen an Fleischstücken herumzukauen. Mit einem Geburtsgewicht von etwa 1200 Gramm wiegen sie nur ein Drittel eines neugeborenen Menschenbabys. Ein Dreierwurf bringt es somit auf ein normales Babygewicht, was immer noch viel weniger ausmacht, weil die Löwin mit 120 bis 180 Kilogramm das Doppelte bis Dreifache einer durchschnittlichen Frau wiegt.

Vielleicht deutet sich jetzt an, weshalb der Vergleich mit den Löwen gewählt worden ist. Er soll den Einstieg in das Problem der vorgeburtlichen Entwicklung des Nachwuchses liefern. Beide, Frühmenschen wie Löwen, beziehen einen Großteil beziehungsweise so gut wie alles Eiweiß von Großtieren der Savannen. Somit müßten vergleichbare Voraussetzungen hinsichtlich der Ernährung vorliegen. Wenn der Nahrung eine solche Schlüsselrolle in der Menschwerdung zukommt, daß insbesondere die Gehirnentwicklung vornehmlich daraus zu erklären ist, dann müßte dieses Prinzip auch für die Löwen gelten. Das ist offensichtlich nicht der Fall. Die Löwenjungen haben schlechte Aussichten, unter Freilandbedingungen zu überleben. Nichts weist darauf hin, daß sie besser dran wären als die Jungen jener Arten, die den Löwen als Beute dienen. Ein Gnu verteidigt sein Junges gegen Feinde, säugt es bis zum Selbständigwerden und führt es in der Herde. Der Nachwuchs wird bei manchen Huftieren besser betreut als bei den Löwen, obwohl diese den frühmenschlichen Horden vergleichbare Gruppen und Jagdgemeinschaften bilden. Ist also der Vergleich der frühmenschlichen Horden mit den Löwenrudeln falsch oder der Versuch, die Entwicklung zum Menschen mit der Nutzung der Großtierkadaver in Zusammenhang zu bringen? Oder ist gar beides falsch?

Was die Gegenüberstellung von Löwenrudel und Frühmenschengruppe betrifft, so bringt der Vergleich in der Tat keinen näheren Zusammenhang. Die Unterschiede überwiegen eventuelle Gemeinsamkeiten bei weitem. Es kann daraus nicht einmal ansatzweise ein Modell für die Entwicklung des Gruppenzusammenhaltes beim Frühmenschen abgeleitet werden.

Der zweite Ansatz hingegen ist interessanter. Wir haben ihn nur zu oberflächlich behandelt. Tatsächlich hatte ja der Frühmensch kein Fleischesser-Gebiß, sondern eines, das auf gemischte Kost schließen läßt. Fleisch war ein Hauptbestandteil, Kohlehydrate das Gegenstück dazu. Stärkereiche Nahrung steht den Löwen als reinen Fleischessern nicht zur Verfügung. Noch mehr mangelt es an Vitaminen und auch an Mineralstoffen in reiner Fleischnahrung. Ihre Fortpflanzung läuft auf einen ganz anderen Weg hinaus. Sie fördert das frühzeitige Verwerten von Fleisch und kürzt sowohl die Tragezeiten als auch die nachfolgende Stillzeit ab.

Steht genügend Beute zur Verfügung, reagieren die Löwen mit starker Vermehrung. Über Notzeiten bringen sie ihre Jungen nur schlecht. Die Verlustrate ist groß. Die Phasen von Überfluß an Nahrung oder Mangel lassen sich nicht vorhersehen. Es lohnt daher gar nicht, mehr in die Jungen zu investieren, weil zu geringe Sicherheit besteht, daß die erhöhte Investition dem Nachwuchs tatsächlich zugute kommt. Die Gruppe hält nicht lange genug zusammen, und zu richtigen, dauerhaften Paarbindungen kommt es nicht.

Beim Menschen liegen die Verhältnisse ganz anders. Der Zusammenhalt garantiert den Überlebenserfolg des Nachwuchses in weitaus besserem Maße. Verglichen mit der Löwin investiert die Frau das Sechs- bis Neunfache in das Baby bis zur Geburt und danach mindestens das Zehnfache. Das geht nur, wenn die Paarbindung lange genug anhält. Würden sich die Männer in der Frühmenschengruppe ähnlich wie die Löwenmännchen verhalten haben, hätte die Entwicklung nie so weit gedeihen können. Frauen, die länger als unbedingt notwendig ihr Baby ausgetragen und nach der Geburt betreut hätten, würden weniger Kinder zur Welt gebracht haben als solche mit geringeren Investitionen in den Nachwuchs. Sie wären langfristig zum Scheitern verurteilt gewesen und hätten sich im Verlaufe der Evolution nicht durchsetzen können.

Die Wirklichkeit sieht anders aus. Die intensive Betreuung des Nachwuchses hat sich durchgesetzt. Wenn es dafür überhaupt biologische Gründe gibt, dann müssen sie mit der Investition beider Geschlechter in den Nachwuchs zusammenhängen. Die Basis hierzu vermittelt der »Geschlechtervertrag«, die ungeschriebene Gesetzmäßigkeit, daß der Mann mehr von jener Nahrung beibringt, welche die Frau nötig hat, und umgekehrt. Diese wechselseitige Arbeitsteilung bildet einen »reziproken Altruismus«, bei dem jeder Beteiligte langfristig weitaus mehr gewinnt, als er alleine und egoistisch zustande bringen könnte.

Nimmt man an, daß dieses Prinzip zutrifft, dann geht damit geradezu zwangsläufig die Entwicklung hervor, wie sie in den Fossilfunden belegt ist. In die Phase der Nutzung von Großtierbeute fällt die rapide Größenzunahme des Gehirns, die in vergleichsweise kurzer Zeit die für die Entstehung höherer geistiger Fähigkeiten angenommene Grenze von etwa 1000 Kubikzentimetern überschritten hat.

Damit stieß sie aber an eine Grenze ganz anderer Art. Mit zunehmender Gehirngröße mußte nämlich zwangsläufig die Größe des Kopfes anwachsen. Immer wieder wurde darauf hingewiesen, daß die Zahl der Nervenzellen im Gehirn nach der Geburt nicht mehr ansteigt. Das entscheidende Wachstum mußte folglich innerhalb des mütterlichen Körpers vonstatten gehen. Solange die Qualität der Nahrungszusammensetzung nur Gehirngrößen von 500 bis 1000 Kubikzentimetern zuließ, ergaben sich daraus keine weiteren Schwierigkeiten. Sie entstanden erst mit fortschreitender Vergrößerung des Kopfes, weil ein nicht zu umgehender Engpaß entstanden war: Durch die Aufrichtung des Körpers in die Senkrechte veränderte sich die Form des Beckens. Es wurde zu einer Art Korb, welcher das Gewicht des aufgerichteten Körpers so verteilt und abfängt, daß beim Gehen und Laufen der Schwerpunkt nicht zu weit nach vorne oder nach rückwärts verlagert wird. Kurz, das Becken besitzt zusammen mit der Wirbelsäule die zentrale Stützfunktion.

Der Geburtskanal reicht durch den Rahmen des Beckens hindurch, das damit zum Engpaß wird, wenn der zu gebärende Fötus zu groß ist.

Der raschen Größenzunahme des Gehirns insbesondere im Stirnbereich (Neocortex) konnte die Veränderung der Beckenknochen nicht folgen, da diese in den Funktionszusammenhang von Becken und aufrechtem Gang eingebunden sind. Für die erste Hälfte oder die ersten zwei Drittel des Gehirnwachstums war eine Reaktion der Beckenknochen auch gar nicht nötig, weil der Kopf der Neugeborenen hindurchpaßte. Erst als die kritische Kopfgröße erreicht war, wurde der Beckenring zum Engpaß. Es ist anzunehmen, daß die Schwierigkeiten bereits während der starken Größenzunahme des Gehirns begannen, weil normalerweise der übrige Körper in der fortschreitenden Entwicklung mitmacht. Der Neandertaler, dem erheblich mehr Evolutionszeit zur Verfügung stand, war günstiger gebaut. Ihn zeichneten eine flachere Stirn und ein breiteres Becken aus. Die Veränderungen im Körperbau nehmen weit mehr Evolutionszeit in Anspruch als solche von inneren Organen. Wir sehen das auch an den Babys der Schimpansen und Gorillas. Sie kommen mit ihren verhältnismäßig großen Köpfchen auch körperlich schon recht weit entwickelt zur Welt. Verglichen mit anderen Primaten oder anderen Säugetieren wirken neugeborene Menschenaffen ganz normal proportioniert. Das Menschenbaby hingegen sieht aus wie eine Frühgeburt mit viel zu großem Kopf. Daraus wurde der Schluß gezogen, dies erkläre typisch menschliche Eigenschaften. Als Frühgeburt habe sich der Mensch im Laufe seiner Stammesgeschichte entwickelt und erhalten; deshalb fehlten ihm Eigenschaften, wie sie die nach »normalen« Tragzeiten geborenen Menschenaffen aufweisen, und es hätten sich so neue herausbilden können. Den Vorgang des Verharrens auf einem (frühen) Jugendstadium bis zur Geschlechtsreife kennt man bei mehreren Tierarten. Dies wird Neotenie genannt.

Die Beibehaltung und Förderung kindlicher bis jugendlicher Merkmale in der späteren Entwicklung zum Erwachsenen liefert dem in der allgemeinen Biologie Bewanderten durchaus überzeugende Argumente zum Verständnis der Menschwerdung. Manches daran mag zutreffen. Ob Neotenie aber wirklich für den Prozeß der Menschwerdung so entscheidend gewesen ist, darf bezweifelt werden. Weder der aufrechte Gang noch die Nacktheit haben mit Neotonie zu tun. Beim aufrechten Gang ist das offensichtlich. Es gibt keinen Grund für die Annahme, daß frühe Vorläufer der Menschenlinie aufrecht gingen und sich dann auf vierfüßige Fortbewegung ausrichteten. Die Kindes- und Jugendentwicklung des Menschen müßte dann die frühe Phase der Zweibeinigkeit wieder hervorgeholt haben. Eine solche Vorstellung darf man getrost verwerfen.

Aber wie steht es mit der Nacktheit? Könnte sie nicht auf das im Vergleich zu den nächsten Verwandten unter den Menschenaffen zu frühe Geborenwerden der Menschenkinder zurückzuführen sein? Würde es sich nur um einen Mangel an Haaren handeln, dann müßte diese Möglichkeit tatsächlich in Betracht gezogen und gründlicher untersucht werden. Aber aus welchen Gründen sollte ein noch ungeborener Fötus eine Unmenge von Schweißdrüsen auf nahezu nackter Körperhaut entwickeln? Im Uterus funktioniert das Schwitzen nicht.

Schließlich verbleibt als drittes Hauptargument die Gehirngröße. Wäre der neugeborene Mensch tatsächlich eine Frühgeburt, so müßte auch sein Gehirn entsprechend klein sein. Genau das ist es aber nicht. Die Gehirngröße reicht bei der Geburt bis an die Grenze des Möglichen, während der übrige Körper in seiner Entwicklung zurückgeblieben aussieht.

Infolgedessen muß man die Problematik genau umgedreht betrachten. Wie kommt es, daß die Gehirnentwicklung der Ausbildung des übrigen Körpers so sehr vorauseilt, daß dieses menschlichste aller Organe bei der Geburt die Gehirne aller übrigen Primaten bereits weit übertrifft, während der restliche Körper unfertig aussieht?

Die naheliegende Lösung kennt jede Frau, die eine normale Geburt selbst erlebt hat. Der große Kopf des Kindes strapaziert die Geburtswege bis an die Grenzen des Möglichen und des Erträglichen. Der Geburtsschmerz drückt nachhaltiger als jede Theorie aus, worum es geht. Das Kind darf einfach nicht nennenswert größer sein, wenn es auf natürliche Weise zur Welt gebracht werden soll.

Die Geburtsschwierigkeiten sind für die große Mehrzahl der Frauen so enorm, daß sich, wahrscheinlich schon seit sehr langer Zeit, eine typisch menschliche Form der Geburtshilfe entwickelt hat, ohne die im Regelfall das Gebären nicht glücklich verlaufen könnte: die Hilfe einer Hebamme. Über die Jahrtausende und wahrscheinlich auch Jahrhunderttausende hinweg haben Hebammen in unverzichtbarer Weise mit dazu beigetragen, daß die Geburten erfolgreich verliefen. Ohne deren Mithilfe hätten viele Frauen und ihre Kinder die kritischen Stunden während und unmittelbar nach der Geburt nicht überlebt. Über alle Kulturen hinweg und so weit die geschichtlichen Zeugnisse zurückreichen, finden wir die Hebammen. Das Menschenkind tut sich sehr schwer, auf die Welt zu kommen. Das ist der Preis des groß gewordenen Kopfes und insbesondere der Preis der Entwicklung des großen Gehirns. Hätte der übrige Körper mit der Kopfentwicklung, wie bei den übrigen Säugetieren, mitgehalten, müßte der Mensch mit einem vielleicht halb so großen Gehirn auskommen. Ob er dann zum Menschen hätte werden können, sei dahingestellt.

Die Zurückhaltung in der körperlichen Entwicklung, die Retardation des Somatischen, wie es in der Fachsprache genannt wird, bildet die Voraussetzung für die Größenzunahme des Gehirns. Die menschliche »Frühgeburt« stellt daher keinen Rückschritt dar, sondern eine ganz besondere und äußerst weitreichende Anpassung, die dem Gehirn den entscheidenden Vorsprung verschafft. Nach der Geburt, wenn der Körper erst richtig zu wachsen beginnt, verfügt er bereits über ein voll entwickeltes, voll funktionsfähiges Gehirn, das in unvergleichlicher Weise in der Lage ist zu lernen.

Damit wird auch der Zusammenhang mit der Art der Nahrung wieder plausibel. Es geht nicht einfach darum, vom körpereigenen Stoffwechselgeschehen einen geringen Teil abzuzweigen und über die Gebärmutter dem sich entwickelnden Fötus zur Verfügung zu stellen. Wäre der Mensch dieser normalen Linie der Säugetiere gefolgt, würden seine Kinder in einem körperlich ähnlich weit entwickelten Zustand wie Schimpansenbabys geboren, aber eben mit kleinen und nicht mit großen Gehirnen.

Der enorme Gewinn an Erkenntnis, der in der Gehirnentwicklung steckt, verbindet sich für den Menschen mit dem Geburtsschmerz. Die Frauen konnten ihn nur deshalb in Kauf nehmen, weil sie in der Horde der hinreichenden Versorgung durch ihre Männer sicher sein konnten. Wären sie auf sich alleine gestellt gewesen oder hätten sie, wie die Löwinnen, den größten Teil des Beutemachens selbst bestreiten müssen, wäre ein derartiger Geburtsverlauf unmöglich gewesen. Nie hätte die schwangere Frau alleine die Strapazen ausgehalten, die mit dem Leben in der Savanne verbunden waren. Es ist kein Widerspruch, daß die Neandertaler-Frauen wahrscheinlich leichtere Geburten hatten, weil ihr Becken deutlich weiter war. Es gibt gute Gründe für die Annahme, daß sie ein seßhafteres Leben führen konnten als die afrikanischen Verwandten, die zum modernen Menschen wurden. Das Fleisch der Großtiere der eiszeitlichen Tundra hielt länger, das Nahrungsangebot war größer, und es stand ihnen insgesamt eine etwa fünfmal längere Evolutionszeit zur Verfügung. Bei den entstehenden modernen Menschen ist die Evolution mit der Gehirnentwicklung an die Grenzen des Möglichen gegangen. Bei rund 1500 Kubikzentimetern stellt sich die Grenze ein. Sie ist in gewissem Rahmen variabel, so daß Gehirne bis über 1800 Kubikzentimeter im Extremfall möglich sind. Nichts spricht gegen die Annahme, daß auch beim Neandertaler die Beckenweite der Frauen den Rahmen für die Gehirngröße setzte. Auf jeden Fall erfordern Veränderungen in einem zentralen Stützelement des Körpers – und beim Becken handelt es sich um ein solches – sehr viel mehr Zeit als Größenveränderungen in einzelnen Organen, noch dazu solchen, die wie das Gehirn nicht mit anderen lebenswichtigen in einem räumlich beengten, engen Verband stehen.

Wie bereits betont, verändert das nachgeburtliche Gehirnwachstum wenig, weil es sich um eine bloße Größenzunahme, nicht aber um eine Steigerung der Zahl der Nervenzellen im Gehirn handelt. Das bedeutet aber nicht, daß diese Größenzunahme als nachrangig zu werten wäre. Sie schafft die Möglichkeiten zur Verknüpfung der Nervenzellen zum komplexesten Gebilde, das wir von Organismen kennen. Die Anlage der großen Zahl von Nervenzellen stellt die Voraussetzung für diese innere »Verschaltung« dar. Die Weichheit der Schädelknochen bei der

Geburt stellt sicher, daß diese nachgeburtliche Entwicklung normalerweise ungehindert vonstatten gehen kann. Ist erst einmal der Schädel verknöchert und sind die einzelnen Knochenteile zusammengewachsen, kann keine weitere Größenzunahme mehr erfolgen. Somit setzt die Enge des Geburtskanals im Endeffekt die Grenzen. Sie sind erst mit der Entwicklung des Kaiserschnitts überwunden worden, wenngleich nur zu einem Teil, weil der Geburtsschmerz ganz wesentliche Rückwirkungen auf das hormonelle Gleichgewicht im Körper der Gebärenden zeitigt. Der Kunstgriff des Kaiserschnitts bleibt ein Notbehelf.

16. Kapitel

Die Sprache

Das Menschsein beruht auf vielen Merkmalen. Einige treten deutlicher hervor, andere mehr zurück. Keine Eigenschaft bestimmt für sich allein, daß der höchstentwickelte Primat zum Menschen geworden ist.

Zu den besonders kennzeichnenden Eigenschaften gehört zweifellos die Sprache, also die Verständigung mit Worten, die ganz bestimmte Inhalte haben. Die Bedeutung der menschlichen Sprache ist so überragend, daß sie kaum hoch genug eingeschätzt werden kann. Bis zur Erfindung der Schrift vor ein paar Jahrtausenden bildete die Sprache das bedeutende Kommunikationsmittel für den Menschen. Miteinander nicht sprechen zu können, hieß, sich nicht richtig zu verstehen. Sprache war und ist Möglichkeit zur Verständigung und zur Abgrenzung gleichermaßen. Sie wurde zur Abgrenzung, wenn die Inhalte der Worte und die Aussprech- oder Ausdrucksweise so sehr von anderen abwichen, daß sich nur noch die der gemeinsamen Sprache Mächtigen untereinander ohne Vorbehalte verständigen konnten. Mit der Sprache kam auch die Lüge in die Welt. Was im vorsprachlichen Ausdrucksverhalten nur Täuschung sein konnte, ließ sich mit Hilfe der Sprache zur echten, absichtlichen Lüge weiterentwickeln.

Die Sprache ist eine Leistung des Gehirns und als solche eng mit der Funktionsweise dieses Organs verbunden. Was aber weniger bedacht wird, ist die Tatsache, daß sich beim Sprechen das Gehirn eines besonderen Organs bedient, eines »Sprechapparates«. Dieses Organ ist der Kehlkopf. In ihm wird artikuliert, das heißt, in Töne und Laute umgesetzt, was das Gehirn vorgibt. Über den Kehlkopf erfährt der Mitmensch, was das Gehirn auszudrücken versucht, und gleichzeitig hört das Gehirn (über die Ohren als Empfänger), was es gesprochen hat. Das »Wort kann einem im Halse stecken bleiben«, Sätze können vorformuliert werden, gedacht, gemurmelt, korrigiert. Die Wörter werden mit oder ohne Ausdruck gebraucht und gebracht; das gleiche Wort kann verschiedenes bedeuten, je nachdem, wie es gesprochen wird; die Fülle ist unabsehbar und nicht zu fassen, weil die Fülle der Sprachen des Menschen das Leistungsvermögen des einzelnen um viele Größenordnungen übersteigt.

Mit der Entwicklung des Sprechvermögens hat der Mensch die letzte große Stufe der Menschwerdung überwunden. Seit der Zeit, seit der er sprechen kann, ist er ganz Mensch.

Man hat vergeblich versucht, Schimpansen das Sprechen beizubringen. Sicher hatten sie bei den zahlreichen Versuchen verstanden, daß »cup« die Schale mit den Leckerbissen bedeutete. Mit Zeichen machten sie klar, daß sie begriffen hatten. Aber die Formulierung eines so einfachen Wortes wie »cup« war ihnen unmöglich. Die Schimpansen lernten auch erstaunlich gut, logische Schlüsse zu ziehen, Zahlen zu unterscheiden und Begriffe, wie größer und kleiner, gleichartig und ungleichartig, richtig anzuwenden. An ihren Gehirnkapazitäten kann es daher nicht liegen, daß sie nicht einmal einfachste Ansätze einer Sprache zustande bringen. Es liegt am Bau ihres Kehlkopfes. Er ist nicht dafür geeignet, Laute so zu fassen, daß sie Wörtern gleichen. Es ist, als ob man versuchen wollte, den Kopf so zu drehen, daß das Gesicht voll nach hinten blickt. Einfache mechanische Grenzen verhindern dies; ihre Überschreitung würde Genickbruch bedeuten. Genauso ist es mit der Sprachfähigkeit. Es geht nicht darum, ob das Gehirn dazu in der Lage ist, diese Aufgabe zu bewältigen, sondern ob es ein Organ dafür zur Verfügung hat, das in der Lage ist, Entsprechendes zu leisten.

Die Feststellung, daß die Entwicklung der Sprachfähigkeit den letzten Schritt in der Evolution des Menschen darstellte, ist daher sehr direkt und nicht im übertragenen Sinne gemeint. Erst als ein entsprechend gebauter Kehlkopf entwickelt war, wurde der Mensch anatomisch vollständig zum Menschen.

Diese Entwicklung vollzog sich erst vor etwa 150 000 Jahren, und zwar in Ostafrika, als sich der jüngste Sproß der Gattung Mensch, als *Homo sapiens sapiens* bezeichnet, von seinen Vorfahren ablöste und anfing, eigenständig zu werden. Warum läßt sich dies so genau sagen? Vertreter der eigentlichen Art Mensch gab es schon viel länger. Sie lebten schon lange Zeit als Neandertaler in Europa und Südwestasien. Ihre Verwandten müssen in Afrika weiterexistiert haben, sonst hätte sich aus ihrer Linie nicht die jüngste abzweigen können, an deren Ende wir stehen. Was berechtigt zu der Annahme, daß die Neandertaler noch nicht sprechen konnten?

Die Antwort ist klar: Bei den Neandertalern saß wie bei allen Vorläufern des modernen Menschen der Kehlkopf zu hoch. Sie waren in dieser

Hinsicht in vergleichbarer Lage wie die Schimpansen. Auch wenn sie gewollt hätten, etwas in Worten auszudrücken, sie hätten es nicht vermocht, weil das Sprechorgan dazu fehlte.

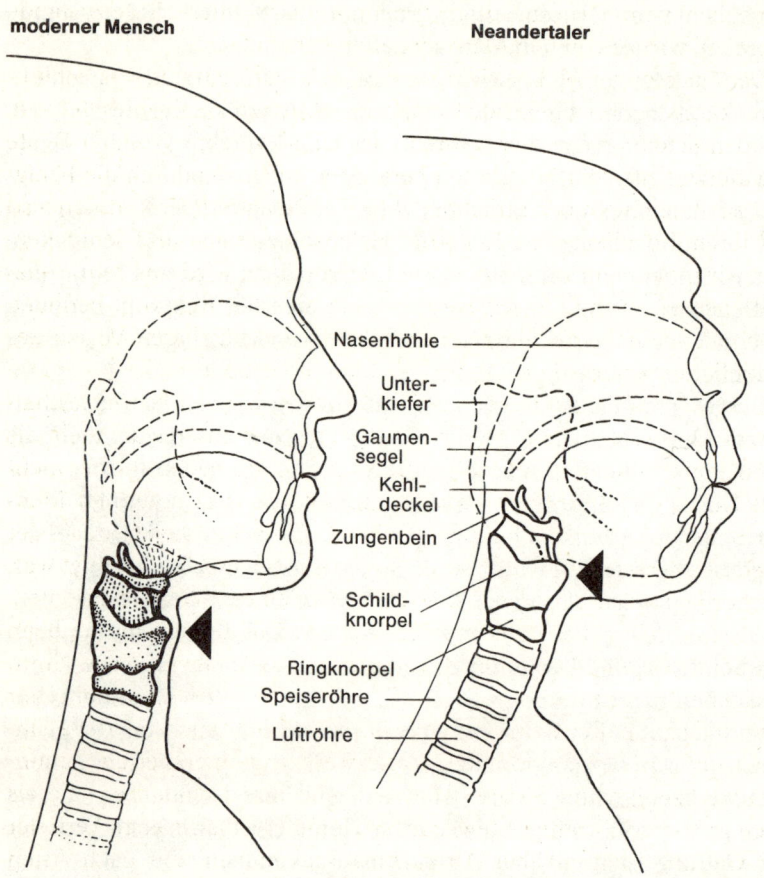

Die Lage des Zungenbeins gilt als Hinweis auf die Fähigkeit, artikuliert zu sprechen. Beim Neandertaler (rechts) saß der Kehlkopf noch deutlich höher als beim modernen Menschen. Das hatte zwar den Vorteil, daß die Ansätze von Speise- und Luftröhre so gut getrennt waren, daß sich der Neandertaler wohl nicht verschlucken konnte, aber dafür war die Bildung von Vokalen nur eingeschränkt oder gar nicht möglich. Der Abstieg des Kehlkopfes verbesserte die Verhältnisse für das Artikulieren der Laute, beeinträchtigt aber ein wenig das Atmen und Schlucken. Neue Funde ergaben, daß auch beim Neandertaler die Entwicklung in Richtung auf eine Absenkung des Kehlkopfes ging. Spätformen des Neandertalers konnten daher möglicherweise schon in begrenztem Umfang sprechen.

Daß es fehlte, stimmt nicht ganz. Der Kehlkopf war zwar vorhanden, aber er setzte zu hoch am Hals an. Erst durch eine Streckung im Schlundbereich verlagerte sich der Kehlkopf weit genug abwärts, daß die Ausbildung von klar formulierbaren Lauten durch die Stimmbänder ermöglicht wurde. Diese hatten vorher nur unartikulierte Rufe zustande gebracht, wie sie von den Menschenaffen bekannt sind.

Der Nachteil dieser Entwicklung war, daß man sich nun »verschlukken« kann. Der hochliegende Kehlkopf verhinderte dies weitestgehend. Bei den Schlangen wird er während des Hinabwürgens größerer Beute sogar etwas aus dem Mundraum herausgeschoben, wodurch die Fähigkeit zu atmen nicht beeinträchtigt wird. Die Neandertaler konnten also mit ihrem hochliegenden Kehlkopf gleichzeitig atmen und schlucken, was wir nicht mehr können. Passiert es trotzdem, wird uns sehr »reizvoll« bewußt, an welch ungünstiger Stelle sich der Kehlkopf befindet. Doch diese Nachteile wiegen natürlich den unschätzbaren Vorteil des artikulierten Sprechvermögens bei weitem nicht auf.

Den weiteren Kapiteln vorauseilend, können wir hier bereits festhalten, daß das große Gehirn des Neandertalers, das unseres um mehr als 100 Kubikzentimeter im Durchschnitt übertroffen haben dürfte, nicht annähernd soviel zu leisten vermochte wie das des modernen Menschen. Es fehlte die Rückkoppelung über die Sprache. Die Mehrzahl der Ausdrucksweisen, zu denen der Neandertaler gewiß auch befähigt war, erschöpfte sich in der Mimik oder in Gebärden und Handfertigkeiten, vielleicht auch in besonderem Jagdgeschick. Das Lernen mußte beim Neandertaler auf das Nachahmen beschränkt bleiben. Neue Sinnzusammenhänge und Kombinationen konnte er, wenn überhaupt, nur sehr mühsam entwickeln. Dies gilt alles natürlich auch für die Frühmenschen, die als Homo habilis erste Werkzeuge fabrizierten, zumindest werkzeuggemäß Steine benutzten, und ihre Nachfahren, die als noch größer und kräftiger gewordener Homo erectus als erste Vertreter der Gattung Mensch über Afrika hinausgekommen und nach Asien gezogen waren.

Sicher spielten Laute als Ausdruck für Stimmungen oder einfach um sich mitzuteilen, eine Rolle. Das tun sie auch im Geheul der Wölfe oder im Gesang der Buckelwale. Und Botschaften stecken auch im Gesang der Vögel. Sie enthalten auf die Weibchen gemünzte Passagen, die diese anlocken und stimulieren, aber auch solche, die anderen Männchen, also potentiellen Rivalen, kundtun, daß das Revier besetzt ist und wer der Besitzer ist.

Ein kurzes Verweilen sei hier gestattet, weil den Biologen die Parallele fasziniert, die sich auftut, wenn man die Lautentwicklung bei den Vögeln vergleichend betrachtet.

Die Vogelwelt läßt sich in zwei große Gruppen einteilen. Die eine bilden die aus den verschiedensten Untergruppen zusammengesetzten Nichtsingvögel, die andere die Singvögel. Genaugenommen müßten wir zu letzteren Sperlingsvögel sagen, weil es eine Teilgruppe der Sperlingsvögel gibt, die »Schreivögel« genannt wird. Sie ist mit den Singvögeln enger verwandt als mit den Nichtsingvögeln. Diese Spitzfindigkeit hat Bedeutung. Die Singvögel zeichnen sich nämlich dadurch aus, daß sie einen zusätzlichen Kehlkopf, die Syrinx, entwickelt haben, in welchem sich die feinen Stimmbänder befinden, die den Singvögeln zu so wundervollen Gesängen verhelfen. Den Nichtsingvögeln fehlt dieser neue Kehlkopf. Manche von ihnen bringen zwar laut schallende, klangvolle Rufe zustande, die sich durchaus auch für das menschliche Ohr angenehm anhören, aber es sind dies eben keine Gesänge. Die ungemein harmonischen, wie komponiert wirkenden Gesänge, die manche Vögel zustande bringen, gehören ausnahmslos ins Reich der Singvögel.

Die Schreivögel stehen dazwischen. Bei ihnen hat eine Verlagerung des Kehlkopfes eingesetzt, aber sie ist nicht weit genug gediehen, um eine echte Syrinx zu erzeugen. Somit fehlt auch ihnen das volle Repertoire der Möglichkeiten.

Bezeichnenderweise stellen die Singvögel den jüngsten und fortschrittlichsten Sproß innerhalb der Klasse der Vögel dar. Und viele von ihnen vollbringen eine sehr weit gediehene Brutpflege. Ihre Jungen schlüpfen in einem unfertigen Zustand, der sie zu Nesthockern macht. Sie müssen mit qualitativ hochwertiger Insektennahrung versorgt werden, um das Nestlingsstadium vollenden zu können, gleich ob sie später als Erwachsene Insekten als Nahrung nutzen oder auf andere Formen der Ernährung überwechseln.

Die mit Abstand intelligentesten unter den Singvögeln, ja in der gesamten Vogelwelt, stellen jene Rabenvögel dar, die vorzugsweise Aas aufsuchen und sich von einer sehr breiten Palette aller möglichen Nahrungsarten ernähren. Ihre Nahrung enthält Eiweiß, Fette und Kohlehydrate in ähnlicher Mischung und Zusammensetzung wie die menschliche Ernährung. Die großen Krähenvögel sind dafür bekannt (und deshalb auch manchen verhaßt), daß sie Gelege »plündern«, Jungvögel aus den Nestern holen oder flügge gewordene Junge tothacken, um ihre Köpfe zu verzehren. Solche Eigenschaften erscheinen uns widerwärtig und verabscheuungswürdig. Vielleicht sollte man darüber nachsinnen, weshalb es unter den Vögeln die Krähen zu so vergleichsweise hoher

Intelligenz gebracht haben, und welche Ähnlichkeiten in der Entwicklung sich zum Menschen ergeben.

Das Prinzip ist also nicht so absolut einzigartig, wie es vielleicht den Eindruck erweckt haben mag. Auch in anderen Evolutionslinien finden sich bei näherer Betrachtung vergleichbare Prozesse, wie wir sie für die Menschwerdung zusammengefügt haben. Wir können die Parallele ohne weiteres ein Stück weiterbauen und die Greifvögel mit einbeziehen, die der Krähe oder dem Kolkraben das aufgefundene Aas streitig machen und abjagen.

Natürlich muß der Kolkrabe vor der Übermacht des Steinadlers weichen und muß sich die Rabenkrähe vor den Fängen des Mäusebussards in acht nehmen. Aber hinsichtlich der Intelligenz sind diese Krähenvögel den Adlern und Bussarden haushoch überlegen. Sie lernen mit großer Geschwindigkeit den für sie gefährlichen Jäger von allen anderen Menschen zu unterscheiden, die in ihr Revier kommen. Sie bilden feste Paare, die jahrelang, wenn nichts dazwischenkommt lebenslang, an ihrem Wohngebiet festhalten und so die Aufzucht und die erfolgreiche Entwicklung besser als bei den allermeisten anderen Vogelarten sicherstellen. Sie scharen sich bei Bedarf in Gruppen zusammen, ohne ihre Individualität aufzugeben, und sie erkennen sich persönlich am Gesicht, an ihren Rufen und an ihrem Verhalten.

Einer menschengeprägten Krähe, sogar einem Kolkraben, könnte der Mensch bedenkenlos die Pflege seiner Augenwimpern überlassen. Es würde dem Auge nichts passieren. Schließlich gehören die Krähen bekanntlich zu den Überlebenskünstlern unter den Vögeln, die es geschafft haben, in einer Zeit, in der weltweit über Artenrückgänge geklagt wird, ihre Bestände zu behaupten und sich sogar neue Wohnmöglichkeiten in den menschlichen Siedlungsbereichen erschließen konnten.

Damit genug der Parallelen und zurück zum Menschen. Was sich Krähen mit ihrem Quorren »erzählen«, verstehen wir nicht. Aber wir brauchen auch nicht unbedingt unsere eigene Sprache, um das Verhalten von Mitmenschen zu verstehen, wenn diese eine andere Sprache sprechen. Wenn sie nicht bewußt versuchen, ihre Regungen und ihre Motivation zurückzuhalten, sagt uns ihr Mienenspiel genug für eine erste Kontaktaufnahme. Körperhaltung und Verhalten kommen hinzu. Sie vermitteln weitere, normalerweise auch verläßliche Informationen über den anderen Menschen. Ob Drohen oder Freundlichkeit, Lachen oder Weinen, Mitgefühl oder Verständigungsbereitschaft, es bleibt uns nicht verborgen. Diese nicht-verbale, »wortlose« Kommunikation stellt ohne Zweifel das grundlegendere, stammesgeschichtlich ältere Mittel der Verständigung als die Sprache dar. Wir benutzen es nach wie vor in großem Umfang im täglichen Leben. Unbewußt zumeist, manchmal auch mit voller Absicht, drücken wir den Mitmenschen Achtung oder Verachtung, Überlegenheit oder Unterlegenheit, Mitgefühl oder Kälte durch unser Verhalten aus, ohne auch nur ein einziges Wort zu sagen.

Die Regungen, die wir dabei mitunter ganz unmittelbar spüren, gehen weit zurück in die ferne Zeit der Stammesgeschichte. So etwa, wenn uns ein Schauer überläuft, bei dem sich Haare aufrichten, die gar nicht mehr vorhanden sind oder nur in so winziger Ausführung, daß keinem Gegenüber damit zu imponieren wäre. Solange unsere fernen Vorfahren noch ein entsprechendes Haarkleid besaßen, machten solche Regungen Sinn in ihrem Leben. Sie vergrößerten die Statur, beeindruckten oder signalisierten über austretenden Angstschweiß die Bereitschaft zur Aufgabe.

Unser Verhalten ist voll von solchen Überbleibseln aus der Vergangenheit, von Atavismen, die im Zusammenhang mit dem Leben in der Savanne von Bedeutung gewesen sind, aber ihre Funktion längst eingebüßt haben. Sie zeigen aber noch, welch überragende Bedeutung der Verständigung innerhalb der Gruppe schon seit Anbeginn der Menschwerdung zugekommen ist. Nicht erst die Sprache hat das Sozialverhalten ausgeformt, sondern das Leben und Überleben in der eiszeitlichen Hochfläche Ostafrikas entlang des großen Grabenbruches. Was dort in Jahrhunderttausenden geschah, hinterließ seine Spuren in der Menschwerdung, in der Geschichte des Menschen. Unser Verhalten ist auf das Leben in einer überschaubaren Kleingruppe eingestellt und nicht auf Massengesellschaften anonymer Mitmenschen, mit denen wir im Grunde genommen nichts zu tun haben wollen – weder im guten noch im schlechten Sinne. Aber das ist mittlerweile hinlänglich bekannt.

Genützt hat es wenig, wie die Geschichte beweist, die eine nahezu lückenlose Folge von Kriegen und Unterdrückung, von Verfolgungen und Grausamkeiten gegen Andersartige und Andersdenkende darstellt. Der Biologe, und nicht nur der Biologe, müßte eigentlich am »sapiens« zutiefst zweifeln. Die phantastische Entwicklung der Sprache hat anstatt zu allgemeiner Verständigung zu Sprachlosigkeit und Verunglimpfung, zur Verfechtung von Doktrinen und Glaubensbekenntnissen und zur Verbreitung von Lügen und Falschmeldungen geführt, wie sie kein anderes Lebewesen auch nur ansatzweise zeigt. Vielleicht kam mit der

Sprache auch der richtige Streit in die Welt? Die Lösung dieses Dilemmas haben wir längst in der Hand. Es ist die Schrift, die das gesprochene Wort fixieren, aber auch korrigieren, abschwächen und zurücknehmen kann. Sie nimmt der Sprache die Härte und die Unmittelbarkeit des Gefühls. Sie bietet die Chancen zu entschärfen, weil sie die Informationen verselbständigt und von den Personen loslöst. Noch mehr vermittelt uns die neuzeitliche Telekommunikation rund um die Welt und versetzt die ganze Menschheit in einen nahezu gleichen Kenntnisstand. Es bleibt zu hoffen, daß dies vor den gefährlichen Mißverständnissen schützt, die bis in die jüngste Vergangenheit das gesprochene Wort zur Demagogie haben werden lassen und die Welt an den Rand des Abgrundes gebracht haben.

Ist nun mit diesen Bausteinen das Bild zusammenzufügen? Haben wir die wesentlichen Aspekte des Menschseins im biologischen Sinne berücksichtig, um den Aufbau weiter vorantreiben zu können? Das wird sich zeigen, wenn wir dem Verlauf der Evolution des Menschen weiter folgen wollen. Eine Reihe grundsätzlicher Fragen ist nun geklärt, andere wurden angerissen, aber die Kernfrage ist noch offen, warum Gruppen des Menschen ihre afrikanische Heimat verlassen haben.

Blicken wir zurück auf die Zeitachse der Vergangenheit. Wo stehen wir? Das Zeitalter der Eiszeit war angebrochen, als wir den Ablauf der Menschwerdung verließen und uns den biologischen Eigenarten des Menschen zugewandt haben. Für den aufrechten Gang und die Nacktheit konnten wir plausible Erklärungen anbieten. Auch die Größenzunahme des Gehirns entzieht sich nicht einer natürlichen Erklärung. Gruppenzusammenhalt und vorsprachliche Kommunikation sind gut erforschte Verhaltensweisen des Menschen. Die vorhandenen Ergebnisse lassen sich ohne nennenswerte Einschränkungen oder Vorbehalte in die Verhältnisse während der frühmenschlichen Entstehungsgeschichte zurückversetzen. Somit richten sich die weiteren Fragen auf das Eindringen in das eiszeitliche Europa und Asien. Vielleicht sollte man es riskieren, auch die Frage nach dem Paradies zu stellen, weil die Vertreibung aus dem Paradies in den Vorstellungen gerade jener Völker eine besondere Rolle spielt, die jenseits von Afrika ihre Heimat (gefunden) haben. Natürlich geht es dabei nicht um den Begriff des Paradieses, sondern um die Vorstellung, die dahinter stecken mag. Kann es sein, daß es sich nur um eine reine Wunschvorstellung handelt? Oder gibt es plausible Gründe für die Annahme, daß ferne Ahnungen von einem Paradies im Menschen schlummern, die in Veränderungen in seiner Frühzeit verankert sind?

Trotz der gebotenen Vorsicht soll versucht werden, auch solchen Fragen nachzuspüren, ohne dabei den festen Grund widerlegbarer biologischer Modellvorstellungen zu verlassen.

Knüpfen wir also wieder an. Die Eiszeiten hatten die Nordkontinente in unterschiedlichem Ausmaß erfaßt. Was tat sich in Afrika zu jener Zeit, als Homo habilis seinen Weg genommen hatte und ein neuer Vertreter der Gattung Mensch, Homo erectus, die Entwicklung vorantrieb? Wie waren die Lebensbedingungen in den Savannen des afrikanischen Grabenbruches und in den Steppen des Kraterhochlandes vor einer Million Jahren?

17. Kapitel

Das Feuer

In Europa und Nordasien strebte die Eiszeit ihrem ersten Höhepunkt zu. Die Temperaturen waren jahrtausendelang ständig abgesunken. Dauerfrostboden breitete sich aus. 15 bis 20 Meter tief griff der Frost in den Boden hinab und ließ alles Grundwasser erstarren. Die Wasserführung der Flüsse ging zurück, der Spiegel des Weltmeeres sank. Unmerklich langsam, aber über die Jahrtausende mit beachtlicher Geschwindigkeit, wälzten sich gigantische Eispanzer südwärts. Sie überlagerten die trockengefallene Nordsee, drückten große Teile Skandinaviens um viele Meter tiefer in die Erdkruste und schoben Moränen vor sich her. Auch aus den Alpen und den asiatischen Gebirgen sowie über einen Großteil von Nordamerika griff das Eis um sich. Je mehr Wasser in den Eismassen gebunden wurde, um so trockener wurde das Klima.

Der Regenmangel griff auch auf Afrika über. Die Regenzeiten wurden kürzer, die dazwischenliegenden Trockenzeiten immer länger. Höhepunkte der Eiszeiten auf den Nordkontinenten bedeuteten Trockenklima im äquatorialen Bereich. Die Regenwälder schrumpften. An ihrer Stelle entwickelten sich Savannen, und wo vorher lockere Baumbestände das Grasland durchsetzten, wurde es zur Steppe. Nur entlang der Flußläufe konnten sich die Bäume halten.

Die Ausbreitung des Graslandes auf Kosten der Wälder nützte den großen Weidetieren. Die verfügbare Nahrungsmenge nahm zu. Allerdings wurden auch die Strecken immer größer, die sie auf ihren Wanderungen zurücklegen mußten, weil das so ausgeprägt in Regen- und Trockenzeiten gegliederte Wettergeschehen den frischen Graswuchs saisonal verteilte. Längere Wanderungen mußten zwangsläufig höhere Verluste auf den sich hinziehenden Märschen zu neuen Weidegründen oder zu den noch verbliebenen Wasserstellen bedeuten. Die großen Raubtiere profitierten davon weniger, als man vielleicht denken würde. Sie sind bei ihrem ausgeprägten Ruhebedürfnis nicht in der Lage, den Wanderungen zu folgen. Das ginge schon gar nicht, wenn kleine Junge vorhanden sind. An den Großraubtieren ziehen infolgedessen die Herden vorüber. Sie nutzen davon, was während der Zeit des Durchwanderns erjagt werden kann und benötigt wird, aber sie können keine Vorräte anlegen. Das Fleisch verdirbt zu schnell. Wie wir aus neuen Untersuchungen wissen, beeinflussen die Großraubtiere in der Serengeti die wandernden Herden weitaus weniger als den ortsfesten Bestand. Dieser Zusammenhang erklärt auch, weshalb die wandernden Arten, wie die Gnus und Zebras, oder in anderen Regionen Afrikas die Kobs (Antilopen) weitaus zahlreicher als die nicht wandernden Huftierarten sind. Sie können in erheblich größerer Zahl überleben, weil sie durch das Wandern das Problem der örtlichen Verknappung der Nahrung umgehen und einer höheren Verlustrate durch Feinde entgehen.

Trotzdem sterben viele in den Millionenheeren der wandernden Arten unterwegs. Sie kommen an Entkräftung um, erliegen Krankheiten oder Verletzungen. Die Zahl der Todesfälle muß insgesamt die Geburtenrate ausgleichen, sonst würden innerhalb kürzester Zeit die Bestände über alle Maßen anwachsen. Folglich muß es um so mehr Kadaver geben, je höher der Anteil der Wandernden im Gesamtbestand ist und je größer der Bestand insgesamt geworden ist.

Für Geier und Frühmenschen brach eine gute Zeit an, als die Eiszeit ihrem ersten Höhepunkt zusteuerte. Die Häufigkeit, mit der Großtierkadaver anfielen, muß stark zugenommen haben, während gleichzeitig die Bedrohung durch die großen Raubtiere wegen des gestiegenen Angebotes an Nahrung zurückging. Es nahm aber auch die Entfernung zu, die zurückzulegen war, um die Kadaver zu erreichen. Die kurzen, heftigen Regenfälle während der Regenzeiten verursachten Wachstumsschübe, aber kein gleichmäßiges Aufwachsen der Gräser. Mit der zunehmenden Länge der Wanderstrecken sank folglich die Aufenthaltsdauer der Herden in einer bestimmten Gegend. Sicher hatte es Stellen gegeben, an denen die Herden in Engpässe gerieten oder besonders hohe Verluste erlitten, weil die Nahrung zu spärlich und die Wasserstellen zu weit auseinander waren. Furten an den größeren Flüssen oder Schluchten dürften solche Engpässe gebildet haben. An vergleichbaren Stellen sammeln sich auch gegenwärtig die Herden auf ihren Wanderungen, und viele Tiere kommen dabei um.

Insgesamt bildeten derartige Engpässe aber keine Möglichkeit, das Überleben einer größeren Zahl von Frühmenschen zu sichern. Die besten Chancen für eine nachhaltige Nutzung der wandernden Herden hätte das Mitwandern geboten. Alle Hirtenvölker ziehen mit ihren Herden und werden deshalb zu Nomaden, weil nur unter besonderen Umweltbedingungen eine nachhaltige Beweidung am gleichen Ort möglich ist. Das soll nun nicht bedeuten, daß sich schon Homo erectus als Hirte betätigt hätte. Vielmehr soll diese Überlegung zum Ausdruck bringen, daß eine nachhaltige Nutzung wandernder Großtierbestände nur möglich ist, wenn die Nutzer den Tieren folgen.

Hatten die Frühmenschen die Möglichkeit dazu? Rein körperlich wohl, denn Homo erectus ging auf zwei Beinen. Er hatte ein Becken entwickelt, das in den Grundzügen dem des modernen Menschen entspricht und damit beweist, daß die Zweibeinigkeit zur normalen Fortbewegungsweise geworden war. Er besaß die Proportionen von Armen und Beinen, die auf einen ausdauernden Läufertyp schließen lassen. Seine Statur war kräftig genug, um mit der Wandergeschwindigkeit der Herden schritthalten zu können. Die Zunahme seiner Gehirngröße zeigt, daß er bereits qualitativ hochwertige Nahrung verwertete. Also spricht nichts dagegen, daß er seine Wege denen der Herden folgen ließ, um bei Geburten und Todesfällen rechtzeitig zur Stelle zu sein.

Wir wissen allerdings nicht, ob sich die Körperbehaarung bereits stark genug gelichtet und die Schweißdrüsen gut genug entwickelt hatten, um mit der drohenden Überhitzung des Körpers zu Rande kommen zu können. Fest steht aber, daß die Benutzung von Werkzeugen bekannt war. Das Öffnen der verendeten Tiere dürfte ihm daher keine Schwierigkeiten mehr bereitet haben. Folgte Homo erectus tatsächlich den Herden, so geriet er auf jeden Fall in die gleiche Schwierigkeit wie diese: Er mußte in überwindbaren Abständen Wasser finden. Da gerade die Wiederkäuer viel Wasser brauchen, von den besonderen Anpassungsformen, wie den Oryxantilopen abgesehen, die mit ihrem Stoffwechselwasser fast gänzlich überleben können, galt die gleiche Einschränkung auch für sie. Die Wanderzüge der Herden mußten sich nach den verfügbaren Wasserstellen ausrichten. Für die Frühmenschengruppen, die den Herden folgen wollten, dürfte demnach das Wasserproblem zu meistern gewesen sein. Ein dem Leben in der Savanne angepaßter, heutiger Mensch hält etwa die gleichen »Durststrecken« wie seine Weidetiere aus. In dieser Hinsicht entsprechen sich Nomade und Vieh sehr gut.

Für die Frühmenschen muß das Grundproblem ein anderes gewesen sein. Wollten sie den Herden folgen, mußten sie auch ihren Nachwuchs mitnehmen – Säuglinge und kleine Kinder mußten also getragen werden. Denn anders als die als Laufjunge geborenen Gnukälbchen oder Zebrafohlen, die schon ein paar Stunden nach der Geburt der Mutter und mit ihr der Herde folgen können, steht das Menschenkind erst ein Jahr später auf eigenen Füßen, und getragen wird es über weitere Strecken noch eine ganze Anzahl weiterer Jahre. Der Mensch wird erst zum Läufer, wenn er weitgehend erwachsen ist.

Affenmütter tragen ihre Kinder ausgiebig umher. Doch sie brauchen mit den Kindern keine weiten Strecken zu überwinden. Eine Ausnahme machen die Paviane. Ihre Gruppen ziehen tagsüber weit umher, um sich abends an sicheren Schlafplätzen wieder zu sammeln. Bei den Wanderungen reiten die kleinen Jungen auf dem Rücken oder klammern sich an das Fell am Bauch. Ein Klammerreflex ist bekanntlich auch beim menschlichen Baby zu beobachten. Er hat aber keine Funktion mehr. Für aufgerichtete Primaten ist es viel schwieriger, Jungtiere zu transportieren, als für solche, die sich vierfüßig fortbewegen. Das Kind muß entweder an die Brust gedrückt oder seitlich, auf die Hüften abgestützt, getragen werden. Für einen Transport auf dem Rücken eignen sich unsere Arme nicht.

Die Mitnahme der Babys und Kleinkinder auf die Wanderung muß nach diesen Überlegungen den Frühmenschen schwergefallen sein. Sicher haben sie Rast gemacht, sooft es ging. An manchen Stellen mit guten Weidegründen verweilten die Herden länger. Dort konnten sie sich in vorübergehenden Lagern niederlassen. Fingen die Herden aber wieder an weiterzuziehen, mußten auch sie aufbrechen, um den Anschluß nicht zu verlieren. Eine denkbare Lösung für das Transportproblem wäre die Benutzung von Tragehilfen. In einfachster Form sind sie aus den Tierhäuten herzustellen. In der trockenen Wärme werden sie rasch ledrig hart. Solange es nicht besonders feucht ist, brauchen sie nicht gegerbt zu werden. Sie halten wochen-, vielleicht sogar monate- oder jahrelang. Nach Art der Schultertücher umgelegt, können Babys und kleine Kinder leicht in Tierhäuten transportiert werden. Die Belastung des Körpers wird dadurch erheblich verringert. Diese Form, Lasten zu transportieren, ist in allen Kulturen des Menschen bekannt. Wir brauchen keine großen Fortschritte im Denkvermögen und in der Kombinationsfähigkeit anzunehmen, um zu begründen, daß Vorläufer des Menschen mit einem Gehirn, das bereits etwa 1000 Kubikzentimeter Rauminhalt umfaßte, dazu in der Lage gewesen sind.

Wenn der Nachwuchs mitgenommen werden kann, ist die Hauptschwierigkeit gelöst. Löwen und Hyänen können das nicht. Auch die Wildhunde, die sonst so erfolgreichen Rudeljäger der afrikanischen Savanne, sind dazu nicht in der Lage. Junge Raubtiere können im Gegensatz zu Primatenjungen nicht greifen und sich im Fell festhalten. Außerdem stören die Jungen beim Beutemachen, da sie den lauernden Jäger bald verraten hätten. Sie bleiben daher an ihre Wurfplätze oder deren nächste Umgebung gebunden. Es nützt den Wildhunden nichts, daß sie auf ihren schnellen Beinen den wandernden Herden mit Leichtigkeit folgen könnten, wenn ihre Jungen zurückbleiben müssen. Sie haben nun mal keine Hände frei!

Die Lösung des Transportproblems muß einen größeren Durchbruch für den werdenden Menschen bedeutet haben. Nun war er in der Lage, seiner wichtigsten Nahrungsquelle zu folgen. Legt man das heutige Verhältnis zwischen wandernden und ortsfesten (residenten) Großtieren in Ostafrika zugrunde, dann übertreffen die Wandernden die Residenten um das Zehnfache. Zu Zeiten der eiszeitlichen Höhepunkte dürfte das Verhältnis eher noch ausgeprägter zugunsten der Wandernden verschoben gewesen sein. Dafür sprechen die Befunde aus den gemäßigten Breiten mit Winter- und Sommerwechsel. Dort übersteht ein noch viel geringerer Anteil ortsfester Großtiere die Zeit der winterlichen Nahrungsverknappung.

Für die frühen Menschen heißt das, daß sich nun ihre Möglichkeiten wenigstens verzehnfacht hatten. Ihre ökologische Umweltkapazität wurde um den Faktor 10 ausgeweitet. Ein entsprechender Zuwachs im Bestand muß die Folge gewesen sein. Denn wie alle Organismen reagiert auch der Mensch auf die Ausweitung der Umweltkapazität mit Vermehrung.

Je mehr Menschen aber den Herden folgten, um so weniger häufig konnte es gelingen, die ersten am Kadaver zu sein. Die Nutzung der Geier als Signal für ein verendetes Tier war inzwischen auch weitgehend überflüssig geworden. Folgt man den Herden, so zeigt sich schnell genug, wo sich die kranken und schwachen Tiere befinden, ob sie zurückbleiben und wann sie sich zum Sterben niederlegen. Gutes Fleisch wurde knapp. Nach einer anfänglich starken Bestandszunahme machten sich die Grenzen des Wachstums bemerkbar.

Nun ist es an der Zeit, zum Kadaver zu kommen. Bislang ist er als Nahrungslieferant so behandelt worden, als ob die einzigen beiden Probleme das Öffnen und das schnelle Auffinden gewesen wären. Es steckt aber ein anderes, sehr gravierendes Problem buchstäblich im Kadaver. Es wird von den Ausscheidungen der Bakterien verursacht, die das Fleisch zersetzen.

Wir wissen, daß Fleischvergiftung eine äußerst ernste Angelegenheit ist, vor der man sich tunlichst in acht nimmt. Nur von wirklich gesunden, von Großraubtieren frisch getöteten Tieren kann das Fleisch unbedenklich verzehrt werden. An den an Krankheiten oder wegen Schwäche verendeten Tieren klebt der Tod. Nur mit äußerster Umsicht wäre es heutigen Menschen möglich, von rohen Großtierkadavern zu leben. Unseren Magensäften fehlt die Fähigkeit, Krankheitserreger sicher genug abzutöten und ihre Ausscheidungen, die wir sehr bezeichnend als Gifte taxieren, unschädlich zu machen. Die richtigen Aasesser, wie die Geier und die Hyänen, können dies. Wir nicht. Unser Magensaft ist zu schwach dazu. Unseren Mundschleimhäuten können keine todbringenden Bakterien zugemutet werden.

Vielleicht hätten wir diesen ernstlichen Einwand gegen die Aasjägerei des frühen Menschen schon früher entkräften müssen? Nur wie? Eine Möglichkeit ergibt sich aus der weder beweisbaren noch abweisbaren Annahme, daß Homo habilis und Homo erectus einfach ungleich wirkungsvollere Magensäfte besaßen, die vor Fleischvergiftung schützten. Wir wissen von uns selbst, daß man um so anfälliger wird, je weniger man möglichen Krankheitserregern ausgesetzt ist, welche den Körper zu Abwehrreaktionen veranlassen und eine Immunisierung bewirken. Entsprechendes für die frühen Menschen anzunehmen ist also nicht unlogisch. Wenn wir dennoch Zweifel vorbringen, dann aus einer ganz anderen Überlegung heraus.

Der umfangreiche Genuß von rohem Fleisch verursacht zahlreiche weitere Verdauungsprobleme, die nichts mit Infektionen zu tun haben. Unser Magen- und Darmsystem sind auf reine Fleischnahrung nicht eingestellt. Wir lösen diese Schwierigkeit durch Braten und Kochen. Eine solche Aufbereitung fleischlicher Kost verbessert ihre Verdaubarkeit ganz beträchtlich. Wie es scheint, steckt in vielen Menschen auch eine Vorliebe für Gegrilltes. Mit momentanen Präferenzen, gleichsam Modeströmungen in der Ernährung, läßt sich dieses Faktum sicher nicht einfach abtun. Die überlieferte Geschichte des Menschen enthält zudem eine Fülle von Belegen, daß das Braten und Kochen von Fleisch die Regel, Genuß rohen Fleisches hingegen die Ausnahme war.

Heißt das, daß wir für die Frühmenschen annehmen sollen, sie hätten das Fleisch von den Großtierkadavern bereits gebraten? Warum eigentlich nicht?

In jener Zeit des ersten großen Höhepunkts der Vereisung war die Savanne monatelang strohtrocken. Ein Blitzschlag genügte, sie in Brand zu setzen. Steppen- und Savannenbrände entstehen in den Trockengebieten natürlicherweise regelmäßig. In den ostafrikanischen Savannen dürften sie noch häufiger als gegenwärtig gewesen sein, weil die sie umgebenden Berge auch während ausgeprägter Trockenzeiten die Entstehung von Gewitterwolken auslösten. Nur über weitflächig flachen Steppen bleiben während der Trockenzeit Gewitter selten.

Feuer im Grasland ist für so viele Tierarten ein Auslöser für besondere Aktivitäten, daß es schwer vorstellbar wäre, sie hätten sich alle erst auf die vom Menschen gelegten Brände eingerichtet. Störche und Reiher folgen der Feuerfront und nehmen die angesengten, »gegrillten« Heuschrecken und Echsen auf. Bienenfresser kommen, um von den aufgescheuchten Insekten zu profitieren. Sogar unsere Schwalben fliegen durch den Rauch, um sich am Insektenfang zu beteiligen. Es gibt Befunde, die zeigen, daß sich die wandernden Herden bis zu einem gewissen Grad nach den Bränden richten. Sie wandern langsam darauf zu. Denn kurze Zeit später wird im abgebrannten Gebiet frisches Grün sprießen, das nährstoffreicher und leichter verdaulich ist als das alte dürre Gras.

Doch die Feuer sind unzuverlässig. Sie halten ihre Richtung und Geschwindigkeit nur, solange sich der Wind nicht ändert und das Gras, das verbrennt, ungefähr den gleichen Zustand aufweist. Schlägt der Wind um, kann sich das Feuer in kürzester Zeit drehen, und frischt er auf, wird aus einem sich gemächlich vorwärtsfressenden Schwelbrand urplötzlich ein Feuersturm.

Es gehört entweder die Fähigkeit zu fliegen dazu, das Feuer sicher zu meistern, oder ein entsprechendes Kombinationsvermögen, das die ursächlichen Zusammenhänge von Feuer, Richtung und Wind durchschaut. Erstere Fähigkeit besitzen die Vögel, die den Bränden folgen, letztere können wir den frühen Menschen mit ihrem schon hochentwickelten Gehirn zutrauen.

Nehmen wir folgende, gewiß nicht unrealistische Situation an: Die Frühmenschengruppe hat einen Kadaver gesichtet. Das Tier ist vor kurzem verendet und noch frisch genug, um als Nahrung verwertet zu werden. Doch schnell nähert sich eine Feuerfront.

Die Gruppe weicht über den nahe liegenden Flußlauf aus. Da Trokkenzeit herrscht, führt der Fluß kaum Wasser. Er läßt sich leicht überqueren. Drüben sind die Frühmenschen sicher, weil das Feuer nicht überspringt. Der Wind steht günstig, um Funkenflug über eine größere Distanz zu unterbinden. Wie mögen diese Frühmenschen wohl reagiert haben? Eben schien ihnen reiche Nahrung noch sicher, und nun ist das Feuer darüber hinweggegangen. Ist es nicht ganz natürlich anzunehmen, daß sie zurückkehren werden, um zu versuchen, ob sich noch verwertbares Fleisch unter der angesengten oder leicht verkohlten Oberfläche befindet?

Mit ihren Steinmessern schneiden sie die Haut auf. Darunter befindet sich gares Fleisch, und unter diesem nur leicht angebratenes und dann rohes, so wie sie es kennen. Die Leute sind hungrig. Sie holen sich zuerst das ihnen vertraute Fleisch. Doch der Hunger ist damit nicht gestillt. Sie versuchen sich auch am halbgebratenen und stellen fest, daß es zwar merkwürdig, aber nicht übel schmeckt. Jedenfalls schmeckt es ganz anders als verdorbenes Fleisch, vor dem sie sich hüten müssen. Lag der Kadaver einigermaßen günstig, hat das Feuer größere Teile davon angebraten. Vorerst haben die Frühmenschen ihren Hunger gestillt. Sie gehen zum Fluß, um zu trinken. Vielleicht tragen sie auch einen Teil des Fleisches ins nahe gelegene Lager, das sich im Schutze einer Uferbank befindet. Die Feuer kommen nicht dorthin. Das Fleisch, das sie mitnehmen, hält sich gut. Die Frauen und Kinder verzehren es. Bald stellt sich wieder Hunger ein. Erneut kehren die Männer zum Kadaver zurück, um nach noch verwertbaren Resten zu suchen und die Knochen zu holen, in denen das geschätzte Mark steckt. Dabei stellen sie fest, daß sich die vom Feuer erfaßten Teile gut gehalten haben. Sie sind nahezu nicht verändert, während die übrigen, nicht versengten Stellen zu faulen begonnen haben.

Das eine Mal bemerken sie vielleicht den Zusammenhang nicht. Aber ähnliche Ereignisse wiederholen sich. Je mehr die Grasländer unter der zunehmenden Trockenheit ausdörren, desto häufiger entzünden sich die Feuer, und desto öfter muß es dazu kommen, daß Kadaver »gegrillt« oder noch lebende Tiere von den Flammen erfaßt werden und darin umkommen. Jahrhunderte oder Jahrtausende standen zur Verfügung, vom Feuer zu lernen und sich daran einzustellen. Denn für die Frühmenschengruppen ist es auch eine Gefahr, die sie nicht unterschätzen dürfen. Aber es liefert qualitativ verbesserte Nahrung; Fleisch, das besser verdaut werden kann und das sich länger hält. Die meisten Krankheitserreger sind von der Hitze des Feuers vernichtet worden.

Es wird den Frühmenschen gleichfalls nicht entgangen sein, daß ihre Feinde beim Herannahen von Feuer von panischer Angst erfaßt werden. Löwen und Büffel verlieren angesichts des Feuers ihre Überlegenheit, Elefanten versuchen auszuweichen, und was fliehen kann, flieht vor der Feuerfront. Die wenigsten Tiere retten sich dadurch, daß sie sich gegen das Feuer wenden und es dann problemlos und schnell durchqueren.

Auch in uns Menschen steckt eine massive Furcht vor dem Feuer. Erstaunlicherweise mischt sie sich aber mit einer unerklärlichen Faszination. Erdbeben und Wasserfluten sind nur schrecklich. Man käme nicht auf die Idee, mit ihnen »spielen« zu wollen. Dagegen steckt in vielen, wenn nicht den meisten Menschen, ein fast magisches Bedürfnis, sich mit dem Feuer zu beschäftigen, es zu beherrschen. Feuer wurde gefürchtet und vergöttert; Feuer wird bekämpft und gehegt. Mehr als jede andere Naturerscheinung beeinflußte das Feuer das Denken des Menschen. Warum haben kleine Kinder nicht einfach Angst davor und meiden es? Warum müssen sie sich in der Regel erst die Finger verbrennen, um auf die Warnungen der Erwachsenen zu hören? Nur eine grundsätzliche Bereitschaft, sich dem Feuer als Element der Natur zuzuwenden, kann diese ambivalente Haltung des Menschen erklären. Und ein letzter Gesichtspunkt aus unserem heutigen »Verhältnis« zum Feuer sei angefügt: Wenn wir anfangen, mit dem Feuer umzugehen, benutzen wir es nicht in erster Linie als Wärmequelle. Das Kind könnte dann mit dem Herd zufrieden sein, der Wärme verströmt, ähnlich wie mit dem Fernseher, der Bilder vermittelt. Nur in Ausnahmefällen will das Kind zuerst den Fernsehapparat öffnen und hineinschauen. Mag sein, daß dieser Hinweis zu weit hergeholt ist. Aber eine Überspannung des Bogens kann mitunter das Anliegen deutlicher sichtbar machen.

Für die Frühmenschen ging es darum, daß mit fortschreitender Verkürzung der Regenzeiten und Rückgang der Niederschlagsmengen Feuer zum Bestandteil des täglichen Lebens geworden sind. Sie mußten damit zurechtkommen, ob sie wollten oder nicht. Die Überlegung, daß sie dabei entdeckt haben könnten, daß gebratenes Großtierfleisch besser schmeckt und bekömmlicher ist als rohes, ist nicht von der Hand zu weisen. Die Frühmenschen müssen auch gesehen haben, daß die Störche und Reiher in einigem Abstand dem Feuer folgten und Nahrung aufnahmen. Warum sollten sie nicht auch versucht haben, es den großen Vögeln gleichzutun? Gebratene Heuschrecken schmecken gewiß nicht schlechter als rohe.

War diese Erkenntnis erst einmal gereift, daß ein Zusammenhang zwischen Nahrungsqualität und Feuer besteht, so war auch die Basis gelegt für die gezielte Nutzung des Feuers. Glimmende Äste konnten dazu benutzt werden, Fleischstücke zu braten, die von nicht verbrannten Kadavern stammten. Im Gegensatz zur rasch dahineilenden Flammenfront im Grasland blieb das Feuer, das Äste entzündet hatte, eine ganze Zeit beständig. Am Holz kommt es nur langsam voran. Während das eine Ende schon brennt, kann man mit dem anderen durchaus noch hantieren. Wenn man bedenkt, zu welch komplexen und komplizierten Handlungen die Schimpansen schon befähigt sind, so darf man gewiß auch annehmen, daß der Frühmensch die einfache Handhabung brennender Hölzer bald beherrschte. Von hier aus ist es nicht weit bis zur gezielten Nutzung des Feuers zum Braten von Fleisch.

Damit wurde aber erneut die Nahrungsgrundlage des werdenden Menschen erheblich erweitert. Mit Hilfe des Feuers konnte er auch Fleischteile am Großtierkörper verwerten, die ohne Behandlung zu zäh gewesen wären. Die Gefahr von Fleischvergiftungen nahm rapide ab.

Mit der kontrollierten Handhabung des Feuers mußte bald auch klarwerden, daß sich die gefährliche Hitze des Steppenbrandes in eine angenehme Wärme verwandeln läßt, wenn das Feuer eine gewisse Größe nicht überschreitet. Aus dem »Grillfeuer« konnte somit das »Lagerfeuer« werden. Ob es als Wärmequelle tatsächlich notwendig war, läßt sich schwer beurteilen. Denn was uns zur Verfügung steht, um das Lebensbild von Homo erectus zu skizzieren, sind Knochen, aber keine Weichteile. Wir wissen daher nicht, ob er und seine Vorgänger über eine ausreichende Fettschicht im Unterhaut-Fettgewebe verfügten, die während der kühlen Nachtstunden im ostafrikanischen Hochland vor zu großen Wärmeverlusten hinreichend schützte. Die Tatsache, daß die Frau über ein umfangreicher ausgebildetes Unterhaut-Fettgewebe verfügt als der Mann, mag als Indiz dafür gelten, daß der Mann seinen Körper mehr beansprucht und durch Schwitzen kühlen muß als die Frau. Es könnte aber auch nur eine gewisse Reserve für die den Organismus belastenden Schwangerschaften und die Milchproduktion sein.

Ein Warmhalten des Körpers während der nächtlichen Abkühlung war auf jeden Fall notwendig. Lieferte das Feuer zuerst die Wärme? Oder war es die Kleidung? Zu dieser Frage, die auch mit der Art der »Entdeckung« des Feuers und seiner Nutzung durch den werdenden Menschen eng verbunden ist, lassen sich zumindest Anhaltspunkte beibringen. Einer davon kommt aus der Überlegung, daß es im ostafrikanischen Hochland nicht während der Trockenzeiten, in denen Feuer häufig waren und Lagerfeuer leicht herstellbar gewesen wären, am kühlsten wurde, sondern während der Regenzeiten, wenn der Himmel tagsüber von schweren Wolken verhangen war und tropische Regengüsse die Erde tränkten. Nirgendwo gab es trockenes Feuerholz, und Steppenbrände konnten sich nicht entzünden. Die Feuchtigkeit machte die ohnehin schon kühle Luft noch kälter. Hätten die Frühmenschen nachts das wärmende Feuer gebraucht, dann wäre es ihnen sehr schwergefallen, das Feuer zu erhalten und über die Wochen oder Monate der Regenzeit hinüberzuretten. In der kühlen Luft der Trockenzeitnächte wurde es dagegen nicht annähernd so unangenehm. Tagsüber herrschten Hitze und starke Sonneneinstrahlung. Gerade da stand aber das Feuer zur Verfügung. Es erscheint daher wenig überzeugend anzunehmen, daß die Frühmenschen in ihrer ostafrikanischen Heimat auf die Wärme des Feuers angewiesen waren. Die Voraussetzungen waren zumindest während der Regenzeiten zu ungünstig dafür.

Eine andere Möglichkeit hilft über dieses Dilemma hinweg, daß es beim nomadischen Leben schwierig gewesen sein muß, einen einigermaßen warmen Unterschlupf zu finden. Es ist dies die Nutzung von Tierhäuten als Kleidung. Wenn die Frühmenschen an den Kadavern ihre Nahrung holten, mußten sie das Fleisch von der Haut trennen. Bei fast allen Beutetieren befindet sich außen auf der Haut ein mehr oder weniger dichtes Fell. Sobald die abgeschabte Haut trocken ist, entfaltet auch das Fell wieder seine wärmende Eigenschaft. Wenn wir annehmen, daß Tierhäute zum Transport von Babys und Kleinkindern benutzt worden sind, so können wir genausogut annehmen, daß den Frühmenschen die wärmende Eigenschaft der Tierhäute nicht verborgen geblieben ist. Sie konnten die in der Sonne getrockneten Häute mitnehmen und in ihren Lagern benutzen. Nachts konnten sie sich darin einrollen und warmhalten. (Für den in der heutigen Zeit unerklärlichen Drang, sich weiterhin in Tierfelle zu hüllen, erscheint dies eine plausible Erklärung.)

Die Tierhaut hielt auch während der Regenzeiten warm. Sie war sogar wasserdicht und, wenn die Talgschicht nicht zerstört war, auch wasserabweisend. Was den nackt gewordenen Frühmenschen die größten Wärmeprobleme verursachte, war nicht die niedere Temperatur an sich, sondern vielmehr die Nässe auf der Haut, die durch Verdunstungskälte weitere Wärme entzieht, wenn dies nicht nur nicht nötig, sondern dem Wohlbefinden abträglich ist.

Gute Gründe sprechen also dafür, daß die Kleidung unabhängig vom Feuer erfunden wurde und dieses in erster Linie der Behandlung der Nahrung diente, und erst in späterem Zusammenhang zur Quelle von Wärme wurde.

Es verbleibt noch, auf die Panik der Raubtiere zurückzuweisen, wenn sich Feuer nähert. Hatte der Frühmensch erst einmal gelernt, mit dem Feuer umzugehen, besaß er eine außerordentlich wirkungsvolle Waffe, sich der Feinde zu erwehren, die ihn bedrohten. Ein brennendes Holz in der Hand reicht aus, um einen Löwen in Schach zu halten und zu vertreiben. Ein brennendes Lagerfeuer hält bis heute die Raubtiere fern. Ein Ring von Feuern reicht aus, um das Vieh in einfachen Dornumzäunungen vor Raubtieren zu schützen. Und nicht zuletzt mußten die Frühmenschen auch bemerkt haben, daß unter der Hitzewirkung des Feuers Steine zerbarsten und scharfkantige Werkzeuge lieferten. Mit der Beherrschung des Feuers hatte der Mensch also nicht nur eine neue Dimension der Ernährung eröffnet, sondern erstmals Energie in die Hand bekommen – in eine Hand, die schwächlich war und weder scharfe Krallen noch geballte Muskelkraft besaß.

18. Kapitel

Der erste Exodus

Die Benutzung einfacher Werkzeuge aus Stein und die Benutzung des Feuers versetzten unsere eiszeitlichen Ahnen in eine ganz neue Lage. Sie konnten nun ihren Lebensraum erweitern und auch solche Gebiete mit einbeziehen, die nicht so reich an Großtieren waren wie die Grasländer im ostafrikanischen Hochland. Solche Lebensräume dehnten sich fast unübersehbar weit über das südliche Drittel Afrikas und über den Bereich, den wir heute als Sahel-Zone bezeichnen. Auch Teile des Kongo-Beckens waren zu Grasland geworden, weil die Niederschlagsmengen nicht mehr ausreichten, den tropischen Regenwald dort in seiner Geschlossenheit zu erhalten.

Jenseits der Sahel-Zone aber lag wie heute die große Wüste. Die erste große Ausbreitungswelle wurde von ihr abgeblockt. Sie konnte gewiß nicht in breiter Front vorankommen, denn die Sahara bildete mit ihren Fortsetzungen über Arabien nach Asien hinein eine so unwirtliche Welt, daß sie für die Frühmenschen genauso unüberwindlich gewesen sein muß wie das Meer.

Dennoch gibt es Funde aus Ost- und Südostasien, die der Frühmenschenform des Homo erectus zugerechnet werden. Was war der Peking-Mensch, und wie kam er dorthin? Lange hielt man ihn für eine eigenständige Form, die nichts mit Afrika zu tun hatte. Doch mit der Zeit wurde immer klarer, daß sich seine Überreste am besten mit Homo erectus und dessen Eigenschaften in Einklang bringen lassen.

Da es aber die Vorläufer des »aufrechten Menschen«, den Homo habilis und die Australopithecus-Arten, nur in Afrika gibt, muß man daraus folgern, daß Gruppen des Homo erectus während der Eiszeit auch Afrika verlassen haben und quer über Asien bis in den Nordosten dieses größten Kontinents und tief hinab in den Süden gewandert sind. Darüber hinaus gibt es auch Fundstellen mit Überresten dieser Menschenform in Europa und im nordwestlichen Afrika, also jenseits der Wüste. Das Niltal mag damals Leitlinie gewesen sein. Die Ufer waren grün, und an den Rändern der Wüste war die Fortbewegung bequem möglich.

Homo erectus muß etwa gegen Ende des ersten Drittels der Eiszeit vor 800 000 oder 900 000 Jahren aus Afrika herausgekommen sein; ein Unterfangen, das schlicht unvorstellbar ist, wenn die Wüste bewältigt werden mußte. Das hätte nicht nur eine körperliche Leistungsfähigkeit vorausgesetzt, die aufgrund des Körperbaus nicht vorhanden gewesen sein kann, sondern sie hätte auch so gut wie keine Nahrung und größte Schwierigkeiten mit der Wasserversorgung bedeutet. Die Gehirngröße fortschrittlicher Formen des Homo erectus war zwar schon auf 1250 Kubikzentimeter angestiegen, aber die Unüberwindbarkeit eines mehr als 1000 Kilometer breiten Wüstengürtels hätte kein noch so großes Gehirn aus der Welt schaffen können. Überdies befanden sich, den Funden nach zu schließen, die fortschrittlichen Frühmenschenformen damals in Europa und Asien, aber nicht in Afrika.

Was hätte Gruppen von Homo habilis auch veranlassen können, die Durchquerung der Wüste zu versuchen? Sie konnten nicht wissen, was sich jenseits des Sandmeeres befindet. Die Horizonte von Europa und Asien lagen viel zu weit entfernt. Es wiesen auch keine Tierherden den Weg durch die Wüste. Die Wanderungen endeten dort, wo die Niederschläge auch für dürftigen Graswuchs zu spärlich geworden sind. Nicht einmal dem Flug der Geier hätten sie Hinweise auf ferne Ländereien mit möglicherweise günstigen Lebensbedingungen entnehmen können.

Somit kann es nur eine Erklärung dafür geben, daß Homo erectus vor 800 000 oder 900 000 Jahren aus Afrika herausgekommen ist: Es gab damals keine zusammenhängende Wüste. Wir brauchen den Zug entlang des schmalen Niltales über mehrere tausend Kilometer, der am Meer geendet hätte, nicht als Ausweichlösung heranzuziehen.

Blenden wir zurück zu den Pferden, die aus Nordamerika gekommen waren und in Afrika einwanderten. Sie wären gewiß nicht durch die Wüste gezogen. Wenn Sand und ein Meer von Steinen vor ihnen gelegen hätten, hätte ihre Wanderung, ihre Ausbreitung vor Afrika ihr Ende gefunden. Den Weg hinunter ins tropische Afrika hätten sie nie nehmen können, weil es ihn nicht gegeben hätte. Für die Pferde sah das Problem doch ganz genauso aus wie für den Frühmenschen. Nur wenn ertragreiche Steppen und Savannen den Weg begleiteten, konnte er begangen werden. Das Niltal wäre hierfür zu isoliert. Es »endet« flußaufwärts im völlig unwegsamen Sumpfgebiet des Sudd.

Die Lösung ergibt sich, wie an anderer Stelle schon angedeutet, aus dem Verlauf des Eiszeitklimas. Es handelte sich bei der Eiszeit nicht etwa um ein einheitliches Kälteklima, das sich mehr als eineinhalb Jahrmillionen unverändert gehalten hätte, sondern um eine Serie von Kalt- und Warmzeiten, die einander abwechselten. Nach dem ersten großen Höhepunkt der Vereisung, der die trockenen Grasländer in Afrika anwachsen und in Eurasien weitflächige Tundren hatte entstehen lassen, kam eine Warmzeit. Die tropischen Teile der Ozeane stauten immer mehr Wärme auf, weil die klare Luft, die viel seltener als während der regenreichen Warmzeiten (Pluvial) mit Wolken verhangen war, die Sonneneinstrahlung verstärkt zur Meeresoberfläche durchtreten ließ. Am Stand der Sonne und an der Intensität ihrer Strahlung hatte sich ja nichts verändert. Also brannte die Wärmestrahlung unvermindert und wenig abgeschwächt auf die Tropenzone. Ein Wärmeüberschuß baute sich auf.

Allmählich gewann der Golfstrom wieder an Kraft. Seine Ausläufer, die nur noch die Küsten Spaniens erreicht hatten, griffen wieder weiter nach Norden und trafen auf die Eismassen. Die warme Luft, die sie über dem Wasser mit sich führten, brachte auch das angrenzende Inlandeis zum Schmelzen. Verstärkte Niederschlagstätigkeit setzte in den höheren Breiten ein und ließ stellenweise die Gletscher sogar noch etwas anwachsen, doch ihr Niedergang war bereits eingeleitet. Das Eismeer wurde von unten her aufgebrochen. Immer rascher schmolzen die Eismassen. Der Wasserspiegel im Weltmeer begann wieder zu steigen. Dramatische Zyklone müssen sich über Europa hinweggewälzt haben, und sie entließen Stürme kaum vorstellbarer Heftigkeit, weil das Aufeinanderprallen der kalten und warmen Luftmassen Ausmaße angenommen hatte wie nie zuvor.

Die viel ausgeglichenere Schichtung der Luftmassen während des Höhepunktes der Eiszeit war zerstört. Die Frontensysteme, die wir als Island- und Nordmeertiefs kennen, bauten sich wieder auf. Infolgedessen nahm auch die Stärke der Passate wieder zu. Sie verstärkten den Druck auf den Golfstrom und setzten das innertropische Wettergeschehen ungleich kräftiger in Aktion als zuvor. Die Regenhäufigkeiten und die Niederschlagsmengen stiegen im Tropengürtel stark an. Warmzeit in den gemäßigten und polaren Bereichen bedeutet in den Tropen »Regenzeit«.

Dadurch breiteten sich die Wälder wieder aus, aber nicht so sehr auf Kosten der Savannen und Steppen, weil diese durch die verstärkte Niederschlagstätigkeit ihrerseits Raum gewannen: in den Wüsten. Die Sahara ergrünte in weiten Bereichen. Sie verschwand zwar nicht ganz, aber doch weitgehend. Nährstoffreich, wie der Sand dieser Wüste ist, ermöglichten die nun regelmäßigen Niederschläge ein beachtliches Pflanzenwachstum. Die künstliche Bewässerung von warmen Wüstengebieten zeigt, welches Potential in ihnen steckt. Es ist der Wassermangel, der viele Wüstengebiete kennzeichnet, und nicht etwa der Mangel an Nährsalzen. Diese können sogar so reichlich vorhanden sein, daß sie zum Problem werden, wenn die künstliche Bewässerung nicht ausreicht, den Überschuß an Salzen aus dem Wurzelbereich der Nutzpflanzen auszuwaschen. Dann versalzen die bewässerten Böden schnell.

Niederschlagsmengen, wie sie gegenwärtig in günstigen Jahren über der Sahel-Zone fallen, reichen bereits aus, ein reichhaltigeres Pflanzenwachstum zu produzieren, das Großtiere nutzen können. Die Fähigkeit, über große Distanzen wandern zu können, schützt sie davor, einen spärlichen Graswuchs zu stark zu nutzen und die Produktivität zu beeinträchtigen. Die Gruppen und Herden der Antilopen und Gazellen oder der einwandernden Pferde mußten nicht in kleinen Gebieten verweilen, um dort ganzjährig ihr Auskommen zu finden, sondern sie konnten sich der Verteilung der Niederschläge und ihrem jahreszeitlichen Wechsel anpassen. So auch der Mensch, der den Herden folgte.

Daß er auf diesem Wege immer weiter aus der Tropenzone kam, verstärkte die Notwendigkeit, den kalten Nächten widerstehen zu können. Mit Tierfellen und Feuer ist das kein Problem, doch das Feuer wird wohl nur, wie gesagt, in Ausnahmefällen Wärme geliefert haben. Die Grasländer im Wüstenbereich haben zu wenig Baumwuchs, von dem dürre Äste zum Schüren des Feuers kommen können. Das Sammeln von Brennholz müßte damals wie heute in diesen Gebieten ein sehr aufwendiges und schwieriges Unterfangen gewesen sein. In den gewitterarmen Grasländern des heutigen Wüstengürtels gab es auch zu selten Blitzschläge. Man muß daher wohl annehmen, daß die Nutzung von Feuer keine Voraussetzung für den Weg aus Afrika gewesen ist.

Dafür war es um so wichtiger, als Homo erectus die Eisrandgebiete erreichte. In Europa herrschten mit Ausnahme der Mittelmeerregion Kältesteppen und Tundra. Die Funde von Skelettresten, die Homo erectus zugerechnet werden, sind zwar spärlich und nicht annähernd so weit verbreitet wie solche vom späteren Neandertaler, aber doch weit genug von der Tropenzone entfernt, um die Frage nach der notwendigen Wärme zum Überstehen des Winters in den Vordergrund zu rükken. War das Eiszeitland schon während der Sommermonate nicht warm, so ergaben sich erst recht unwirtliche Verhältnisse während der Wintermonate. Dieser Punkt verdient es, näher betrachtet zu werden, weil er die andere Grundfrage berührt, was denn die Menschen der damaligen Zeit veranlaßt haben konnte, die Wärme ihrer Tropenheimat gegen die Kälte des eiszeitlichen Europas einzutauschen.

Daß ihnen die Zwischeneiszeiten den Weg geöffnet hatten, die Wüste zu überwinden, bliebe bedeutungslos, wenn sie jenseits der Sahara keine geeigneten Lebensbedingungen gefunden hätten. Eigentlich müßten diese Bedingungen sogar besser gewesen sein als im afrikanischen Ursprungsgebiet, weil sonst anzunehmen wäre, daß die nordwärts vorstoßenden Gruppen mit der erneuten Ausbreitung der Vereisung wieder südwärts zurück nach Afrika gezogen wären. Die Ausbreitung über den Tropengürtel hinaus wäre dann nicht mehr als eine zwischeneiszeitliche Episode gewesen. Als solche bliebe sie ohne Bedeutung für die weitere Entwicklung bis zum modernen Homo sapiens.

19. Kapitel
Eiszeitleben

Das Leben in der Eiszeit war hart. Rauhes Klima herrschte in weiten Teilen Europas. Der Norden war von einem dicken Eispanzer bedeckt, dessen Ränder in die heutige Norddeutsche Tiefebene hineinragten. Über den Hochgebirgen Eurasiens lasteten schwere Eispanzer, die ihre Gletscher zungenförmig ins Vorland hinausschoben. Sie schürften Täler aus und formten Becken, die sich nach Abschmelzen des Eises mit Wasser füllten und zu Seen geworden sind. So gut wie alle europäischen Seen stammen aus der Eiszeit. Entstanden sind sie damit erst, als vor gut 10 000 Jahren die letzte Eiszeit zu Ende ging. Verglichen mit den Flüssen sind die Seen also ganz junge Bildungen.

Aber auch die Flüsse wurden durch die eiszeitlichen Bedingungen stark verändert. Sie mußten ihren Lauf verlagern, je nachdem, ob sich Gletscher in den Weg stellten oder nicht. Während der Höhepunkte der Vereisungen, die Jahrtausende andauerten, wurden die meisten europäischen Flüsse zu Rinnsalen. Ihre Wasserführung muß sehr stark zurückgegangen sein, weil es erstens kaum Regen gab, zweitens weil nur geringe Mengen des Gletschereises während des Sommers schmolzen und drittens weil das nicht vergletscherte Land einen Dauerfrostboden hatte, der metertief in den Boden hinabreichte. Das Grundwasser floß daher nicht mehr, und grundwassergespeiste Quellen mußten versiegen. Wegen des Dauerfrostbodens (Permafrost) strömte auch wenig Wasser aus den Gletschern; viel weniger als in der Gegenwart. Im Winter gab es nur eine dünne Schneedecke oder überhaupt keinen Schnee, weil die von der Kaltluft gebildeten Hochdruckgebiete keine Fronten mit Niederschlag übers Land ziehen ließen. Eine Frühjahrs-Schneeschmelze in unserem heutigen Sinne kann es deswegen kaum gegeben haben.

Die Wetterlage zeichnete sich durch eine hohe Stabilität aus. Im Sommer herrschte anhaltend mildes Schönwetter mit leichtem bis mäßigem Wind, im Winter blieb es durchgängig frostig. Jedoch dürften die Temperaturen normalerweise nicht so arg tief abgesunken sein, wie das in unserer Zeit mitunter der Fall sein kann, weil die Strömungsverhältnisse in der Atmosphäre keine ausgeprägten Nord-Süd-Verschiebungen zuließen. Die Temperaturen richteten sich ungefähr nach den Breitenkreisen. Starkes Gefälle trat kaum auf, so daß die nächtliche Ausstrahlung zwar Frost verursachte, aber keine hocharktischen Temperaturen. Am ehesten dürften sich die eiszeitlichen Winter mit sonnigen Wintertagen bei ruhiger Luft in den Alpen vergleichen lassen. Frühling und Herbst zogen langsam ins Land. Die Temperaturen stiegen oder sanken allmählich mit dem Höhersteigen oder Absinken der Sonne. Weil es im teilweise vereisten Nordatlantik keine starken Temperaturgegensätze gab – der Golfstrom lag mit seinem Warmwasser viel weiter südlich im Seegebiet der Azoren –, konnten sich auch keine niederschlagsträchtigen Fronten ausbilden, die im Sommer starke Regen und im Winter schwere Schneestürme gebracht hätten. Kurz, das eiszeitliche Klima war viel ruhiger und ausgeglichener als unser heutiges. Die mittlere Temperatur lag zwar um vielleicht 4 bis 6 Grad niedriger als in der Gegenwart, aber das muß bekanntlich keine unangenehme Witterung bedeuten.

Frühsommertage mit etwa 20 Grad und Sonne empfinden wir viel angenehmer als heißes Wetter mit mehr als 30 Grad. Entsprechende Tage im Herbst nennen wir »golden«. Sie lassen sich gut vergleichen mit den sommerlichen Witterungsverhältnissen zur Eiszeit in Mitteleuropa. Ähnlich sieht es mit dem Winterwetter aus. Gibt es eine ruhige Hochdruckwetterlage mit leichtem Frost und viel Sonne, dann merken wir die Kälte kaum.

Im mitteleuropäischen Tiefland stellen sich solche Wetterverhältnisse selten ein. Doch es gibt einige Gebiete, in denen wir das ruhige, sonnige Winterwetter regelmäßig antreffen, und uns sogar mitten im Winter sonnen können. Das sind die Hochlagen im Gebirge. Nicht erst der neuzeitliche Wintersport hat die Menschen in die winterliche Bergwelt gezogen. Man muß auch nicht unbedingt Ski fahren, um den Winter im Hochgebirge genießen zu können. Wir empfinden einfach das sonnige Frostwetter uns zuträglich, während wir das naßkalte des Tieflandes verabscheuen. Dieses Wetter, und nicht der Frost im Gebirge, bringt uns die Erkältungskrankheiten mit ihren unangenehmen Begleiterscheinungen. Es legt den Grund für die Anfälligkeit. Wochenlang wolkenverhangenes Winterwetter ohne Sonnenschein mit ein paar Grad über Null läßt sich ungleich schwerer ertragen als eine klare Frostperiode gleicher Dauer. Die feuchte Kälte kriecht durch die Kleidung und läßt uns schaudern, die trockene nicht. Die Temperatur macht den Unterschied nicht aus. Was fehlt, ist die Sonne; ihre direkte Einstrahlung auf den Körper.

Man muß sich fragen, warum wir die Witterung so empfinden? Weshalb spielt sie überhaupt eine so große Rolle in unserem täglichen Leben, daß stündlich Wetterberichte im Rundfunk gebracht werden und ein paarmal am Abend die Wetterkarte im Fernsehen? Es sollte uns doch weitgehend gleichgültig sein, wie das Wetter wird. Ändern können wir ohnehin nichts an seinem Verlauf. Und einstellen kann man sich auf den üblichen raschen Wetterwechsel auch nicht so recht. Im mitteleuropäischen Bereich dauern die einzelnen Witterungsphasen im Durchschnitt nur etwa drei Tage. Ein solch schneller Wechsel erlaubt es nicht, daß sich der Körper auf die eine oder die andere Wetterphase wirklich einstellt.

Seit die wirtschaftliche Entwicklung dies zuläßt, reagieren die Europäer und Nordamerikaner mit einer Völkerwanderung ohnegleichen alljährlich darauf. Im Sommer fahren sie in die Regionen mit beständigem schönem Wetter, im Winter ins Gebirge oder machen teure Fernreisen, wiederum »der Sonne entgegen«.

Wenn wir solche Präferenzen haben, dann ist die Frage berechtigt, ob denn das Eiszeitklima wirklich so schlecht war, wie allgemein angenommen. Nehmen wir unser gegenwärtiges Verhalten zum Maßstab, dann ohne jeden Zweifel nicht. Genau das Gegenteil scheint der Fall gewesen zu sein. Das Eiszeitklima kam unseren Vorstellungen von gutem Wetter ungleich näher als unser gegenwärtiges in Mitteleuropa. Hierbei dürfen wir ruhig die mitteleuropäischen Verhältnisse als Maßstab benutzen, weil sich hier die großen Veränderungen in der Gattung Mensch außerhalb von Afrika vollzogen hatten, als die Eiszeit herrschte, und außerdem sind die heutigen Verhältnisse insofern geeigneter, weil wir erstmals in der Geschichte der Menschheit hier in der Lage sind, ihnen in beträchtlichem Umfang wenigstens für die »kostbarsten Wochen des Jahres« auszuweichen. Früher war ein Ausweichen weitgehend unmöglich.

Was für uns heute zutreffen mag, braucht aber noch lange nicht vor Hunderttausenden von Jahren für die damaligen Menschen von Bedeutung gewesen zu sein. Vorsicht ist geboten, wenn es um solche Rückschlüsse geht. Auf Dauer möchten die meisten Urlauber ja auch wieder nicht unter Palmen leben oder sich an den Stränden des Mittelmeeres in der Sonne aalen. Die Kargheit des Lebens im Hochgebirge überspielt man mit Geld, Fahrzeugen, Seilbahnen und eben dem Kurzzeit-Aufenthalt, den man sich so günstig wie möglich einzuteilen sucht. Beständig solchen Lebensbedingungen ausgesetzt zu sein bedeutet mehr als der Tausch für ein paar Wochen.

Solche Einwände sind sicher berechtigt, aber gleichwohl nicht überzeugend. Sie stellen das Grundsätzliche nicht in Frage. Tatsache ist, daß wir uns wohler fühlen, wenn ruhiges, beständiges Wetter herrscht, das hinsichtlich der Temperaturen unseren Ansprüchen nahe kommt. Tatsache ist auch, daß dieses »Sich-Wohlfühlen« keine Einbildung, sondern eine ganz natürliche Reaktion unseres Körpers ist, die mit der Wärmebilanz zusammenhängt. Die Erzeugung von Wärme im Körper erfordert eine gewisse Zeit. Wir müssen uns »aufwärmen«, wenn wir etwas Anstrengenderes leisten wollen. Nachher brauchen wir eine gewisse Zeit, um uns »abzukühlen«. Befindet sich unser Körper in Ruhe, läuft der innere Stoffwechsel auf niedrigen Touren. Die damit verbundene Leistung wird als Grundumsatz bezeichnet, wenn ohne körperliche Arbeit genausoviel Wärme erzeugt wird, wie verlorengeht. Bei unserer Körpergröße bedeutet das, daß wir in Ruhe eine Vorzugstemperatur von etwas mehr als 30 Grad wählen. Zu den knapp 37 Grad unserer Körpertemperatur entsteht dabei ein ausreichender Temperaturunterschied für die Abfuhr von Wärme. Wird der Körper aber beansprucht, also wenn er Arbeit zu leisten hat, steigt die Wärmeproduktion, und entsprechend mehr muß nach außen abgegeben werden. Bei 20 bis 25 Grad ist es für anhaltendes Wandern, leichten Lauf oder weniger anstrengende Arbeiten gerade richtig. Schwerstarbeit wie Holzfällen hingegen würde bei höheren Temperaturen zu schnell zur Ermüdung führen. Im Winter geht das viel besser als im Sommer.

Solche Überlegungen lenken nicht vom Thema ab. Sie führen weiter darauf zu. Bestätigen sie doch, daß allein der Betrieb unseres Körpers so ausgeprägte Abhängigkeiten von der Umgebungstemperatur zeigt, daß man das Urlaubsverhalten nicht einfach als ein Extrem abtun kann, das mit den normalen Ansprüchen des Menschen kaum einen Zusammenhang ergibt. Im Gegenteil: Es fügt sich nahtlos in die umfangreiche Reihe physiologischer Befunde. Dazu gehört auch, wie wir sehen werden, der Hang, sich die Haut in der Sonne bräunen zu lassen.

Zurück zur Eiszeit. Daß das Klima während der eigentlichen Eiszeit-Phasen den Ansprüchen des Menschen zuträglicher gewesen sein muß als unser heutiges, dürfte nun gut genug begründet sein. Aber genauso zutreffend ist der Einwand, daß die meisten Menschen, die ähnliches Klima während ihres Urlaubes aufsuchen, dennoch nicht auf Dauer dort leben wollen. Warum ist das so?

Für die heutigen Verhältnisse sind die Zusammenhänge klar. Die unserer Erholung dienlichen Umweltverhältnisse bedeuten für die dort lebende Bevölkerung ein hartes Leben. Erst die von außen kommenden Mittel, die der Tourismus bringt, verbesserten die Lage für die »Einheimischen« und machten ihr Leben erträglicher, wenigstens in materieller Hinsicht. Denn da, wo die Sommer anhaltend heiß und trocken sind, wächst wenig. Das karge Land gibt kaum Erträge. Für Vieh ist gleichfalls zu wenig geboten. Oft sind es nur die Ziegen, die mit dem spärlichen Grün zurechtkommen und das Pflanzenkleid weiter schädigen.

Bei den Wintersport- und -erholungsgebieten sieht es nicht viel anders aus. Die kurzen Bergsommer ermöglichen wenig Wachstum. Von der Bergweide leben zu müssen ist schwer. Längst hätten die meisten Almbauern unserer Zeit aufgegeben, wenn es die staatlichen Unterstützungen und das Geschäft mit dem Tourismus nicht gäbe. Im Prinzip gilt das auch für die warmen Strände. Fischreich und produktiv sind nur die kalten, oftmals von Tangmassen erfüllten Küsten, die den Touristen wenig attraktiv erscheinen. Die »schönen« Strände sind Wüsten im Vergleich dazu.

Dennoch ist der Rückschluß auf die eiszeitlichen Verhältnisse vollauf berechtigt. In der Gegenwart sind nämlich die »Schönwettergebiete« unserer Vorstellungswelt und unserer Erwartungshorizonte geographisch weit getrennt von den anderen, den produktiven Zonen. Das war während der Eiszeit nicht so. Günstige Witterung und gute Produktionsverhältnisse deckten sich. Das muß näher begründet werden, um glaubhaft zu sein.

Für eine schlüssige Begründung benötigen wir drei Gruppen von Fakten, die sich aus der heutigen Verteilung von Lebensräumen und Lebensbedingungen ableiten, die in Kombination den eiszeitlichen entsprochen hatten. Die erste Gruppe bilden die Faktoren der Witterung. Hierzu wurde bereits festgestellt, daß das eiszeitliche Klima ausgeglichener und weitaus weniger wechselhaft im Witterungsablauf gewesen ist. Die zweite Gruppe bilden die Verhältnisse der geographischen Breitenlage und des Sonnenstandes. Diese Verhältnisse sind unverändert geblieben. Der Sonnenstand veränderte sich während des Eiszeitalters im Jahreslauf in gleicher Weise wie nacheiszeitlich. Die dritte Gruppe bilden die Lebensräume vor Ort. Sie haben sich außerordentlich stark verändert. Wo heute Agrarland vorherrscht und noch bis in historische Zeit Wälder wuchsen, befanden sich während der Eiszeiten Tundren, wie wir sie in ganz ähnlicher Weise vom hohen Norden kennen. Die vielen erhalten gebliebenen Pflanzen beziehungsweise ihre Pollen belegen völlig zweifelsfrei, daß zwischen den Eisschilden Nordeuropas und der Alpen während der Vereisungen Tundraverhältnisse herrschten.

Wir müssen nun diese drei Faktorenbündel überlagern, um die eiszeitlichen Verhältnisse rekonstruieren zu können. Konstant bleibt dabei jener Teil, der mit der geographischen Breitenlage zusammenhängt. Merkwürdigerweise ist dieser Teil am wenigsten beachtet worden. Daraus ergaben sich die schwerwiegendsten Mißverständnisse der eiszeitlichen Umweltbedingungen.

Wenn wir die Tundra, so wie wir sie von heute kennen, nach Mitteleuropa verlagern, heißt das eben nicht, daß hier auch die klimatischen Tundraverhältnisse herrschten. Das kann allein deswegen nicht zutreffen, weil im Sommer die Sonne viel höher steigt. Es gibt in der eiszeitlichen Tundra Mitteleuropas weder die Dunkelheit der Polarnacht noch die Dauerhelligkeit der Sonnwendzeit. Tages- und Nachtlängen haben sich im Vergleich zu heute nicht geändert. Folglich blieb auch die eingestrahlte Wärmemenge nicht hinter der heutigen zurück. Es änderten sich nur die Rückstrahlungsverhältnisse und der Wärmetransport über Warmluftvorstöße beziehungsweise Kaltlufteinbrüche, die das heutige Wettergeschehen kennzeichnen.

Was bedeutet das für die eiszeitlichen Tundren als Lebensraum? Die Überlagerung von eiszeitlich ausgeglichenem, ruhigem Wetter über einer vom Dauerfrostboden geprägten Tundralandschaft unter mitteleuropäischen Breiten mußte gänzlich abweichende Verhältnisse von heute zur Folge haben. Versuchen wir, den Jahresgang zu rekonstruieren.

Ein mäßig kalter, trockener Winter geht zu Ende. Die Märzsonne hat die Tag- und Nachtgleiche erreicht. Die geringe Decke aus Pulverschnee hat der leichte, aber ziemlich beständige Wind in Senken zusammengeweht. Ein Großteil des Schnees ist in der Wintersonne verdunstet. Die Moose, Rentierflechten und Zwergsträucher liegen frei. Der Frost hatte ihnen nichts anhaben können, weil sie ihre Zellsäfte so stark eindicken, daß sie wie Frostschutzmittel wirken. Manche Pflanzen haben glyzerinähnliche Stoffe eingelagert, die tatsächlich Frostschutzmittel darstellen. Nun aber, im letzten Märzdrittel, beginnt der Boden aufzutauen. Tagsüber wird es wärmer, und nachts gibt es kaum mehr Frost. Immer weiter schreitet der Tauvorgang in den Boden hinein fort. In kalten Nächten schützt eine dünne Eisschicht an der Oberfläche davor, daß der Frost wieder tiefer eindringt. Die Sonne strahlt bereits mehr Wärme ein, als über die nächtliche Abkühlung wieder verlorengeht. Also schreitet das Tauen voran. Anfang Mai hat es gut einen halben

Meter Tiefe erreicht. An sonnenseitigen Hängen hat sich der gefrorene Boden noch tiefer erwärmt. Das geht so weiter, bis mit Überschreiten des Sonnenhöchststandes und Eintritt des Sommers die Strahlungsbilanz allmählich wieder rückläufig wird. Im Prinzip der gleiche Vorgang spielt sich auch in der arktischen Tundra ab. Nur reicht das Auftauen bei weitem nicht so tief, weil die Sonne zu niedrig steht. Je weiter im Norden sich die Tundra befindet, um so kürzer wird infolgedessen die Vegetationsperiode. Im eiszeitlichen Mitteleuropa muß sie praktisch gleich lang wie gegenwärtig geblieben sein.

Das bedeutet, daß der aufgetaute Boden in Mitteleuropa ein gleichermaßen andauerndes Pflanzenwachstum ermöglichte wie in der Gegenwart. Die einzige Einschränkung ergab sich aus dem Dauerfrostboden, der in der Tiefe erhalten blieb. Er verwehrte tiefwurzelnden Pflanzen das weitere Vordringen. Nur Zwergsträucher, Gräser und Kräuter sowie die genügsamen, an der Oberfläche ohne Wurzeln wachsenden Flechten konnten im Permafrostboden wachsen. Nur an den Flußufern gelang es Weiden und Birken, zu Bäumen aufzuwachsen, weil das beständig fließende Wasser das Eindringen des Dauerfrostbodens behinderte. In günstigen Hanglagen, vor allem an solchen, die nach Süden ausgerichtet waren, mag sich ein niedriger Baumbewuchs entwickelt haben. Übers Land hinweg aber herrschte die Tundra.

Wo steckt nun das Besondere? Warum soll sich die eiszeitliche Tundra so ganz anders darstellen als die heutige? Der wesentliche Unterschied liegt in der Tatsache, daß das Pflanzenwachstum unter günstigen Licht- und Temperaturbedingungen vonstatten gehen konnte. Wir sind davon ausgegangen, daß es im Sommer warm, aber nicht heiß wurde und daß nur geringe Bewölkung herrschte. Die Sonneneinstrahlung war demnach hoch. Die Pflanzen konnten gut wachsen; sehr gut sogar. Denn sie befanden sich in einer Art natürlicher Hydrokultur. Durch den darunterliegenden Permafrost konnte nämlich kein Grundwasserabfluß zustande kommen. Alle Nährstoffe, die sich im Boden befanden, blieben erhalten. Sie wurden nicht ins Grundwasser oder in tiefere Bodenschichten ausgewaschen. Auch die von den Pflanzen aufgenommenen blieben der Tundra erhalten, weil sie mit dem sich zersetzenden Pflanzenmaterial wieder frei wurden. Frische Nährstoffe kamen hinzu. Der Wind wehte sie in die Tundra von den Eisrandgebieten her, wo die Gletscher das Gestein abhobelten und in feinste Abriebteilchen zerschliffen. Kühle Winde fegten von den Gletschern über die Tundra. Sie brauchten keine Sturmstärken zu erreichen, um den feinen Abrieb, den Löß zu transportieren, weil sich kein Baumwuchs als Bremse in den

Weg stellte. Über weite Strecken driftete der Löß im Sommer übers Land wie der feine Pulverschnee im Winter. An den Leeseiten der Hügel sammelte er sich und bildete nach und nach die fruchtbarsten Böden, die es weltweit gibt. Hunderte von Metern mächtig sind die Lößschichten im ostasiatischen Randbereich der Gletscher, vor allem in den Lößprovinzen Chinas bildet diese eiszeitliche Erde die Grundlage für eine seit Jahrtausenden genutzte Bodenfruchtbarkeit. Darauf soll später nochmals zurückgegriffen werden, um sichtbar zu machen, wie die Eiszeit die heutige Verteilung der Menschheit beeinflußt hat.

Die »Hydrokultur« der aufgetauten Tundra erhielt also beständigen Nährstoffnachschub, so daß ihre Fruchtbarkeit nicht nur nicht abnahm, sondern im Laufe der Eiszeiten zugenommen hat. Beste Nährstoffversorgung, kein Wassermangel und günstige Einstrahlungsverhältnisse kennzeichnen also die eiszeitliche Tundra.

Es ist schwer, sich günstigere Produktionsverhältnisse vorzustellen. In den Tropen, in denen eine noch höhere Einstrahlungsenergie zur Verfügung steht, herrschen entweder Wassermangel, weil das Bodenwasser zu schnell verdunstet und die Niederschläge zu wenig nachliefern, oder Wasserüberschuß in den feuchten inneren Tropen, dessen Folge anhaltende Nährstoffverluste durch Auswaschung sind. Keine Eisschicht im Boden hindert die Nährstoffe, mit dem durchsickernden Wasser davonzufließen, in die Flüsse zu gelangen und letztendlich dem Meere zugetragen zu werden. In den Wüsten gäbe es genügend Nährstoffe, aber es fehlt das Wasser, und in den heutigen gemäßigten Breiten, die verglichen mit den feuchten und den trockenen Tropen und Subtropen immer noch erheblich besser abschneiden, wechseln die Wetterlagen zu häufig. Temperaturverhältnisse und Niederschläge sind zu unsicher. Häufig genug zerstört verspäteter Frost das junge Grün oder läßt eine anhaltende Sommerhitze die Früchte vertrocknen. In der eiszeitlichen Tundra war das alles viel besser. Sie war nicht den heftigen Schwankungen im Witterungsverlauf ausgesetzt, hatte Nährstoffe in Hülle und Fülle sowie stets ausreichend Wasser.

Sind das nun Wunschbilder aus Träumereien von Bauern, die von der Unzuverlässigkeit der Witterung geplagt werden oder einfach nur übertriebene Vorstellungen, die einer besseren Eiszeit das Wort reden sollen? Wenn solcherart »paradiesische« Verhältnisse beschrieben werden, liegt der Verdacht nahe, daß es sich um Übertreibungen handeln muß.

Natürlich stellt das Bild der eiszeitlichen Verhältnisse eine Vereinfachung dar, die den unterschiedlichen örtlichen und zeitlichen Verhältnissen nicht gerecht werden kann. Das soll sie auch gar nicht. Sie sollte vielmehr das Prinzip verdeutlichen, daß während der Eiszeit aller Wahrscheinlichkeit nach bessere Bedingungen als in der Gegenwart herrschten.

Dafür gibt es nicht nur einen, sondern viele Beweise. Sie sind erbracht worden in Form der Funde eiszeitlichen Großtierlebens in der mitteleuropäischen, südwestasiatischen und nordostasiatischen Tundra. Aus Abertausenden von Knochen eiszeitlicher Tiere geht völlig zweifelsfrei hervor, daß damals in der Tat ungleich bessere Lebensbedingungen als heute geherrscht haben müssen. Wie sonst wäre es vorstellbar, daß nicht nur Herden uns geläufiger Tiere wie Rentiere, Wildpferde, Moschusochsen und Hirsche über die Tundra gezogen sind, sondern auch Mammuts, welche die heutigen Elefanten an Größe übertrafen, Wollhaarnashörner, Löwen, Säbelzahnkatzen mit einem Gebiß, das noch viel kräftiger als das der Löwen war, riesenhafte Hyänen und Bären, um nur die markantesten unter den Großtieren zu nennen. Die eiszeitliche Tundra stand den Steppen und Savannen Ostafrikas an Großtierreichtum gewiß nicht nach. Aller Wahrscheinlichkeit nach übertraf sie sogar die tierreichsten Gebiete Afrikas.

Wären die eiszeitlichen Lebensbedingungen so unwirtlich gewesen, wie man sich das gewöhnlich vorstellt, hätten diese Tiere dort nicht leben können. Ihre schiere Größe und ihre enorme Häufigkeit bedeuten, daß eine entsprechende Nahrungsgrundlage vorhanden gewesen sein muß. Hätten sich die Mammuts von ähnlich minderwertiger Nahrung ernähren müssen wie die mit ihnen verwandten Elefanten in Süd- und Südostasien oder in Afrika, dann wären sie im Winter erfroren. Nur bessere Nahrung konnte beides ermöglichen: die Größe und die Fähigkeit, den eiszeitlichen Winter durchzustehen.

So reichhaltig, wie das Spektrum der Großsäuger war, die sich in der eiszeitlichen Tundra von der niederen Vegetation ernährten, so vielfältig zeigte sich auch das Artenspektrum der Raubtiere. Sie waren damals fast durchwegs größer und kräftiger als ihre heute lebenden Verwandten oder Nachfahren. Wolf und Vielfraß waren darunter die einzigen der Großen, die bis in die Gegenwart überlebten. Löwen und Säbelzahnkatzen und auch die Hyänen sind verschwunden. Die Veränderung der sogenannten Megafauna am Ende der Eiszeit wird noch einen der letzten Bausteine für unser Bild der Menschwerdung liefern. Vorerst muß das Aussterben noch zurückgestellt werden. Noch fehlen wichtige Details zum Leben in der eiszeitlichen Tundra.

Eines davon ist der Unterschied im Zustand der körperlichen Kondition der Großtiere im Vergleich zu Afrika; ein anderes der Riesenwuchs an sich, der besonders beim Geweih des Riesenhirsches exzessive Dimensionen erreicht zu haben scheint. Beide Prozesse stehen in ursächlichem Zusammenhang zueinander. Sie sollen aber getrennt behandelt werden, weil sie durchaus auch unterschiedliche Bedeutung für den Menschen jener Zeit hatten.

Zunächst zur »Kondition«. Wie stand es damit bei den ostafrikanischen Großtieren, insbesondere bei den Weidegängern, die die Hauptnahrungsgrundlage für die Frühmenschen bildeten? Es ist ein allgemeines Kennzeichen tropischer Großtiere, daß sie nur sehr wenig Fett ansetzen. Fett isoliert sehr gut. Es kann daher schnell einen Hitzestau im Körper bewirken. Wenn Fettvorräte nötig sind, dann werden sie zumeist nicht über die ganze Körperoberfläche verteilt angelegt, sondern in bestimmten »Fettdepots«. Ein solches Depot findet sich beispielsweise bei den Fettsteißschafen am Schwanz. Das Fleisch der ostafrikanischen Weidetiere, ob der wildlebenden oder heute der vom Menschen gehaltenen Rinder, das spielt dabei keine Rolle, ist sehr mager. Sein Fettgehalt liegt weit niedriger als bei vergleichbaren Arten aus kühlen oder kalten Klimazonen.

Ganz anders sah es bei den eiszeitlichen Weidetieren der Tundra aus. Sie setzten umfangreiche Speckschichten an, mit deren Hilfe sie Winterkälte und Nahrungsengpässe überwinden konnten. Diese Tiere entwickeln auch in guter Abstimmung auf die Verhältnisse im Lebensraum ein mehr oder weniger dichtes, wärmendes Fell.

Nun zum zweiten Merkmal, zur Ausbildung großer Geweihe oder Gehörne. Die Hirsche sind ein gutes Beispiel hierfür. Man hält ihr Geweih für eine Waffe im Kampf der Rivalen untereinander. Als solche werden die Geweihe auch benutzt. Doch nur selten dient das Geweih zur Abwehr von Feinden. Ob Elchkuh, die ihr Kalb verteidigt, oder Hirschkuh und Reh: Wenn das Jungtier in Gefahr gerät, versucht das Muttertier durch Schläge mit den scharfkantigen Hufen ihr Junges zu retten. Die mit mächtigen Geweihen ausgestatteten Hirsche beteiligen sich kaum jemals daran. Sie nutzen ihr Geweih auch nur in beschränktem Umfang, um sich selbst damit zu verteidigen. Beim Versuch, Gebüsch oder Dickungen zu durchbrechen, kann das Geweih sogar eher zur Behinderung werden.

Verständlicherweise wunderten sich schon die Naturforscher der vergangenen Jahrhunderte über die gewaltige Größe des Riesenhirsch-Geweihs. Muß eine solche Bildung den Träger nicht mehr behindert haben, als sie ihm nützlich war? Die Entwicklung eines solchen Geweihs wurde somit als Beispiel für eine Fehlentwicklung der Evolution gewertet, die den Hirsch in eine Sackgasse geführt hatte, aus der er nicht mehr herauskam und ausgestorben ist. Diesen letzteren Teil des Problems, das Aussterben des Riesenhirsches wollen wir gleichfalls zurückstellen, bis der Niedergang der Megafauna am Ende der Eiszeit behandelt wird.

Die Evolution des riesigen Geweihs läßt sich nach heutiger Kenntnis aber sehr wohl verstehen und verständlich machen, ohne daß man Vorstellungen von einer »Sackgasse« und einer »exzessiven Bildung« zu Hilfe nehmen muß. Sie ist ganz einfach die Folge einer weit überdurchschnittlichen Mineralstoffversorgung in der Nahrung. Die Gräser, Kräuter und Zwergsträucher der eiszeitlichen Tundra steckten voller Nährstoffe, weil ihr Lebensraum keine Nährstoffverluste hinnehmen mußte, sondern über die Luft noch beständig mit Löß versorgt worden ist. Der hohe Kalziumüberschuß wurde zur Belastung für den Stoffwechsel, aber auch zur Chance, sehr große, massige Körper aufzubauen, für die besonders feste Knochen notwendig sind. An Kalzium mangelte es nicht. Die Knochenstärke konnte daher leicht gesteigert werden.

Die Zunahme der Körpergröße bedingte aber auch eine Zunahme der Geburtsgröße bei den Jungen. Der mütterliche Organismus mußte immer mehr Kalzium zur Verfügung stellen, um die Jungen damit versorgen zu können. Die Hirsche bringen sehr weit entwickelte Junge zur Welt. Die Nahrung, die sie zu sich nehmen, wird nicht so stark mit Mikrobeneiweiß angereichert wie bei den Rindern, Ziegen und Schafen. Für den Stoffwechsel entstand dadurch die Schwierigkeit, einerseits – im weiblichen Geschlecht – große Mengen Kalzium für die rasch wachsenden Jungtiere zur Verfügung zu halten, andererseits – für die Männchen – mit dem Kalziumüberschuß fertig zu werden. Das männliche Geschlecht löste diese Aufgabe mit der Ausbildung des Geweihs, das zur Zeit des höchsten Mineralstoffgehalts in der Nahrung am stärksten wächst. Es bildet sich unter einer reich durchbluteten Haut, Bast genannt, gleichsam als Stirnwucherung, zu der es mitunter auch entartet. Im Hochsommer, wenn in der Nahrung Kohlehydrate vorherrschen und der Mineralstoffgehalt zurückgeht, hört das Geweihwachstum auf. Der Bast verdorrt und der blanke Knochen tritt hervor. Nun kann er, fest wie er geworden ist, in der innerartlichen Auseinandersetzung, im Rivalenkampf, eingesetzt werden.

An der Größe des Geweihs erkennen, wie neueste Forschungen an schottischen Rothirschen ergeben haben, die Weibchen die »Qualität« des Hirsches. Große, reichverzweigte Geweihe bedeuten mineralstoffreiche Reviere und damit gute Überlebensaussichten für ihre Jungen

Kleine Geweihe hingegen weisen den Hirsch als noch zu jung aus, oder sie signalisieren seine Herkunft von schlechteren Revieren. Hätte das Geweih einzig die Bedeutung, in der innerartlichen Auseinandersetzung über Sieg oder Niederlage zu entscheiden, wäre das durchgehende Spieß-Geweih zweifellos die bessere Lösung. Daß es keine Chancen hatte, liegt nicht daran, daß Hirsche mit Kronengeweihen, die sich ineinander verhaken, »ritterlicher« ihre Kräfte messen, ohne den anderen zu verletzen, sondern weil die Weibchen im Endeffekt nicht die Sieger, sondern die kräftigeren wählen. Diese Zusammenhänge können hier nur in ganz groben Zügen umrissen werden, weil es nicht um die soziobiologischen Strukturen geht, sondern um den Bezug zu den Umweltverhältnissen.

Die kleinsten Hirsche leben nicht nur in den nährstoffarmen Tropen, sondern sie bilden auch keine Geweihe aus. Je besser die mineralische Nährstoffversorgung der Böden wird, um so größere Geweihe finden wir. Die größten wachsen in den »eiszeitnahen« Gegenden heran. Das ist durchaus so gemeint. Die mächtigsten Elchgeweihe entwickeln sich in Kanada und Alaska dort, wo junge, von der Eiszeit freigegebene Böden mit sehr hohem Mineralstoffgehalt anstehen. In der Tundra selbst tragen sogar die Weibchen der Rentiere und Caribous Geweihe. Sie sind in etwa um jenen Betrag an Kalzium schwächer entwickelt, den sie an ihre Jungen abführen.

Nun müssen wir zum Eiszeitmenschen zurückkehren. Für ihn bedeuten diese Verhältnisse, daß es in der eiszeitlichen Tundra nicht nur mengenmäßig gleichwertige oder mehr Nahrung gegeben hat als in seiner ostafrikanischen Heimat, sondern auch, daß diese Nahrung im Hinblick auf die Mineralstoffverhältnisse und den Fettgehalt besser war. Der höhere Fettgehalt konnte nun ohne weiteres den in Afrika unabdingbaren Anteil an stärkereicher Pflanzennahrung ersetzen. Das Fett lieferte genügend »Brennstoff« zur Bewältigung der Winterkälte. Die bessere Versorgung mit Mineralstoffen festigte die Knochen und garantierte auch eine reichliche Quelle von Phosphorverbindung für den Aufbau des anspruchsvollen Gehirns. Wenn dieser Schluß richtig ist, dann müßten sich entsprechende Veränderungen am Skelett des eiszeitlichen Menschen feststellen lassen.

Sie sind in der Tat nachweisbar. Der eiszeitliche Mensch hatte sich nämlich nach und nach gewandelt. Aus einem Gehirnvolumen von etwas mehr als 1200 Kubikzentimetern war ein deutlich größeres hervorgegangen, das bis über 1500 Kubikzentimeter hinausreichte und damit unsere Durchschnittswerte übertraf. Die Knochen des Menschen waren massiver geworden. Sein mittleres Gewicht hatte das der heutigen Menschen erreicht oder übertroffen. Besonders bemerkenswert ist die Festigkeit des Knochenbaus. Über der Stirn wölbte sich zwar noch ein deutlicher Rand, der nach den Schädelmerkmalen allein betrachtet, einen »finsteren Blick« suggeriert. Aber ansonsten war die Statur des eiszeitlichen Menschen unserer heutigen sehr ähnlich geworden; so ähnlich, daß er nun zur gleichen Art *Homo sapiens* gerechnet wird.

Ganz gleich ist der eiszeitliche Mensch dem heutigen aber dennoch nicht zu setzen. Zu deutliche Unterschiede gibt es in den Merkmalen. Aber sie reichen nur aus, um eine eigenständige Unterart abzugliedern. Sie hat den Namen »Neandertaler« nach einem ersten Fund im westdeutschen Neandertal bei Düsseldorf erhalten. Diese Menschen waren von sehr kräftiger Statur. Ein massiver Knochenbau zeichnete sie aus. Ihre Welt war die Welt der Eiszeit mit ihren Großtieren und der Tundra. Sie waren in einer zweiten Auswanderungswelle vor etwa 200 000 Jahren aus Afrika gekommen, wo sie sich aus fortschrittlichen Gruppen von Homo erectus entwickelt hatten. Auch sie sind am Ende der Eiszeit ausgestorben und spurlos verschwunden.

20. Kapitel

Der Neandertaler

Der Mensch der späten Eiszeit war uns sehr ähnlich und doch anders als wir. Diese Andersartigkeit wird in den vielen Darstellungen suggeriert, in denen die Neandertaler als finster vor sich hin starrende, tierhafte Wesen abgebildet sind, die noch über und über am ganzen Körper behaart waren. Offensichtlich muß der Schimpanse das Vorbild abgegeben haben, an dem sich die Rekonstruktionen orientierten. Menschenartig erscheint der Neandertaler nur der Statur nach, nicht aber im Aussehen, das ihm verliehen worden ist. Der finstere Eindruck, den die Schädelwölbung über den Augen verstärkt, wurde damit unterstrichen, daß die Neandertaler mit sehr dunkler bis schwarzer Hautfarbe dargestellt worden sind. Diesem klassischen Bild der Urmenschenhaftigkeit des Neandertalers steht entgegen, daß ihn die Biologen und Paläontologen bereits unserer eigenen Art Homo sapiens zurechnen. Sie machen nur einen Unterschied auf der Stufe der Unterart und behandeln den Neandertaler daher so, wie sie den Flachlandgorilla als eigene Unterart von den beiden Berggorilla-Unterarten unterscheiden.

Wenn diese Einteilung zutrifft, also wenn sie biologisch gerechtfertigt ist, dann hätten sich die Neandertaler mit den modernen Menschen vermischen können. Unterarten können sich fruchtbar kreuzen und damit auch fortpflanzen. Handelt es sich aber um verschiedene Arten, ist eine freie Vermischung nicht mehr möglich. Nur ausnahmsweise kommt es zu Bastarden zwischen verschiedenen Arten, und in aller Regel können sich die Mischlinge nicht halten, weil sie entweder überhaupt keine fruchtbaren Nachkommen mehr bekommen oder nur solche mit verminderter Überlebensfähigkeit.

Die Entscheidung, ob der Neandertaler eine eigenständige Menschenart gewesen ist oder nur eine Unterart unserer eigenen, ist keineswegs nur von akademischem Interesse. Vom Ergebnis hängt es ab, ob die heutige Menschheit aus mehreren Wurzeln stammt oder nur aus einer einzigen. Wir können aber die Gleichheit aller Menschen in juristischer, ethischer und moralischer Hinsicht nur dann völlig zweifelsfrei begründen, wenn die Menschheit auch biologisch eine Einheit darstellt. Nur unter dieser Voraussetzung kann es aller Verschiedenheit zum Trotz prinzipiell keine »Andersartigkeit« beim Menschen geben.

Hätte die Menschheit mehrere unterschiedliche Wurzeln, wäre einem biologisch begründbaren Rassismus Tür und Tor geöffnet. Die Geschichte hat gelehrt, wie gefährlich solche Mißdeutungen der Wurzeln der Menschheit werden können. Die biblischen Metaphern lassen dazu leider einen zu großen Spielraum offen. Ähnliches gilt für die Vorstellungen zur Herkunft des Menschen in anderen Kulturen. Die zweifelsfreie Klärung des Ursprungs des Menschen stellt daher eine der größten Herausforderungen an die Biologie dar.

Als Charles Darwin im vorigen Jahrhundert erstmals umfassend die biologische Evolution des Menschen begründete, war er seiner Zeit voraus. Vieles, was er beim damaligen Kenntnisstand als Beweismaterial heranziehen oder zumindest als Hinweis verwenden konnte, wurde in der Folgezeit bestätigt und präzisiert. Neue Gesichtspunkte kamen hinzu, die zu neuen Forschungen anregten. Aber es blieb unserer Zeit vorbehalten, Methoden zu entwickeln, die ganz neue Wege der Forschung eröffneten.

Einer dieser neuen Ansätze hatte den Einstieg in dieses Buch gebracht: Die Erforschung des Erbgutes in den Mitochondrien. Da diese winzigen Zellbestandteile nur von der Mutter weitergegeben werden, legen sie gleichsam eine Spur in die ferne Vergangenheit. Hätten sich jene Menschen, die einst als dritte Auswanderungswelle vor etwa 70 000 Jahren Afrika verließen, den Vorderen Orient besiedelten und sich danach nach Europa, Asien und schließlich über die ganze Welt ausbreiteten, mit Frauen der Neandertaler gepaart, wäre dieses Ereignis im Erbgut festgehalten worden. Fremde Mitochondrien wären hinzugekommen und hätten eine plötzliche Zunahme der Vielfalt in deren Erbeigenschaften verursacht. Nichts dergleichen ist gefunden worden. Der Neandertaler hat keine Spur hinterlassen. Es wäre besser, ihn als eine eigenständige Art zu betrachten, die am Ende der Eiszeit ausstarb, und nicht als eine Unterart des modernen Menschen, mit dem er nach neuesten Befunden einige Jahrtausende lang in den gleichen Gebieten zusammengelebt hat, so wie heute in Afrika Menschenaffen und Menschen in bestimmten Gebieten leben, ohne daß sie sich vermischen.

Der Neandertaler war nicht unser Vorfahre. Was war er dann? Greifen wir zum »düsteren Bild« zurück, das von dieser Menschenart gezeichnet worden ist. An diesem Bild ist einiges unzutreffend. So ist es recht unwahrscheinlich, daß der Neandertaler stark behaart gewesen ist. Er konnte auch keine schwarze oder dunkle Hautfarbe gehabt haben.

Greifen wir letzteres zuerst auf. Warum war der Neandertaler nicht schwarz? Die Begründung ist so einfach wie einleuchtend. Alle Knochenfunde, die vom Neandertaler vorliegen, zeichnen sich durch eine höchst beeindruckende Festigkeit der Knochen aus. Die Neandertaler litten gewiß nicht an Rachitis. Ihre Knochen waren dick und kräftig, viel stärker als die Knochen des modernen Menschen. Die Folge dieser Feststellung ist, daß der Neandertaler in noch stärkerem Maße als wir in der Lage gewesen sein muß, in seiner Haut das für die Knochenhärtung unentbehrliche Vitamin D zu bilden. Dieses Vitamin, das Calciferol, steuert den Kalk- und Phosphatstoffwechsel. Ist es in unzureichendem Maße vorhanden, kommt es zu Knochenerweichungen und -mißbildungen. Ausgelöst wird dieser Vitaminmangel durch eine zu geringe Bestrahlung mit ultraviolettem Licht der Wellenlängen von 280 bis 310 Mikrometer. Kinder mit beginnender Rachitis werden sehr unruhig. Sie sind ab dem zweiten Lebensmonat besonders gefährdet. Muskelschwäche und Schädelerweichung sind die Folgen. Steht Vitamin D nicht in ausreichendem Maße zur Verfügung, kommt es besonders bei im Winter geborenen Kindern zur Ausbildung von Rachitis.

Im eiszeitlichen Europa hätte ein dunkelhäutiger Neandertaler nur durch eine starke Ausrichtung seiner Nahrung auf Meerestiere der Rachitis entgehen können, zumal sein schwererer Knochenbau noch mehr Kalk und Phosphat benötigt hatte als unser Körper. Also muß dieser Mensch hellhäutig gewesen sein, sonst hätte er unter den Bedingungen der Eiszeit nicht leben können. Nur bei entsprechend hochstehender Sonne und sehr starker Intensität der Einstrahlung bildet die menschliche Haut auch dann noch genügend Vitamin D, wenn sie stark pigmentiert ist.

Der Neandertaler war also hellhäutig. Und er war ein Jäger. Seine Nahrung bestand fast ausschließlich aus Fleisch, das von eben verendeten oder selbsterlegten Großtieren stammte. Eine Fülle von Funden zeigt, daß der Neandertaler in der Lage war, brauchbare Werkzeuge herzustellen, die er zur Jagd verwendete. Vielleicht waren ihm, zumindest gegen Ende der Eiszeit, der Gebrauch von Pfeil und Bogen schon bekannt. Wir wissen nicht, ob er sie, wie die fortschrittlicheren Cro-Magnon-Menschen, auch benutzte. Jedenfalls dürfte es nicht leicht gewesen sein, gesunde, kräftige Großtiere zu erlegen. Ein einzelner wäre dabei wohl überfordert gewesen. In Zusammenarbeit mit der Gruppe hingegen konnte die notwendige Übermacht erzielt werden, die nötig war, um einen Riesenhirsch oder eine Wisentkuh zu erlegen. Sogar Mammuts sind unter den Beutetieren der Neandertaler zu finden. Solche Kolosse ohne Pfeil und Bogen oder ohne Lanzen zu töten, muß eine schier unlösbare Aufgabe gewesen sein. Trotzdem wurde sie gemeistert. Zwei Voraussetzungen waren dazu in besonderem Maße nötig. Die Neandertaler mußten äußerst flinke und gewandte Jäger gewesen sein, die sehr schnell laufen konnten. Diese Notwendigkeit, die auch für die Jagd nach anderer, kleinerer Beute zutrifft, schließt aus, daß die Neandertaler dicht behaart gewesen sind. Die Kühlung ihrer Körper bei großer Anstrengung mußte genauso gut wirksam gewesen sein wie in den afrikanischen Tropen, weil die Jagd nach schneller, wehrhafter Beute noch mehr Kraftentfaltung erfordert und somit vergleichbar viel Wärme freisetzt wie beim Dauerlauf unter den höheren Temperaturen in Afrika. Die zweite Voraussetzung war die Errichtung von Fallgruben. Nur dadurch konnte es – von Ausnahmefällen abgesehen – gelingen, Großtiere an einen bestimmten Platz zu zwingen, an dem sie dann getötet werden konnten.

Hierfür kam ihnen ein Verhalten der Großtiere zugute, das ihre Nachfahren auch heute noch an den Tag legen. Es ist dies das Einhalten fester Wechsel. Viele Großtiere wandern im Jahreslauf von den Winterweiden zu den Sommerlebensräumen. Sie weichen damit der in den warmen Niederungen rasch anwachsenden Insektenplage aus. Auf den kühleren, trockeneren Hochflächen, ja selbst auf den Hügelkuppen in der Tundra, gibt es ungleich weniger Stechmücken und Bremsen als in den feuchten Niederungen. Die Tiere folgen uralten Wanderwegen, wenn sie aus den Tälern in die Bergländer ziehen. Auch kurzzeitig wechseln sie zwischen Ruheplätzen und Weidegründen. Das läßt sich beobachten. Die Fallgruben können dann auf diesen Wechseln errichtet werden.

Sicher haben die Neandertaler oft genug Gelegenheit gehabt, selbst dabei zu sein, wenn die tonnenschweren Mammuts oder andere etwas kleinere Großtiere an Flußufern einbrachen oder im Schnee versanken, der sich auf der windabgewandten Seite von Hügeln angehäuft hatte. Die Hilflosigkeit der Großtiere in solchen Situationen wird jenen Menschen nicht entgangen sein. Sie besaßen bereits ein Gehirn, das aufgrund seiner Größe mindestens genauso leistungsfähig wie unseres gewesen sein muß. Im Durchschnitt übertraf die Gehirnmasse des Neandertalers jene des modernen Menschen. Die Extremwerte reichten bis zu 1800 Kubikzentimetern. Daraus darf geschlossen werden, daß

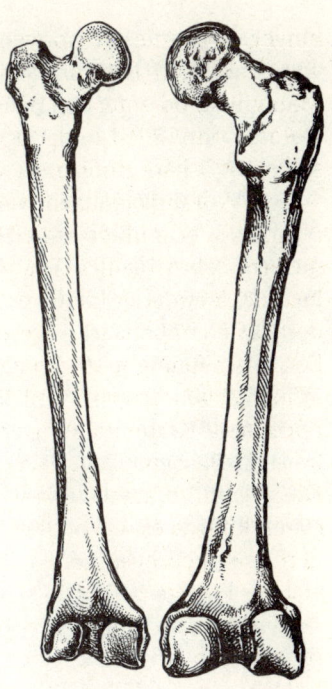

Ein sehr massiver Knochenbau, hier im Vergleich der Oberschenkel, kennzeichnete den Neandertaler im eiszeitlichen Europa. Offensichtlich litt er nicht unter Vitamin- und Kalkmangel. Links: Gegenwärtiger Mensch; rechts: Neandertaler.

der Neandertaler ein ausgezeichneter Naturbeobachter gewesen ist. Sein Mangel war das Fehlen der Sprechfähigkeit. Genaueste Beobachtung mußte das ausgleichen, was Artgenossen mit präzisen Worten hätten vermitteln können.

Die Voraussetzungen zur Anlage von Fallgruben waren also ohne jeden Zweifel vorhanden. Es fehlte auch nicht an kräftigen Knochen, die als Schaufeln zum Ausgraben der Gruben benutzt werden konnten. Mit dieser Taktik ließen sich die größten Tiere bezwingen. Viele Funde legen nahe, daß die vom Neandertaler verwerteten Großtiere tatsächlich in Fallen gefangen worden sind. Ausgefeilte Jagdtechnik und Zusammenhalt in Gruppen, in »Horden«, waren sicherlich die Voraussetzungen für den außerordentlichen Erfolg dieser Menschenart.

Der Neandertaler, das sollten wir uns bewußt machen, existierte außerhalb von Afrika viel länger als der moderne Mensch bis heute! Er war nicht einfach ein absterbender Sproß an einem Seitentrieb der Menschheitsentwicklung, sondern ein über Jahrhunderttausende hinweg höchst vitaler Vertreter der Gattung Mensch.

Der Neandertaler lebte von den Großtieren. Sein Gebiß war sehr kräftig. Die starken Knochen zeigen, daß er über eine ausgezeichnete Mineralstoffversorgung verfügte. Er muß ein kraftvoller Menschenschlag gewesen sein, der den Lebensbedingungen der Eiszeit ungleich besser angepaßt war als der heutige Mensch. Um so erstaunlicher ist es, daß er so abrupt ausgestorben ist, ohne Nachfolger zu hinterlassen. Als Vorfahren des modernen Menschen wären die Neandertaler, so betrachtet, gar nicht so extrem anders gewesen, wie sie vielfach hingestellt worden sind.

Kurioserweise setzt die einzige plausible Erklärung für ihr Aussterben bei ihrer körperlichen Fitness an. Der Neandertaler ist ausgestorben, weil er so kraftvoll und lebenstüchtig war. Daß eine solche Feststellung kein Unsinn ist, wird die folgende Argumentation verdeutlichen.

Zunächst ist zu fragen, warum der Neandertaler überhaupt so kräftig werden konnte und gleichzeitig ein so großes Gehirn entwickelte. Dazu müssen die entsprechenden Voraussetzungen vorhanden gewesen sein. Daß sich der Neandertaler von Großtieren, die er selbst erjagte, ernährt hat, stellt nur einen Teil der Erklärung dar. Die Großtier-Nahrung muß auch entsprechend hochwertig gewesen sein. Fleisch allein ist nicht alles. Das Löwenbeispiel hat dies klargestellt.

Das Fleisch der eiszeitlichen Tundra-Großtiere unterschied sich allerdings in einer Hinsicht ganz wesentlich von der Fleischqualität der ostafrikanischen Großtiere: im Fettgehalt. Während die Büffel, Gnus und Antilopen Afrikas nur wenig oder kein Fett aufweisen, entwickeln die Großtiere in den kalten Breiten in aller Regel mehr oder minder umfangreiche Fettreserven.

Sie brauchen diese als »Heizmaterial« für die kalte Jahreszeit. Die reichhaltige Ernährung im Sommer der eiszeitlichen Tundra ermöglichte die Entwicklung von Fett. Es ersetzte für die Neandertaler die fehlenden Kohlehydrate in gleicher Weise wie Seehund- oder Walroßspeck für die Eskimos. Fettreiches Fleisch ermöglicht eine hohe innere Wärmeproduktion sowie natürlich auch die Anlagerung von Fettdepots unter der Haut des Menschen. Die Neandertaler hatten daher wohl beides zur Verfügung, wenn es darum ging, den Winter zu überstehen und kurzfristig viel Kraft zu entfalten. Ein wesentlicher Teil der Eiweiß- und Phosphoranteile in der Fleischnahrung stand daher den Männern für die Entwicklung und Erhaltung leistungsfähiger Muskulatur und den Frauen für die Ernährung der sich im Mutterleib entwickelnden oder sich von der Muttermilch ernährenden Kinder zur Verfügung.

Auf diese Weise bestens mit qualitativ hochwertiger Nahrung ver-

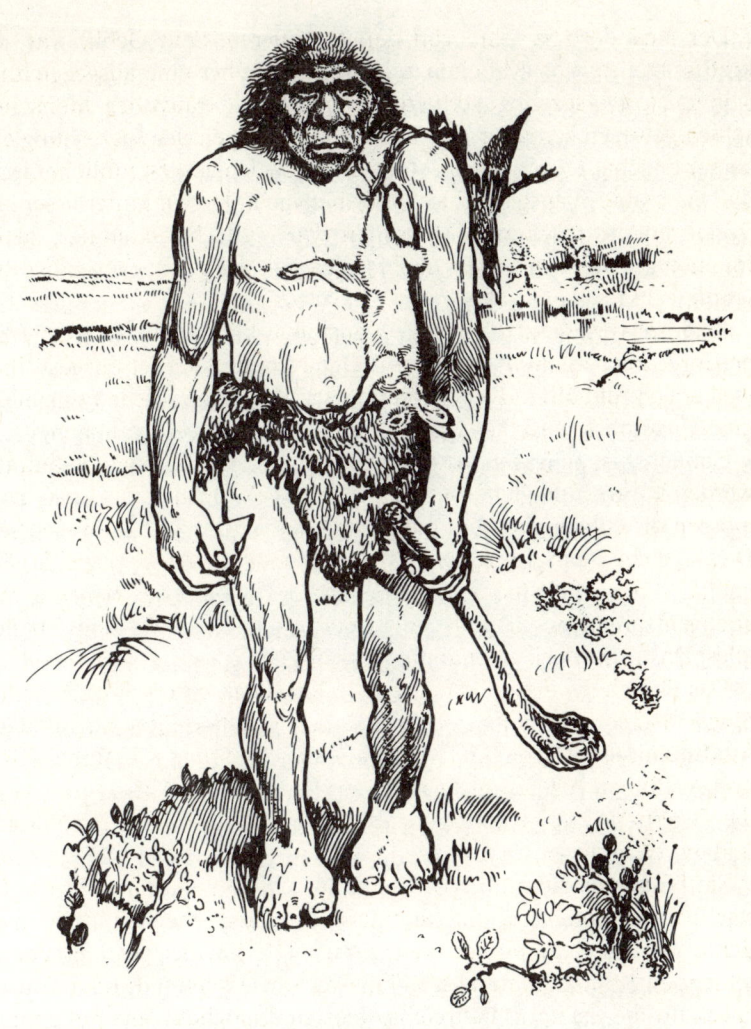

Sah so der Neandertaler aus? Hasen als Beute werden ihm wohl kaum ausgereicht haben. Diese hochspezialisierte Form des Menschen verschwand in der letzten Eiszeit. War es das Aussterben der Großtiere – seine Existenzgrundlage –, das seinen Untergang besiegelte? War er, angepaßt an das eiszeitliche Klima, den Wechselbädern der klimatischen Umstellung nicht gewachsen? Oder war vielleicht sogar der aufstrebende »moderne Mensch«, der aus seiner afrikanischen Urheimat herausgekommen war und das eiszeitliche Europa und Westasien zu besiedeln begann, der Grund für das Aussterben des Neandertalers? Die Veränderung seiner Lebensbedingungen spielte gewiß eine zentrale Rolle im Drama seines Verschwindens.

sorgt, war es möglich, mit der Kopfgröße bis an die Grenzen des Möglichen vorzustoßen, die von der Enge des Geburtskanals vorgezeichnet worden ist. Die Frauen der Neandertaler hatten ein deutlich weiteres Becken als die heutigen Frauen. Somit zeigte sich einerseits, daß sich in genügend langen Zeiträumen durchaus auch allmähliche Veränderungen im Skelettsystem des Körpers vollziehen konnten, die für die menschliche Entwicklung von großer Bedeutung sind. Andererseits bestätigt dieser Befund, daß keine Neandertalerin zur Entwicklung des modernen Menschen beigetragen hat. Wie sonst wäre es möglich, daß die Geburtsöffnung bei den heutigen Frauen im Durchschnitt deutlich kleiner ist? Die Enge des Geburtskanals ist so kritisch, daß man sich nicht vorstellen kann, daß er sich nachträglich wieder verengt hätte. Genau das Gegenteil wäre anzunehmen: Die Chancen, leichter zu gebären, hätten sich gehalten und verbessert. Doch das ist nicht eingetreten.

Wenn es nun aber stimmt, daß der Neandertaler als erfolgreicher Jäger in der Lage war, sich mit hochwertiger Nahrung kontinuierlich zu versorgen, so wird sein Verschwinden noch mysteriöser. Muß man vielleicht von »Ausrottung« sprechen? War es der moderne Mensch, der auf den Neandertaler folgte, der diesen vernichtet hat? Überlegungen in dieser Richtung hat es tatsächlich mehrfach gegeben. Begründet erscheinen sie indes nicht. Es spricht die Tatsache dagegen, daß in den Gebieten zwischen Afrika und Asien Neandertaler und moderne Menschen mehrere Jahrtausende nebeneinander lebten, ohne daß Hinweise zu finden waren, die auf gewaltsame Auseinandersetzungen zwischen beiden Menschenformen hätten schließen lassen. Noch stärkere Gegenargumente bilden die Befunde, daß in den meisten Gebieten des Neandertaler-Vorkommens der moderne Mensch erst lange Zeit nach dessen Verschwinden einwanderte. Ausbreitung der modernen Menschen und Aussterben des Neandertalers stimmen zeitlich nicht überein. Wir können daher die »Ausrottung« beiseite legen und uns wieder den Lebensumständen des Neandertalers selbst zuwenden. Sie werden wichtige Befunde für unser heutiges Leben und Überleben freigeben.

Zunächst wieder eine Frage: Wie überlebte der Neandertaler eigentlich den Winter? War er »Höhlenmensch«, der auf frostfreie, geschützte Höhlen angewiesen war, oder konnten die Neandertaler auch im Freien den Winter überstehen? Die Antwort muß verblüffend einfach erscheinen, doch warten wir noch ein wenig damit. Versuchen wir, die Frage etwas präziser zu fassen. Den Winter zu überstehen erfordert die Lösung zweier Probleme, nämlich die Verfügbarkeit von genügend Nahrung und das Problem der Wärme.

Wenn die Höhlen Unterschlupf geboten haben sollen, dann müßten sie in entsprechend großer Zahl vorhanden gewesen sein. Das ist nicht der Fall. Höhlen gab und gibt es nur wenige, die solche Bedingungen erfüllen, die ein dauerhaftes Leben über Monate unter erträglichen Temperaturen ermöglichen. Wo hätten diese Höhlen sein sollen? Die Landschaft war offen, von Tundra überzogen und von der Eiszeit gezeichnet. Das bedeutet, daß genau jene natürlichen Höhlen größtenteils vom Eis zugedeckt waren, die aus heutiger Sicht vielleicht als Neandertalerwohnungen geeignet gewesen wären. Mit einer Handvoll Höhlen konnten aber gewiß die Neandertaler Europas nicht auskommen.

Viel wahrscheinlicher ist es, daß sie in einfachen Behausungen lebten, die mit Tierknochen als Stützen und mit Tierfellen als Schutz den benötigten Unterschlupf geboten hatten. Knochen und Häute standen von den Beutetieren zur Verfügung. Regen gab es so gut wie nie, und wenn Schnee fiel, herrschte trockene Kälte. Feuchtigkeit konnte daher für diese einfachen Behausungen kein Problem sein. Windschutz war wohl wichtiger.

Wie steht es aber mit Feuer? Ist das Feuer nicht die unabdingbare Voraussetzung für das Überstehen der eiszeitlichen Winter? Die Antwort kann nur ein klares Nein sein. Denn woher hätten die Neandertaler das Brennholz haben sollen, um über die langen Wintermonate hinweg, so wie wir es gewohnt sind, kontinuierlich Wärme zu erzeugen? Die Holzmassen, die eine einzige Familie verbraucht hätte, standen ganz einfach nicht zur Verfügung. In der Tundra wuchs kein Wald, der in so großem Umfang trockenes Brennholz geliefert hätte. Die verblüffend einfache Antwort geben die heutigen Bewohner des Hohen Nordens, die Eskimos, die Lappen und andere Völker, deren Lebensraum die Tundra und die Eisrandgebiete bilden. Sie brauchen in diesen kalt-trockenen Gebieten keine wärmenden Feuer, sondern nur wärmende Felle und eine sehr fettreiche Nahrung. Dann reicht ein Tranlämpchen zur Erleuchtung des Iglus oder der Zelte. Bilden Fische und Meeressäugetiere die Grundnahrung, kann sie sogar weitgehend roh verzehrt werden. Der Mensch der Eiszeit war, so merkwürdig das klingen mag, nicht auf das Feuer angewiesen, weil er eine kalorisch hochwertige Nahrung in einer trocken-kalten Umwelt zur Verfügung hatte.

Somit sind wir beim zweiten Teil des Überlebensproblems gelandet, bei der Nahrungsversorgung im Winter. Konnte sie im notwendigen Umfang gesichert werden? Bestand nicht die Gefahr der Nahrungsverknappung, wenn die Großtiere fortzogen, um ihre Wintereinstände aufzusuchen? Mußte ihnen der Neandertaler folgen?

Auch hierfür gibt es eine recht einfache und einleuchtende Erklärung. Er mußte es nicht, weil er sich sehr leicht große Vorräte anlegen konnte. Die Jagd nach Großtieren erforderte, wie ausgeführt, die Zusammenarbeit mehrerer Familien. Sie war insbesondere dann nötig, wenn die Großtiere in Fallen gefangen wurden oder, eine gleichfalls weit verbreitete Jagdmethode, in Engpässe oder Schluchten hineingetrieben wurden, wo sie rasch getötet werden konnten oder in Abgründe stürzten. Das Ergebnis solcher Jagden waren große Fleischmassen, die nicht in kurzer Zeit zu verzehren waren. Das Fleisch reichte Wochen und Monate. Aber nach einigen Tagen wäre es verdorben, wenn die Temperaturen deutlich über Null liegen. Ohne die Möglichkeit, Fleisch von Großtieren aufbewahren zu können, hätte sehr viel mehr Beute gemacht werden müssen. Doch in der eiszeitlichen Tundra war es sogar möglich, im Sommer erjagtes Fleisch für den Winter aufzubewahren!

In Schattenlagen der Hänge und steil eingeschnittenen Flußtälern hielt sich, wie derzeit im Hochgebirge oder in der arktischen Tundra, der Schnee bis in den Sommer hinein. Manche Schneefelder blieben ganzjährig liegen. Die Neandertaler brauchten ihre zerteilte Beute nur hineinzupacken. Sie ließ sich auf diese Weise sehr lange frischhalten. Wie gut das funktioniert, läßt sich am Steinadler erkennen. Dieser große Adler lebt in beträchtlichem Maße von Fallwild, das in Lawinen und Schneebrettern »frisch« gehalten worden ist. Tauen die Schneemassen nach und nach, geben sie die Kadaver frei, und der Adler kann sie nutzen. Ohne Fallwild geht es den Adlern insbesondere im Frühjahr schlecht, wenn sie die Brutzeit an den Horst bindet und Beutetiere noch knapp sind. Der wesentliche Unterschied zur heutigen Situation ergibt sich also aus der Tatsache, daß während der Eiszeit auch im wildtierreichen Flachland Verhältnisse herrschten, die eine längere Aufbewahrung von Fleisch ermöglichten.

Es wird nicht lange gedauert haben, bis die Neandertaler bemerkten, daß man den Kühleffekt noch viel besser ausnutzen kann, wenn man nicht den Schnee allein benutzt, sondern tiefer geht. Unter dem Schnee und an Schattenhängen dicht unter der Bodenoberfläche befand sich während der Eiszeit überall Eis. Es herrschte Dauerfrostboden! Gruben von einem Meter Tiefe reichten in der Regel aus, um einen natürlichen Kühlschrank zu schaffen. Wenn Fleisch frisch getöteter Großtiere im Permafrost untergebracht wurde, ließ es sich in der Tat monatelang erhalten. Waren die Stücke klein genug, gefroren sie auch. Die moderne Technik der Tiefkühltruhen besitzt also ein eiszeitliches Gegenstück, das im Prinzip genauso funktioniert haben konnte.

Bis in unser Jahrhundert hinein war es in Mitteleuropa üblich, Kühlräume in schattige Hänge hineinzutreiben. Sie wurden mit Eisstücken ausgestattet und damit zu »Eiskellern« gemacht, in denen Lebensmittel und Bier lange Zeit frischgehalten wurden. Die Menschen der Eiszeit hatten es einfacher, weil Permafrost weit verbreitet war. Sie waren nicht darauf angewiesen, im Winter Eisstücke aus Seen oder größeren Teichen zu holen, um damit die Kühlung für die Sommermonate zu garantieren. Die andere Möglichkeit, die sicher auch eine gewisse Rolle spielte, ist das Trocknen von Fleisch. Räuchern dagegen setzt Feuer voraus. Es wird unter feuchteren Bedingungen von noch größerer Bedeutung.

Mit der Konservierung von Fleisch für die Zeit des Winters oder einfach für Zeiten mit geringem Beuteangebot stiegen die Chancen, im Eiszeitland zu überleben, ganz beträchtlich. Im Grunde genommen herrschten dort viel bessere Lebensbedingungen als in der afrikanischen Heimat, wo der Mensch mit Hitze und Wassermangel zu kämpfen hatte. Dort verdarb Fleisch sehr schnell. Nur in getrocknetem Zustand ließ es sich aufbewahren. Aber während der Regenzeiten trocknete das Fleisch schlecht und bereits getrocknetes verschimmelte. Gerade in dieser Jahreszeit war aber Nahrung knapp, weil die Großtiere viel Weideland besaßen und sich stark verteilen konnten.

Die eiszeitlichen Verhältnisse bescherten dem Neandertaler somit erheblich bessere Lebensmöglichkeiten. Als geschickter und erfolgreicher Jäger stand ihm Großtierfleisch in Hülle und Fülle zur Verfügung. Es war reich an Fett, und es konnte den Winter über aufbewahrt werden. Wie eng diese Menschenart mit den Lebensbedingungen der Eiszeit verbunden war, zeigt ihre Verbreitung. Abgesehen von nicht ganz eindeutigen Funden aus dem südlichen Afrika, die dem Neandertaler zugerechnet werden, die aber vielleicht seine afrikanischen Vorfahren und nicht wirkliche Zeitgenossen darstellen, deckt sich das Vorkommen der Neandertaler mit den Regionen der eiszeitlichen Tundra in Eurasien.

Als die Eiszeit zu Ende ging, besiegelte das Verschwinden der Großtiere auch das Schicksal des Neandertalers. Vieles deutet darauf hin, daß er sein Aussterben selbst beschleunigte. Er war in eine zu enge Abhängigkeit von den Großtieren geraten. Als sich die Lebensbedingungen für die Megafauna änderten, wurde der Neandertaler hart getroffen. Dennoch hätten einzelne Gruppen das Ende der Eiszeit überleben können. Ihr Lebensraum war ja nicht völlig verschwunden. Die Klimazonen hatten sich zwar stark verschoben, aber in Hochlagen der Gebirge oder am Rande der Arktis blieben Gebiete übrig, die weitgehend jenen entsprechen, die während des Höhepunktes der Eiszeit weite Teile Eurasiens überzogen.

Außerdem muß es auch möglich gewesen sein, nach Afrika zurückzuwandern, als sich die klimatischen Bedingungen in Europa und Westasien zuungunsten des Neandertalers veränderten.

Beide Möglichkeiten, zu überleben, blieben jedoch ungenutzt. Restgruppen der Neandertaler überstanden das Ende der Eiszeit weder in den Randbereichen des zurückweichenden Eises, noch schafften sie es, in Vorderasien oder in Afrika durchzuhalten. Da in beiden möglichen Refugialräumen höchst unterschiedliche Lebensbedingungen herrschen, müssen wir beide getrennt betrachten.

Zunächst zur Arktis. Was passierte am Ende der Eiszeit? Wie verlief die Veränderung des Lebensraumes, und welche Folgen hatte sie für die Megafauna? Diese Fragen stehen in engem Zusammenhang sowohl mit dem Verschwinden des Neandertalers als auch mit dem Aussterben eines Großteiles der Megafauna. Die Ereignisse am Ende der Eiszeit verdeutlichen, weshalb der Neandertaler nacheiszeitlich im Gegensatz zu den warmen Zwischeneiszeiten, die zwar viel kürzer als die Kaltzeiten gewesen sind, aber dennoch »nacheiszeitliche« Verhältnisse gebracht hatten, keine Chancen hatte zu überleben und warum ein schwächerer Menschenschlag aus Afrika die Entwicklung an sich reißen und fortan bestimmen konnte.

21. Kapitel

Das große Sterben

Das Ende der Eiszeit vor 10 000 Jahren kam abrupt. Die Klimaschaukel fing an, wieder rückwärts zu schwingen. Wieder waren es die gleichen Ursachen der großklimatischen Umstellung, die zu den weltweiten Veränderungen im Wettergeschehen führten. Der Golfstrom verstärkte sich, die Niederschlagsmengen stiegen an, und das trockene und kalte Klima wurde durch ein wärmeres und feuchteres abgelöst. Das Geschehen ist gut dokumentiert, weil die Torfschichten der Hochmoore wie in riesigen Büchern die Geschichte festgehalten haben. Der Wind wehte die Pollen der Pflanzen ein. Die Humussäuren konservierten die Pollen. Wir können nun, Schicht für Schicht die Zeitfolge rückwärts lesend, darüber Auskunft einholen, welche Pflanzen zu welchen Zeiten vorherrschten. Aus den heutigen Lebensansprüchen der Pflanzen können wir daraus die klimatischen Verhältnisse ableiten. Die Information, welche die Pollenanalyse liefert, ist so detailliert und so genau, daß sich sogar regionale Unterschiede in der Entwicklung daraus ablesen lassen.

Aus ihr geht klar hervor, daß das Ende der Eiszeit wirklich sehr schnell gekommen sein muß. Es dauerte nur ein paar Jahrhunderte, bis sich die grundlegenden klimatischen Änderungen vollzogen hatten. Das Eis schmolz mit solcher Heftigkeit, daß aus den Rinnsalen und kleinen Flüssen des Eiszeitlandes gewaltige Ströme wurden. Sie formten viele Flußtäler neu und schütteten ungeheure Geschiebemassen über die Talgründe. In den Tälern entstand eine neue Schicht von Böden und Ablagerungen.

Die wesentlichste großflächige Veränderung war aber das Vordringen des Waldes. Die reichlichen Niederschläge und das Auftauen des Dauerfrostbodens förderten das Wachstum der Bäume. Die Gräser und Zwergsträucher der Tundra wurden zurückgedrängt. Ihre letzten Reste finden sich in der alpinen Mattenregion und im Saum der arktischen Tundra im hohen Norden. Mitteleuropa und weite Bereiche West- und Nordwestasiens wurden wieder Waldland. In den nördlicheren und kälteren Regionen breiteten sich riesige Nadelwälder aus, die zusammen mit den entsprechenden in Nordamerika den weltumspannenden Ring der Taiga bilden. Sie stellen das größte Waldland der Erde dar. Im Einflußbereich des atlantischen Klimas rückten Laubwälder zu beiden Seiten des Nordatlantiks aus ihren Refugialräumen im Süden und Südosten vor. Der vordringende Wald nahm in Europa und Westasien die Tundra in einen Zangengriff. Er schob sie nordwärts bis über den Polarkreis hinaus.

In ähnlicher Weise rückten auch in Ostasien die Laubwälder vor, bis sie die Nadelwaldzone erreichten. Nur in sehr hohen Gebirgslagen und am Polarkreis konnte die Tundra überleben. Dort sind aber viel extremere klimatische Bedingungen gegeben, weil die Höhenlage im Gebirge und die Polnähe im Falle der arktischen Tundra erheblich niedrigere Temperaturen im Winter bedingen. Die Schneehöhen wuchsen, weil die westlichen Frontensysteme nun auch während der Wintermonate Feuchtigkeit vom Atlantik antransportierten und als Schnee über das Land verfrachteten.

Für die Großtiere der Tundra brach in doppelter Hinsicht eine äußerst schlechte Zeit an. Die Witterung war am Ende der Eiszeit zwar wärmer geworden, aber in Wirklichkeit gestaltete sie sich viel ungünstiger, weil die Nässe hinzukam. Sie kroch bei Temperaturen von wenig unter oder um den Gefrierpunkt über die Haut und entzog dort dem Körper viel mehr Wärme als bei trockener Kälte mit viel tieferen Temperaturen. Diese wurden durch die isolierende Luftschicht im trockenen Fell abgewehrt. Die feuchte Kälte ließ sich davon jedoch nicht abhalten. Außerdem wechselten die Witterungsphasen nun stark. Alle paar Tage stellte sich die Wetterlage von Tiefdruck auf Hochdruck und wieder auf Tiefdruck um. Die Folge waren ungleich stärkere Fluktuationen der Witterung als während der Eiszeit. Dem Wärmehaushalt der Säugetierkörper war diese Umstellung viel abträglicher als die niedrigeren Durchschnittstemperaturen während der Eiszeit.

Der zweite Effekt verschlimmerte die Lage bis zur Katastrophe. Der vordringende Wald beraubte die Großtiere ihrer Nahrungsgrundlage. Mammut und Wollhaarnashorn, Riesenhirsch und Wildpferde konnten nicht in den Baumkronen Blätter oder Knospen abweiden. Sie waren darauf eingerichtet, ihre Nahrung an der Bodenoberfläche abzugrasen. Ihr Bedarf war hoch, entsprechend ihrer Körpermassen. Die ganz großen kamen vielleicht mit 15 Prozent des Körpergewichtes an täglicher Nahrungsaufnahme aus. Bei den mittelgroßen stieg dieser Wert auf 20 bis 30 Prozent. Ein 1000-Kilogramm-Großtier verbrauchte somit täglich

200 bis 300 Kilogramm Nahrung. Wie aufwendig die Elefantenfütterung ist, bekommt jeder Zoo zu spüren, der solche Großtiere hält. Das noch massigere Mammut benötigte entsprechend mehr Nahrung.

Nun zogen diese Großtiere aber nicht einzeln, sondern in Familiengruppen oder Herden übers Land. Ihr Bedarf an Futter muß dementsprechend riesig gewesen sein. Wir können davon ausgehen, daß pro Quadratkilometer eiszeitlicher Tundra bis zu 30 Tonnen Großtier-Biomasse ernährt worden ist. Wie kraß der Unterschied zum Wald ausfällt,

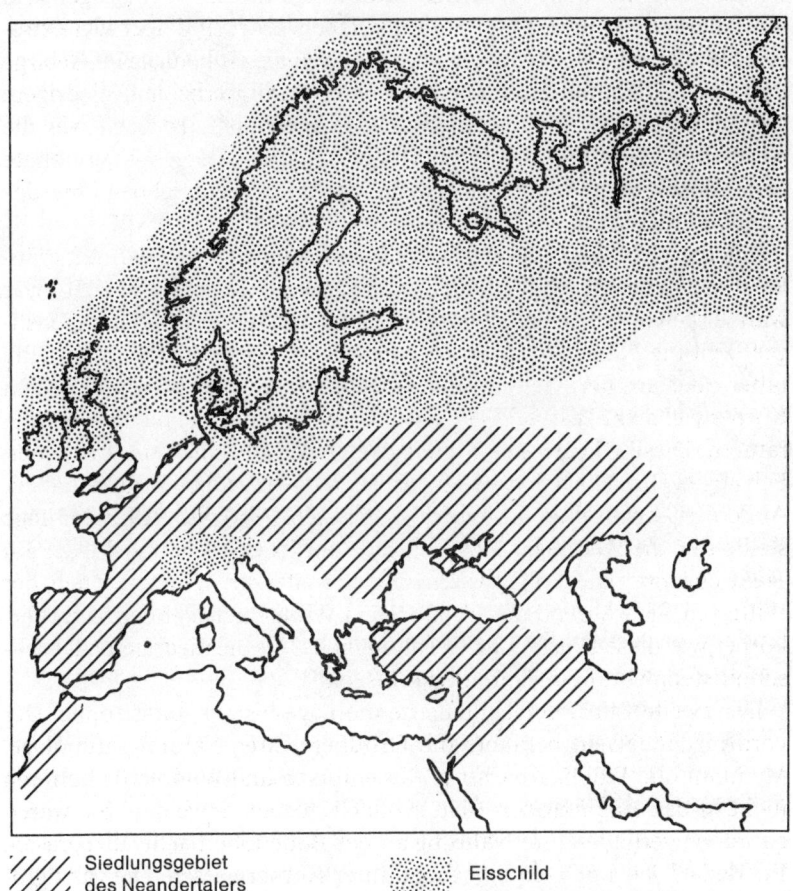

//// Siedlungsgebiet
//// des Neandertalers   Eisschild

Siedlungsgebiet des Neandertalers im Vorfeld der Vereisungen, in der großwildreichen, eiszeitlichen Tundra.

geht daraus hervor, daß naturnahe Wälder in Mitteleuropa günstigenfalls ein Stück Rotwild und einige wenige Rehe pro Quadratkilometer auf Dauer ertragen können. Ihr gemeinsames Durchschnittsgewicht würde bei etwa 250 Kilogramm liegen. Das bedeutet eine Verminderung der Großtierdichte um rund 99 Prozent. Nur ein Prozent des früheren Wildangebotes verblieb somit den Neandertalern, nachdem sich die Wälder ausgebreitet hatten, viel zu wenig, um davon zu leben. Gebietsweise war das Verhältnis noch ungünstiger, wenn magere Böden das Wachstum von Nadelbäumen, insbesondere von Kiefern, begünstigten. Ein ganz wesentlicher Grund für die massive Verschlechterung lag in der Nährstoffverfügbarkeit. In der eiszeitlichen Tundra gingen kaum Nährstoffe verloren, weil der darunterliegende Dauerfrostboden ein Ausschwemmen ins Grundwasser unterbunden hatte. Dieser Schutz war nun zerstört. Das Auftauen des Permafrostes hatte die Böden durchlässig gemacht. Die Nährstoffe düngten jetzt die Flüsse und Seen, fehlten aber dem Land.

Die pflanzliche Nährstoffproduktion verlagerte sich weitgehend in den Kronenbereich der Bäume. Sie rückte damit vom Boden ab. Viele kleinere Tierarten profitierten davon, weil die Bäume im Herbst in großem Umfang Samen und Früchte ansetzten, in denen wertvolle Nährstoffe konzentriert sind. Den Großtieren nützte das wenig. Nur solche Arten wie die Wildschweine, die über ein sehr breites Spektrum von Nahrung verfügen können, vermochten sich am herbstlichen Überschuß an Eicheln und Bucheckern ihren Teil zu sichern. Für die Hirsche bildeten die stärke- und fettreichen Früchte die Voraussetzung, Winterspeck anzusetzen. Es kommt nicht von ungefähr, daß die kräftezehrende Paarungszeit der frühherbstlichen »Feistzeit« unmittelbar folgt.

Arten wie die Wildschweine und die Hirsche, die in der Lage sind, die Produktion der Wälder zu nutzen, kamen besser weg als die auf das Grasland spezialisierten Großtiere. Sie überlebten die nacheiszeitlichen Veränderungen.

Das zeigt, daß das Vorrücken der Wälder allein nicht die Ursache für das Großtiersterben gewesen sein kann. Auch für Weidetiere hätten genügend große Flächen übrigbleiben müssen, in denen sie, wenn auch in stark verminderten Bestandsgrößen, überlebt hätten. Einigen Arten ist das auch gelungen. Es sind dies die Moschusochsen und die Rentiere sowie ihre nahen Verwandten in Nordamerika, die Caribous.

Somit läßt sich festhalten, daß erstens solche Arten der Megafauna den Übergang in die Nacheiszeit geschafft haben, die ihren Lebensraum in die Wälder ausdehnen konnten, und solche, die mit der Tundra nordwärts zogen. Dazwischen klafft eine Lücke. Sie wird am besten illustriert vom Aussterben der Wollhaarnashörner und des Mammuts. Diese beiden Großtiere, vor allem das Mammut, mögen stellvertretend für den Niedergang der Großtiere am Ende der Eiszeit vor Augen führen, was wirklich geschehen ist.

Das Sterben der Mammuts stellte bis in die jüngste Zeit ein ungelöstes Rätsel dar, weil diese riesigen Elefanten so frisch aus dem nordostsibirischen Frostboden geborgen worden sind, daß sich noch die Nahrungsreste zwischen den Zähnen erkennen ließen. Das Fleisch mancher Mammuts machte einen regelrecht frischen Eindruck. Die Annahme lag nahe, daß diese Tiere nicht schon am Ende der Eiszeit, sondern erst vor ein paar Jahrzehnten ausgestorben sind. Dennoch gibt es keinen Zweifel am Zeitpunkt des Niederganges. Er fand nicht erst in unserer historischen Zeit, sondern tatsächlich damals statt, als sich das Weltklima änderte. Daß sich Mammuts so gut erhalten haben, bestärkt die Annahme, daß der Dauerfrostboden wirklich hervorragende Konservierungseigenschaften aufgewiesen hatte, die den Neandertalern zugute gekommen waren. Woran starben nun die Mammuts, bis sie ganz verschwanden?

Die Mammuts trugen, wie auch die Wollhaarnashörner, ein feines, wollartiges Haarkleid. Es war sehr dicht und sicher bestens geeignet, vor Wärmeverlusten zu schützen. In vieler Hinsicht ähnelte es dem Fell der Moschusochsen, die damit den eisigen Stürmen in der Hocharktis trotzen.

Dieses Fell eignete sich besonders gut, trockene Kälte abzuwehren. Aber es hatte eine Schwäche: Es war sehr nässeempfindlich. Der Haut der Mammuts fehlten nämlich Talgdrüsen, mit denen die Haare bei den meisten Säugetieren eingefettet werden. Fettfreie Haare werden naß. Dabei verkleben sie und verlieren ihre Isolationswirkung. Wir wissen ganz sicher, daß den Mammuts, wie auch den heutigen afrikanischen und indischen Elefanten, Talgdrüsen in der Haut fehlten. Es gibt genügend hervorragend erhalten gebliebene Hautstücke von Mammuts, die das beweisen.

Jetzt wird klar, warum Mammuts mit noch frischen Pflanzen zwischen den Zähnen in Sibirien eingefroren im Eis des Permafrostbodens erhalten geblieben sind. Die großen Tiere waren in ihrem Tundra-Lebensraum von Warmfronten überrascht worden, die Regen brachten. Der Wind peitschte die Feuchtigkeit bis auf die Haut durch. Das Fell aus Wollhaar saugte sich in wenigen Stunden mit Wasser voll. Dann kam mit nur kurzer Zeitverzögerung die Kaltfront. Die Temperatur sank schlagartig von ein paar Grad über Null auf minus 25 Grad oder tiefer. Das kam einem Schockgefrieren gleich. Die riesigen Tiere erstarrten. Vom eigenen Gewicht gezogen, sanken sie in den morastigen Boden, bis sie den Permafrostbereich in etwa einem halben Meter Tiefe erreichten. Der Wettersturz bewirkte, daß die Kadaver von unten und von oben her schnell gefroren. Die nachfolgenden Niederschläge kamen nun nicht mehr als Regen, sondern als Schnee. Er deckte die großen Körper zu und konservierte sie. Nach und nach sanken sie tiefer ins Eis, wo sie die Jahrtausende überdauerten und frisch wie aus der Tiefkühltruhe wieder an die Oberfläche kamen, wenn die Bodenbewegungen dies zuließen. Durch das regelmäßige oberflächliche Auftauen während des Sommers und das Wiederzufrieren während des Winters entstehen auch im Permafrost ausgeprägte Umschichtungen im Boden, die unter Umständen dazu führen, daß schwere Körper an die Oberfläche gebracht werden. Sicher liegen noch viele Mammuts im sibirischen Eis, und noch mehr dürften in den gut zehntausend Jahren seit dem Ende der letzten Eiszeit vom Eis freigegeben worden sein. Sie lösten sich, an die Oberfläche gekommen, nach und nach auf, ohne daß sie bemerkt wurden. Mitunter finden sich auch nur Knochenreste an der Oberfläche.

Diese Vorstellung vom Sterben der Mammuts ist keine bloße Vermutung. Im Prinzip sind nämlich die letzten Bestände der Moschusochsen im hocharktischen Kanada ganz ähnlichen Bedrohungen durch die Witterung ausgesetzt. Ihre Bestände werden immer dann dezimiert, wenn es dort oben zu warm wird, also wenn Warmluftkeile so weit in die Arktis hochgerissen werden, daß es in den Tundren jenseits des Polarkreises zu regnen beginnt. Unter solchen Bedingungen erkälten sich die Moschusochsen und viele sterben. Weiter südlich, wo man annehmen könnte, daß es bessere Weidegründe für diese Tiere gäbe, überleben sie ohne menschliche Hilfe und Pflege nicht, weil sie zu schnell Lungenentzündung und sonstige Erkältungskrankheiten bekommen. In der Hohen Arktis gibt es keinen so raschen Wechsel von Warm- und Kaltfronten, so daß es kaum mehr zu ähnlichen Ereignissen kommen kann, wie für die Mammuts geschildert. Solche Temperaturstürze sind nur weiter südlich möglich. Damit erklärt sich, weshalb die unwirtliche Hocharktis mehr Großtieren der Eiszeit das Überleben ermöglichte, als die viel größeren Räume der gemäßigten Breiten.

Hier befanden sich aber die Hauptwohngebiete der Neandertaler. Sie wurden am meisten vom Schwinden der Tundra getroffen, weil dadurch nicht nur Nahrung knapp wurde, sondern auch ausgesprochen widrige Witterungsverhältnisse eintraten, denen die Neandertaler nicht gewachsen waren. Aller Wahrscheinlichkeit nach hatten sie nur in geringem Umfang Feuer benutzt, um sich zu wärmen. Die zurückgehende Jagdbeute wurde außerdem immer magerer, weil sich große Säugetiere zunehmend schwerer taten, Fettreserven anzulegen. Die Nahrungsgrundlage hierzu war zu mager geworden. Sie verstärkten den Jagddruck auf die noch überlebenden Großtiere, die sie dank ihrer hochentwickelten Jagdtechnik erlegen konnten. Nichts konnte den Niedergang der Jagdbeute bremsen. Mit jedem Großtier, das sie erlegten, wurde ihre eigene Lebensgrundlage schwächer. Die sinkende Siedlungsdichte der Beutetiere erforderte immer ausgedehntere Streifzüge und machte es notwendig, daß sich die Neandertaler weit übers Land verstreuten. Nur so war es möglich, noch eine Zeitlang zu überleben.

Das ausgeprägte, über weite Strecken sich vollziehende Nomadentum muß sich zwangsläufig auf die Fortpflanzungsrate dieser Menschen ausgewirkt haben. Mit abnehmender Zahl der Sozialkontakte sank die Möglichkeit zu regelmäßigem Austausch, und das lokale Erlöschen von Familien und Gruppen war nicht mehr zu verhindern, weil zu wenig rasch Neuzuwanderung erfolgte. Kurz, die Neandertalpopulation bewegte sich steil abwärts in eine Phase des Bestandszusammenbruchs hinein. Für Änderungen in der Lebensweise, die neue Möglichkeiten des Überlebens erschlossen hätten, fehlte die Zeit. Die Entwicklung verlief einfach zu schnell.

Eine uns heute selbstverständliche Eigenschaft fehlte den Neandertalern, und vielleicht war sie es, die den Niedergang besiegelte. Das war das Fehlen einer Sprache. Der Kehlkopf des Neandertalers war, wie dargestellt, nicht so gebaut, daß er eine Sprache in unserem Sinne ermöglicht hätte. Somit gab es für diese Eiszeitmenschen auch keine Möglichkeit, durch Informationsaustausch über größere Strecken den Schwierigkeiten zu begegnen, die sich aufgetan hatten.

Dies ist ein sehr kritischer Punkt, der mit großer Sorgfalt betrachtet werden muß. Reichen die indirekten Anzeichen aus den Schädelfunden wirklich aus, um so sicher sagen zu können, daß der Neandertaler keine echte Sprache besaß? Neue Befunde aus der Spätzeit der Neandertaler deuten zumindest die Möglichkeit eines beschränkten Sprechvermögens an. Bezeichnenderweise stammen sie aus dem afrikanisch-vorderasiatischen Übergangsgebiet. Laute konnte der Neandertaler auf jeden Fall von sich geben, und es ist unmöglich, das Ausmaß des damit verbundenen Informationsaustausches abzuschätzen. Aber das ist nicht der Punkt. Es geht nicht darum, wie gut sich der Neandertaler innerhalb seiner Gruppe, seines Familienverbandes oder Clans verständigen und ausdrücken konnte. Denn so lange die anderen Mitglieder der Gruppe anwesend sind, lassen sich Laute mit Gebärden und mit Mimik verbinden. Damit werden sie so gut verständlich, daß für Vorgänge, wie gemeinsame Jagd oder Fallenbau eine richtige Wortsprache gar nicht unbedingt notwendig sein dürfte. Hier lag nicht das Problem. Dies würde sich erst zeigen, wenn es darum geht, etwas zu erzählen oder von etwas zu berichten, das an anderem Ort stattgefunden hat und bei dem der Erzähler selbst unter Umständen nicht dabei gewesen ist.

Es handelt sich also um die Weitergabe von Information über mehrere bis viele Zwischenträger, die, wenn die Worte verbindlichen und allgemein verständlichen Charakter angenommen haben, zum Informationsfluß wird. Aus ihr ergibt sich eine ungleich schnellere Ausbreitung von Erfahrung als beim Verstehen durch Beobachtung von etwas Vorgemachtem. Einfacher ausgedrückt: Ein Jäger, der in der Lage ist, seinen Clangenossen direkt zu sagen, in einer Entfernung von jetzt bis zum Mittag befindet sich Wild genau dort an jener Tränke oder auf einer Lichtung im Wald, braucht seine Jagdgenossen nicht selbst an diese Stelle zu führen. Er kann sie hinschicken und andere gleichzeitig an weitere Stellen. Der Vorteil dieser indirekten Übermittlung der eigenen Erfahrung über die Wortsprache, mittels derer Entfernungen und Zeit, Vergangenes und zu Erwartendes, Gutes oder Ungünstiges ausgedrückt werden kann, liegt auf der Hand. Solange es viele Großtiere im Lebensbereich der Neandertaler gab und nur ein erlegtes ausreichte, um eine Familie wochenlang zu ernähren, war eine dermaßen detaillierte Informationsübermittlung ohne besonderen (Überlebens-)Wert. Erst bei Verknappung der Lebensgrundlage wurde sie lebenserhaltend.

Es wäre also beruhigend, einen weiteren, von der Schädelstruktur unabhängigen Hinweis auf die »Sprachlosigkeit« des Neandertalers zu gewinnen. Erinnern wir uns dazu an den verblüffenden Einstieg über die Erbinformation in den Mitochondrien, die so gedeutet wurde, daß im heutigen Menschen nichts vom Neandertaler steckt. Es handelt sich dabei im Prinzip um eine biologische Informationsübertragung, die sich allerdings mehr mit einer Schrift vergleichen läßt, weil im sogenannten »genetischen Code« die Anweisungen für die Arbeit und für die Funktionsweise der Zellen und Organismen festgelegt sind.

Das Ausmaß der durch Erbänderungen im Laufe der Zeit verursachten Schwankungen der Information im genetischen Code der Mitochondrien diente als Maß dafür, ob außerhalb von Afrika noch zusätzliches, aus anderer Quelle stammendes Erbgut hinzugekommen ist oder nicht. Die vorliegenden Untersuchungsergebnisse haben keine Hinweise ergeben, aus denen zu folgern gewesen wäre, der aus Afrika kommende Mensch hätte im Laufe der letzten Eiszeit noch Erbgut vom Neandertaler aufgenommen.

Diese Feststellung ist für die Menschwerdung und die einheitliche Abstammung aller Menschen von so fundamentaler Bedeutung, daß eine unabhängige Unterstützung eines solchen Befundes größten Wert hätte.

Die Sprachlosigkeit des Neandertalers liefert einen solchen zusätzlichen Beweis. Den Sprachforschern wird nämlich immer deutlicher, daß sich auch die verschiedenen Sprachen der Menschheit nach Art eines Stammbaumes gliedern lassen und auf eine Ursprache zurückgeführt werden können. Dieser Stammbaum der Sprachen enthält nirgends eine Stelle, an der fremde Sprachteile hinzukommen, die sich nicht aus vorhandenen ableiten lassen. Die am besten erforschte indoeuropäische Sprachfamilie müßte aber, weil ihre Träger im Kontaktgebiet mit Neandertalern lebten, Elemente enthalten, die von diesen anderen Menschen stammen, wenn diese eine eigene Sprache gehabt hätten. Überall dort, wo Sprachen unterschiedlicher Herkunft nachträglich zusammengekommen sind und sich überlagerten, drangen Worte und Begriffe der einen Sprache in die andere ein und umgekehrt. Nichts dergleichen ist für den Neandertaler feststellbar. Am modernen Menschen ging seine Existenz so spurlos vorüber, als hätte es ihn nie gegeben.

Wir befinden uns damit wieder auf dem direkten Weg zum modernen Menschen. Aber eine Erklärung steht noch aus, ohne die die Phase des Neandertalers nicht verständlich sein kann. Es handelt sich um die Frage, warum der Neandertaler die Reihe von Zwischeneiszeiten offensichtlich überstand, nicht aber die letzte, die wir als Nacheiszeit (Postglazial) bezeichnen. In den wahrscheinlich sieben Zwischeneiszeiten, die Jahrzehntausende dauerten, herrschten ganz ähnliche Lebensbedingungen, wie sie sich nacheiszeitlich einstellten. Die Wälder breiteten sich aus, der Großtierreichtum ging zurück, und es herrschte feuchtwarmes Klima. Soweit wir es gegenwärtig beurteilen können, stellt unsere gegenwärtige Phase, das Holozän, nichts weiter als eine Zwischeneiszeit, ein Interglazial, dar. Warum veränderte diese letzte Zwischeneiszeit so viel mehr als die vorausgegangenen?

Dazu ist zunächst festzuhalten, daß nicht nur die Neandertaler zumindest einige der Zwischeneiszeiten überlebten. Es deutet nichts darauf hin, daß sie einfach nach Afrika zurückgezogen sind. Das wäre auch nicht nötig gewesen, denn es überlebten nicht nur die Neandertaler, sondern auch die ganze Palette der eiszeitlichen Großtiere. Also sind entweder die früheren Zwischeneiszeiten nicht so stark in Erscheinung getreten wie die letzte, oder in dieser letzten tauchte ein neuer, bestimmender Faktor auf, der vorher nicht vorhanden war. Für die erste Möglichkeit sprechen keine Befunde zum klimatischen Ablauf des Pleistozäns. Die Großtiere können nur am Rande des verbliebenen Eises und der dort existenten Tundra einerseits und an den südlichen Rändern des Waldgürtels andererseits überlebt haben, wo dieser in die Steppen übergeht.

Nehmen wir an, daß der Neandertaler überleben konnte, wenn die Megafauna überlebte, dann löst deren Aussterben auch das Schicksal des Neandertalers. Da der hochspezialisierte Jäger ohne Beute nicht überleben kann, wäre die Verknüpfung genauso einsichtig wie die Abhängigkeit der letzten Waldindianer Amazoniens vom Fortbestand des tropischen Regenwaldes in ihrem Lebensraum. Wenn er verschwindet oder vernichtet wird, ist auch ihr Schicksal besiegelt. Die Geschichte der letzten fünf Jahrhunderte hat uns gezeigt, wie schnell das vonstatten geht und wie spurlos solche sogenannten Naturvölker verschwinden, wenn man ihnen ihren Lebensraum entzieht. Wir können daher die Behandlung dieses Problems noch einmal zurückstellen, bis es um das Verschwinden der Megafauna geht.

Ein Punkt muß hier aber angefügt werden, weil vielleicht zu schnell in Vergessenheit gerät, daß die Vorfahren der Neandertaler aus Afrika gekommen waren und daß es dort gleichfalls Neandertaler während des Pleistozäns gab. Diese afrikanischen Neandertaler verschwanden aber viel früher als die eurasiatischen. Ihr Niedergang steht in keinem direkten Zusammenhang mit Veränderungen in der Megafauna, die ja in Afrika weitgehend erhalten geblieben ist. Die Lösung dieses Rätsels muß also beides beinhalten: das Aussterben in Eurasien und das frühere »Aussterben« in Afrika.

Genaugenommen handelte es sich bei den Neandertalern Afrikas nicht um ein richtiges Aussterben, sondern um ein Verschwinden. Das soll nun keine Wortklauberei sein. Vielmehr soll damit ausgedrückt werden, daß in Ostafrika die Entwicklung weiterlief, aber in eine andere Richtung als in Europa und Westasien. Während hier, im Eiszeitland, die kräftigen, robusten und typischen Neandertaler entstanden, veränderten sich Gruppen afrikanischer Neandertaler allmählich zu längeren, leichteren, großschädligeren Formen, die schließlich den modernen Menschen repräsentierten. Der afrikanische Neandertaler starb daher nicht aus, sondern ein Sproß aus seinem ursprünglichen Grundstock trug das Erbe fort. Die übrigen Gruppen von Neandertalern, die bis nach Südafrika gekommen waren, sind es gewesen, die ausstarben. Die Verbindung zum modernen Menschen ist also durchaus gegeben. Nur reicht sie erheblich weiter zurück in die Vergangenheit. Die Abspaltung und die in der Folgezeit eingetretenen Veränderungen waren in Afrika bereits erfolgt, als sich in Europa die Lebensbedingungen für die Neandertaler so sehr verschlechterten. Der Zweig, der nach Europa gerichtet war, starb ab, nicht aber der Stamm, von dem er gekommen war. Darauf müssen wir zurückblicken, bevor wir zum modernen Menschen kommen.

22. Kapitel

Die Entstehung des Homo sapiens sapiens

Ist es nicht verwunderlich? Viele Jahrtausende lang lebten relativ hochentwickelte Menschen in Europa und Westasien. Sie hatten einen beträchtlichen technisch-kulturellen Standard erreicht, der sie dazu befähigte, alle Großtiere bis zu den riesenhaften Mammuts zu jagen. Sie lebten in einer Umwelt, in der es Löwen und Hyänen von größerer Kraft als die heute in Afrika vorkommenden gegeben hat. Sie besuchten Höhlen, in denen mächtige Bären hausten, und sie konnten sich gegen die in Rudeln jagenden Wölfe behaupten. Die Kälte konnte ihnen nichts anhaben, und die Festigkeit ihrer Knochen war beneidenswert. Diese Menschen beherrschten über Jahrhunderttausende ihre Welt in weitaus größerem Maße, als jemals zuvor eine einzelne Art den Gang des Lebens bestimmte. Ihre Gehirne reichten mit Sicherheit aus, um bedeutende Intelligenzleistungen zu vollbringen. Und doch waren sie unsere Vorfahren nicht.

Sie erlagen ihrer eigenen Überlegenheit, als sich am Ende der letzten Eiszeit die Lebensbedingungen so nachhaltig änderten. Nichts deutet darauf hin, daß sie sich im Ackerbau versucht hätten. Ihrem Lebensstil nach blieben sie Jäger bis zu ihrem Ende.

Wir müssen also die Spur des Menschen wieder zurückverfolgen und den Faden in Afrika erneut aufnehmen. Die Vorfahren der Neandertaler waren von dort gekommen. Wenn wir jetzt noch einmal die großen Abläufe während der Eiszeit vorüberziehen lassen, dann verlieren sich die Einzelheiten in der Zusammenschau. Als erster Vertreter der Gattung Mensch waren Gruppen von Homo erectus nach Asien und Europa gekommen. Sie hatten das heutige Nordostchina (wo ihre Überreste als »Peking-Menschen« gefunden worden sind) und die südostasiatische Inselwelt (dort »Java-Mensch« genannt) erreicht. In Zeiten, in denen der Meeresspiegel stark genug abgesunken war, konnte Homo erectus trockenen Fußes vom asiatischen Kontinent nach Sumatra und weiter bis Java gelangen, weil diese Inseln Teile des

Festlandssockels sind. In jenen fernen Zeiten, in denen diese kontinentalen Inseln zum Festland gehörten, waren die undurchdringlichen Dschungel der tropischen Regenwälder auf Reste zusammengeschrumpft, die auch im Fernen Osten dem Grasland Platz machten und somit freie Wanderungen für die Vorläufer des modernen Menschen gestatteten. Die Wiederausbreitung der Wälder und der Rückgang der Grasländer nahm Homo erectus den größten Teil seines außerafrikanischen Lebensraumes. Er starb außerhalb von Afrika aus. Die erste Auswanderungswelle aus Afrika war damit nach vielen Jahrtausenden gescheitert.

Die zweite Welle brachte vor etwa 200 000 Jahren den Neandertaler nach Europa und Westasien. Er hatte sich ursprünglich in seiner ostafrikanischen Heimat aus dem verbliebenen Grundstock von Homo erectus entwickelt, aber erst im nahrungsreichen eiszeitlichen Europa kam es zur so bezeichnend stürmischen Gehirnentwicklung. Das Ergebnis waren die größten Gehirne in der gesamten Geschichte der Menschheit. Während die Linie des Neandertalers in Europa und Westasien aufblühte, vollzogen sich auch in Ostafrika bedeutende weitere Schritte in der Evolution des Menschen. Sie lenkten zunächst ab vom Gehirn, dessen Kapazitäten noch gar nicht so richtig genutzt werden konnten, weil es kein »Instrument« besaß, um sich zu äußern. Dieses Instrument kam mit der Senkung des Kehlkopfes, der zu jenem Gebilde führte, das mit abwertendem Nachklang »Adamsapfel« genannt wird. Dieser Kehlkopf war nun geeignet, das Sprechen gelehrt zu bekommen. Der Lehrmeister ist das Gehirn. In ihm werden die Worte und Begriffe entwickelt, die von den Stimmbändern im Kehlkopf so in aneinandergereihte Töne umgesetzt werden, daß sich Worte und Sätze ergeben. Die Grammatik steckt nicht in den Worten, sondern in der Sprache an sich. Und diese ist ein Produkt des Gehirns.

Damit ist das kleinere Gehirn des modernen Menschen weitaus leistungsfähiger geworden als das größere des Neandertalers, weil es seine Gedanken und Schlüsse mitteilen konnte. Die Vorherrschaft der Muskelkraft über den Geist war damit gebrochen. Von jetzt an wurden die Leistungen des Gehirns unmittelbar zum Träger des Evolutionsprozesses. Sie bestimmen fortan den Weg des Frühmenschen zum modernen Menschen.

Ersterer befand sich aber immer noch so gut wie am Anfang, nämlich in seiner ostafrikanischen Heimat. Hier blieben die eigentlichen Vorfahren von uns Menschen auch die nächsten 100 000 Jahre. Die Savanne bot reichlich Nahrung, aber anders als beim Neandertaler blieb der Anteil von Pflanzen im Nahrungsspektrum hoch. Pflanzliche Kost lieferte die Kohlehydrate und die Vitamine als Ergänzung zum sehr fettarmen Fleisch der afrikanischen Wildtiere, die der werdende Mensch nun zunehmend auch direkt jagte. Seine Technik war primitiver als die des Neandertalers, aber das besagt nicht viel, weil Fleisch von großen Tieren nicht annähernd die Rolle spielte wie bei den Vettern in Europa. Die Menschen in Afrika waren dunkelhäutig. Sie brauchten damals wie heute die starke Pigmentierung als Schutz vor der intensiven Sonneneinstrahlung. Ihre Körper waren bis auf den Oberkopf und die Schambehaarung nackt. Talg- und Schweißdrüsen müssen gut entwickelt gewesen sein, sonst hätte die ungeschützte Haut der Beanspruchung nicht standhalten können.

Die Menschen müssen viel auf den Beinen gewesen sein, weil Früchte, Wurzeln und stärkereiche Knollen nicht überall zu finden waren, sondern gesucht werden mußten. Die Tierwanderungen vollzogen sich regelmäßiger, aber nur unter besonderen Umständen dürfte es möglich gewesen sein, Fallgruben zu benutzen, um Großtiere zu erlegen. Tiefgründige Böden sind in den Steppen und Savannen Ostafrikas höchst selten, und darin Gruben auszuheben, muß eine äußerst anstrengende und beschwerliche Tätigkeit gewesen sein. Es dürfte sich für die Menschen in Ostafrika deshalb nach wie vor gelohnt haben, als Nomaden umherzuziehen. Die Wanderungen der Großtiere führten sie an die nördlichen Grenzen der Grasländer. Dank der häufigen Steppenbrände beherrschten sie den Umgang mit dem Feuer. Sie wußten aber auch Bescheid, daß sich stärkereiche Knollen vor allem bei Trockenheit tage- bis wochenlang aufbewahren ließen.

Die Samen von Wildgräsern konnte man gleichfalls aufheben und später bei Bedarf kauen. Viele Vögel und andere Tiere, die den Menschen auffallen, wenn sie in der Savanne unterwegs sind, verzehren Grassamen. Es dürfte nicht schwer gewesen sein, darauf zu kommen, die harten Samen mit Steinen zu zerreiben. Irgendwann ergab es sich vielleicht vor 80 000 Jahren, daß Regen in das Zerreibsel fiel, das in der Tropensonne schnell wieder trocknete. Übrig blieb ein fladenartiges, stärkereiches Gebilde, das schmeckte und das sich mindestens genauso gut aufbewahren ließ wie in der Sonne gedörrtes Fleisch.

Das erste Brot war entstanden. Die Menschen gingen dazu über, zerriebene Pflanzensamen aufzubewahren. In der Regenzeit wurde dieses »Mehl« mitunter feucht. Hefepilze breiteten sich darin aus und fingen an, Gärungsprozesse einzuleiten. Viele Vorräte verschimmelten. Auch die verschiedensten Bakterien entwickelten sich rasant auf der stärkereichen Grundlage. Solche Bakterien, wie sie im Sauerteig enthalten sind, erwiesen sich als besonders wirksam.

Oft genug werden den Menschen die Vorräte ausgegangen sein. Die Regenzeiten waren immer ein großes Problem. Sie förderten zwar den Graswuchs, verminderten aber drastisch das Nahrungsangebot. Was blieb den Menschen anderes übrig, als auch auf verdorbene Vorräte zurückzugreifen, wenn die Not groß geworden war. Was sich dabei abspielte, mußte den Eindruck von Wunder erwecken. Bestimmte Formen der Gärung erwiesen sich nicht nur als erträglich, sondern sie verbesserten sogar die Nahrung. Die Bakterien des Sauerteiges fügen der Stärke Bakterieneiweiß von hoher Qualität hinzu. Die während der Gärung entstehende Kohlensäure lockert die klebrig-feste Masse. Der Speichel kann besser eindringen und das »Brot« liegt nicht so schwer im Magen. Aus der Notsituation heraus wurden neue Nahrungsmittel geboren: das Brot in seinen vielfältigen Formen und Ausführungen.

Ähnliches spielte sich bei Früchten ab, die gesammelt worden waren. Wieder und wieder kam es zur Gärung. Die Säfte der süßen Früchte wurden zuerst säuerlich, dann schmeckten sie merkwürdig, aber nicht unangenehm. Die Gärung hatte Alkohol erzeugt. Aus gärenden Getreidekörnern und Bitterstoffzusätzen wurde später Bier entwickelt. Die Grundlagen hierzu waren aber längst vorhanden, als die Menschen bemerkten, daß bestimmte Formen des scheinbaren Verderbens von Nahrungsmitteln zu qualitativer Verbesserung führte. Sie blieb nicht auf pflanzliche Produkte beschränkt, sondern erfaßte unter bestimmten Bedingungen auch tierische. So ließen sich aus eigentlich »verderbender« Milch Käse oder joghurtartige Produkte gewinnen. Stets waren und sind dabei Mikroorganismen beteiligt, die aus einseitiger Nahrung eine höherwertigere machen. Der Mensch lernte, sich diese Mikroben zu erhalten, sie zu vermehren und parat zu halten für den Bedarfsfall.

Diese ganz knappen Hinweise mögen hier genügen, um zu verdeutlichen, weshalb derartige Fortschritte in der Schaffung einer breiteren, zuverlässigeren Nahrungsbasis nie und nimmer hätten vom Neandertaler ausgehen können. Im Lebensraum der eiszeitlichen Tundra gab es keine stärkereichen Grassamen und keine süßen Früchte. Nur an den Zwergsträuchern entwickelten sich im Spätsommer und Herbst Beeren. Sie konnten nicht vergären, weil Trockenheit und Frost das verhinderten. An Milch dürften die Neandertaler als Großtierjäger kaum jemals herangekommen sein, und Bienen lebten in der Tundra nur in sehr geringer Häufigkeit. Die meisten Vertreter der Bienengruppe dürften Hummeln gewesen sein, deren Staaten zu klein sind, um nennenswerte

Honigmengen zu liefern. Auch der Honig ist eine Spezialität der warmen Regionen, und es bedurfte viel später der umsichtigen Pflege der Imker, um diesen früher einzigen Zuckerlieferanten in den gemäßigten Breiten erhalten zu können.

Honig, Brot und Wein stammen nicht aus dem Eiszeitland. Sie sind Errungenschaften jenes anderen Menschen, der sich vor etwa 70 000 Jahren anschickte, Afrika zu verlassen. Unter den Lebensbedingungen des afrikanischen Ursprungsgebietes lassen sich diese neuen Errungenschaften zu einem sinnvollen Bild zusammenfügen. In die Eiszeitlandschaft Europas hätten sie nicht gepaßt.

Sicher sind diese neuen Entwicklungen nicht so zu verstehen, daß irgend jemand plötzlich, sagen wir vor 20 000 Jahren, die Herstellung von Brot oder die Nutzung von Honig entdeckt hätte. Das Wissen sammelte sich in Zehntausenden von Jahren allmählich an. Vorläufer gab es genug, sogar bis in die Tierwelt hinein.

So führt ein starengroßer, unscheinbarer Vogel, der Honiganzeiger, mit auffälligem Rufen und Gehabe den afrikanischen Honigdachs zu Vorkommen von Honigbienen. Der Dachs ist am Honig interessiert. Er zerstört die Nester und verzehrt den Honig. Der Vogel dagegen nutzt das Wachs. Er besitzt hochspezialisierte Mikroben in seinem Verdauungssystem, welche in der Lage sind, das Wachs in verwertbare Nahrungsbestandteile zu zerlegen, von denen sich dann im Endeffekt der Vogel ernährt. Seine Jungen sind dazu nicht in der Lage. Der Honiganzeiger mußte daher zum Brutparasiten werden, um diese extreme Nahrungsnische nützen zu können. Er läßt seine Jungen von fremden Wirtseltern großziehen, die ganz normal Insekten an diese verfüttern. Der Honiganzeiger führt aber durchaus auch Menschen zu den Bienen. Er zeigt ihnen gegenüber ein ganz ähnliches Verhalten wie beim Honigdachs, und er wird dafür in gleicher Weise belohnt. Nun ist es nicht schwer, die Niststandorte der Bienen im Kopf zu behalten und von Zeit zu Zeit nachzusehen, ob schon wieder Honig angesammelt ist. Über die Zusammenarbeit mit dem Honiganzeiger wäre es auch heute keine Schwierigkeit, sich in einem bestimmten Umkreis um einen Lagerplatz die vorkommenden Bienen zunutze zu machen. Im Mittelmeerraum, der späteren Hochburg der Bienenhaltung, gibt es keine Honiganzeiger-Vögel. Niemand wird ernstlich annehmen, daß die Nutzung der Bienen dort auf direktem Wege entstanden sein könne. Viel wahrscheinlicher ist es, im früheren Zusammenwirken mit dem Honiganzeiger den Ursprung der Bienennutzung und der Honiggewinnung zu sehen. Solche wichtigen »Erfindungen« werden nicht einfach gemacht, und dann sind sie da. Es gibt in aller Regel gleitende Übergänge, auf denen sich frühere, einfachere Nutzungsformen zu komplizierteren weiterentwickeln und verbessern.

Ein ganz zentraler Gedanke ist dabei das Prinzip, daß erst der Mangel weiteren Fortschritt bewirkt. Solange etwas im Überfluß vorhanden ist, besteht keine Veranlassung, seine Nutzung zu verbessern. Erst wenn das benötigte Gut knapp wird, setzt die Selektion an, und die bessere, die effizientere Nutzung wird zum Konkurrenten der früheren guten Verwendung. Solange »Milch und Honig fließen«, besteht keine Veranlassung, das paradiesische Leben zu verlassen. Der Zufall spielt eine viel geringere Rolle im Prozeß der Evolution als die Notwendigkeit, die der Mangel gebiert.

Damit ist bereits der Zweifel angekündigt, daß es nur Zufall gewesen ist, daß Menschen Afrika verließen und nach Asien und Europa einwanderten. Hätte sich der Vorgang nur ein einziges Mal ereignet, wäre es in der Tat schwer, gegen den Zufall zu argumentieren. Aber das im Prinzip gleiche Ereignis hatte schon zweimal vorher stattgefunden, das im dritten Anlauf den Menschen um die ganze Welt führte. Ein dreimal gleicher Zufall wäre ein zu großer Zufall. Es muß mehr, viel mehr dahinterstecken.

Der Weg des neuen Menschen, der Weg, den Homo sapiens sapiens genommen hat, wird sich bei näherer Betrachtung als konsequenter Fort-Schritt aus Afrika erweisen und das Rätsel, die biblische Metapher von der Vertreibung aus dem Paradies, wenn nicht lösen, so doch zumindest verständlicher machen.

23. Kapitel

Der dritte Exodus

Wanderlust charakterisiert die Menschwerdung. Vor etwa einer Million Jahren hatte Homo erectus einen Teil der Alten Welt von Afrika aus besiedelt. Vor 200 000 Jahren stieß der Neandertaler vor, und vor 60 000 bis 70 000 Jahren stellte sich die gleiche Situation beim »modernen Menschen« Homo sapiens sapiens ein. Gruppen dieses jüngsten Zweiges am Stammbaum der Gattung Mensch waren, in Großfamilien umherstreifend, an den Rand der Wüste gekommen. Doch entgegen früheren Entwicklungen drängte der Wüstenrand in dieser Zeit nicht nach Süden in den tropischen Bereich hinein, sondern er wich mehr und mehr zurück. Gleichzeitig schoben sich von Süden her die Wälder wieder voran. Sie griffen entlang der Flußläufe ins Land hinein. Wie riesenhafte Amöben mögen sie aus der Ferne betrachtet ausgesehen haben, als sie sich, Jahr für Jahr weiter voranrückend, in die Steppe hinausbewegten. Die Großtiere wichen aus. Sie konnten dies, weil durch den vermehrt fallenden Regen die Trockengebiete grünten und die Wüste ihrerseits immer weiter zurückwich. Die Zwischeneiszeit im Norden bescherte Afrika eine neue große Regenzeit, ein Pluvial. Je mehr sich die Wälder ausbreiteten, desto größer wurde der Lebensraum der neuen Menschenform, die sich den Waldrand-Bedingungen als Jäger und Sammler angepaßt hatte.

Das Schwergewicht hatte sich aber zunehmend auf die Seite des Sammlers verschoben, weil die neuen Techniken der Aufbesserung pflanzlicher Nahrung die Abhängigkeit vom tierischen Eiweiß verringerten. Die andere Menschenform in Afrika, die dem Neandertaler entsprach, der in Europa bereits lebte und sich dort bis an die Grenzen des Eises ausgebreitet hatte, wurde durch die wachsenden Wälder zurückgedrängt. Ihm drohte das gleiche Schicksal, das am Ende der Eiszeit den Neandertaler ereilte, und wie dieser verschwanden auch seine Verwandten in Afrika. Der viele Jahrtausende lang unbedeutende Seitenzweig, der grazilere, weniger robuste Homo sapiens sapiens, strebte dagegen der vollen Entfaltung entgegen. Er war es, der nun in einer dritten Auswanderungswelle den löchrig gewordenen Wüstengürtel überwand und sich zunächst im heutigen Palästina und in den südwestasiatischen Randbereichen festsetzte. Von hier aus gelangte er in den östlichen und wahrscheinlich auf gleichem Wege bis in den westlichen Mittelmeerraum. Im Gegensatz zum Neandertaler hielt sich der nun nach einem Hauptfundort in Südfrankreich Cro-Magnon-Mensch genannte neue Vertreter der Menschenlinie im mediterranen Bereich, wo es Wälder und Höhlen gab. Nur im atlantisch beeinflußten Westen griff das Vorkommen der Cro-Magnons weiter nach Norden aus. Es deckt sich ziemlich genau mit der Südgrenze der Tundra während der Eiszeit.

Die Cro-Magnons waren dem äußeren Erscheinungsbild nach Menschen des heutigen Typs. Sie lebten nicht in den offenen Tundren. Neandertaler und Cro-Magnons trennten sich nach verschiedenen Lebensraumtypen, wie das viele nahe verwandte Arten tun. Sie machten sich kaum Konkurrenz, solange die Tundra produktiv war und der Wald nicht vorrücken konnte.

Unter diesen stabilen Verhältnissen der letzten Eiszeit blühten also zwei Menschenformen und zwei menschliche Kulturen eng benachbart in Europa und in Südwestasien. Anders sah es in Ost- und Südostasien aus. Dort gab es keine Neandertaler, weil sich aus klimatischen Gründen nicht annähernd solche Großtierbestände entwickeln konnten wie in den Tundren des Westens. Der vom indischen Ozean und vom Südwestpazifik kommende Monsun brachte reichlichere Niederschläge, unter denen auch zu den Höhepunkten der Eiszeit noch lichte Wälder gedeihen konnten. Dem Vordringen des neuen Menschen stellte sich daher weder eine sehr ähnliche, körperlich kräftigere Art entgegen noch unüberwindliche Barrieren in Form von unbewohnbaren Räumen. Die Besiedlung schritt daher in Süd- und Südostasien rascher voran als im Westen. In weniger als 10 000 Jahren hatte der moderne Mensch Ostasien erreicht.

Etwa 40 000 Jahre vor unserer Zeitrechnung wurde Australien besiedelt. Die neuen Menschen mußten infolgedessen in der Zwischenzeit den Bau von Flößen oder einfachen Wasserfahrzeugen gelernt haben, weil sich Australien mit Neuguinea außerhalb des asiatischen Festlandssockels auf einer eigenen Kontinentalscholle befindet. Niemals kam es während des Pleistozäns zu einer Landverbindung mit Südostasien. Die Erstbesiedler von Australien, deren Nachkommen die Abori-

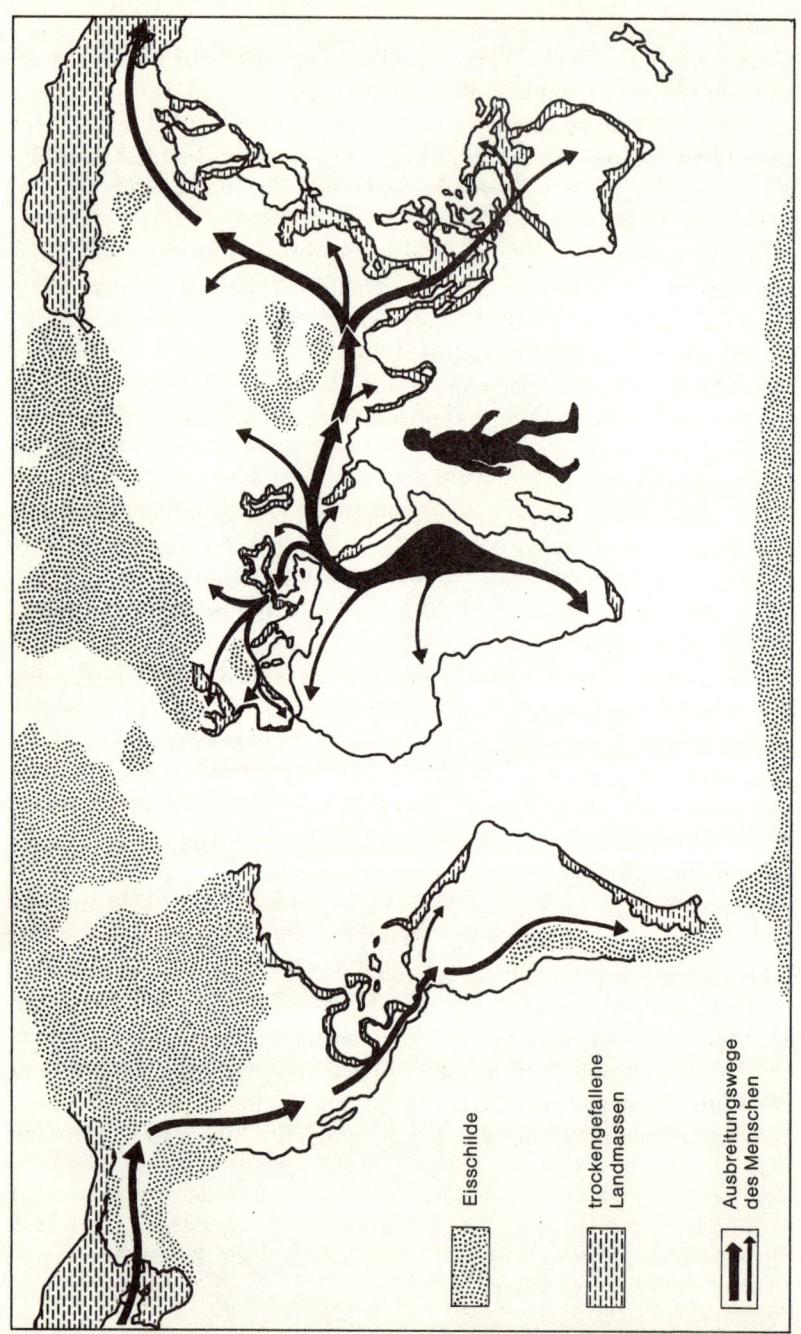

genes darstellen, konnten den Inselkontinent also nur per Schiff erreicht haben, wobei mit »Schiff« kein hochseetüchtiges Wasserfahrzeug im heutigen Sinne zu verstehen ist, sondern wahrscheinlich nicht mehr als ein großes Floß oder ein primitives Auslegerboot. Doch solche Möglichkeiten, das Meer zu befahren, reichten, um die Ausbreitung des Menschen rasch voranzutreiben.

In den folgenden Jahrtausenden verlagerte sich die Bewegung des Menschen mehr und mehr aus dem asiatischen Raum. Sprachlich lassen sich bereits drei große Gruppen unterscheiden. Die eine und ursprünglichste liegt innerhalb von Afrika und muß die Ursprache der Menschheit enthalten haben, die anderen beiden Sprachentwicklungen entsprechen einem west-zentral-nordasiatischen und einem südostasiatischen Zweig, von dem sich die Linie abspaltete, die nach Australien und Neuguinea führte.

Die andere Linie entspricht dem nördlicheren Ausbreitungszweig des modernen Menschen. Von ihr zweigt ein kräftiger Ast nach Westen ab. Er umfaßt die sogenannten caucasoiden Völker und damit auch die Cro-Magnons des eiszeitlichen Europa. Der andere Hauptast gabelt sich im Nordosten Asiens. Ein Teil reicht nach Ostasien hinein und wurde dort zu einem Dichtezentrum, wo sich bis heute der größte Teil der Menschheit befindet. Die ostasiatische Menschenkonzentration umfaßt mehr als ein Fünftel aller Menschen. Der nördliche Gabelast läuft weiter. Er greift über die Beringstraße nach Nordamerika hinüber und verläuft südwärts bis zur Südspitze von Südamerika. Es ist gerade 11 000 Jahre her, daß die ersten Menschen den amerikanischen Doppelkontinent erreichten und in einer beispiellosen Ausbreitungswelle innerhalb von weniger als einem Jahrtausend nahezu ganz Amerika besiedelten.

Sie kamen über die vor knapp 12 000 Jahren noch trockene Beringstraße hinüber. Dieses Gebiet war nicht vereist, sondern mit einer Tundra bedeckt, die in vieler Hinsicht der eurasiatischen Tundra entsprach, obwohl sie sich polnäher befindet. Vielleicht war sie gleichfalls gut mit Großtieren besiedelt wie die europäischen Tundren. Die späten Mammutvorkommen in Nordostasien sprechen dafür. Sie müssen eigentlich

Die Straße des Lebens: Der Mensch betritt sie erst am Ende der mehr als zwei Milliarden Jahre umfassenden Zeitspanne der Evolution der Organismen. Sein gesamter Stammbaum macht bis zur Abtrennung von der Menschenaffenlinie nur ein Tausendstel der Geschichte des Lebens aus.

der Anreiz gewesen sein, den Weg in den hohen Norden zu nehmen. So stellt man sich für gewöhnlich den Verlauf der Besiedelung Amerikas vor.

Aber hätten dann nicht die Neandertaler bereits vorher den Weg nach Amerika finden müssen? Es gibt viele Verfechter der Annahme, daß schon lange vor diesem Zeitpunkt, der mit 11 000 Jahren angenommen wird, Menschen in Amerika gelebt hatten. Doch bei genauerer Überprüfung stellte sich immer wieder heraus, daß die Befunde doch nicht so schlüssig sind. Bis jetzt gibt es keinen wirklich überzeugenden Nachweis für eine frühere Besiedlung Amerikas.

Gewisse Unsicherheiten bleiben dennoch bestehen. So setzt der Weg über die Beringstraße voraus, daß es primär Jägergruppen gewesen sein müssen, die nach Amerika gezogen sind. In der hocharktischen Tundra von Beringia gab es keine Alternative. Das Überleben und Vorankommen hing vom Jagderfolg ab. Die Fähigkeiten, aus Pflanzensamen eine Art Brot zu machen, Gärungsprozesse zu nutzen und mit Honig kurzfristig die Leistungsfähigkeit zu steigern, brachten im Bering-Gebiet keinen Nutzen. Es gab nichts dergleichen dort. In Amerika führte der gangbare Weg nordwärts um das Zentralgebirge in Alaska und von dort in die Prärien hinein. Erst mehrere tausend Kilometer weiter im Süden und Südwesten fing eine Zone an, in der Pflanzenwachstum wieder eine wichtige Lebensgrundlage bieten konnte.

Ist es möglich, daß sich eine ganze Serie von Generationen mehr oder minder reinen Jägertums in die Ausbreitungslinie des Menschen über beide Amerikas eingeschoben hat, die dann am Übergang zu Mesoamerika wieder auf vorwiegend pflanzliche Ernährung umschlug und über fast ganz Südamerika in dieser Form erhalten geblieben ist? Das ist auch deswegen so schwer vorstellbar, weil im ganzen übrigen Ausbreitungsweg keine einseitige Abhängigkeit von der Jagd festzustellen ist. Vielleicht birgt die Zusammensetzung der Nahrung die Lösung. In den wärmeren, südlicheren Regionen enthält das Fleisch der Großtiere (zu) wenig Fett. In den kalten Regionen, wo Fett auch zur Wärmedämmung des Körpers benötigt wird, kann es die Kohlehydrate ersetzen. Darauf ist mehrfach ausführlich eingegangen worden. Die Lösung könnte sich dann abzeichnen, wenn der Übergang vom »Jagen« zum »Sammeln« beziehungsweise zum bald darauf folgenden Ackerbau räumlich und zeitlich nicht abrupt erfolgen würde. Es müßte eine Art Zwischenstufe existieren, die Eiweiß mit der Methode des »Sammelns« einbringt und damit den Übergang zu eiweißarmer, aber stärkereicher Pflanzenkost ermöglicht.

Diese »Übergänge« finden sich überall an den Küsten beider Amerikas in Form von Muschelhaufen, in Südamerika Sambaquis genannt. In Skandinavien heißen diese Haufen von Muschelresten Kjökkenmöddinger (Küchenabfälle). Das leicht verdauliche, hochwertige Muschel-Eiweiß bildet genau den zu fordernden Übergang von der erjagten Fleischbeute zur gesammelten Eiweißnahrung. Die Bilanz bleibt daher auf dem gesamten Weg ziemlich ausgeglichen. Was die Jagd im Norden und in den Prärien einbrachte, enthielt Eiweiß und »Brennstoffe« in vergleichbarem Verhältnis wie Muschelnahrung und Pflanzen weiter im Süden. Für die Ausbreitung des modernen Menschen nach Amerika entsteht damit kein Nahrungsengpaß, der eine schwer oder nicht zu überwindende Barriere aufgebaut hätte. Schon entlang der Küste von Nordostasien bot die Muschelnahrung Zusatz und Ersatz. Der Weg ans Meer hatte also durchaus reale Gründe, die mit einer ausgewogenen Ernährung zusammenhängen.

Wir greifen an dieser Stelle den zurückgelassenen Faden wieder auf, der sich durch den Weg der Pferde aus Nordamerika nach Asien und schließlich nach Afrika ergeben hatte. Der Mensch nahm genau den umgekehrten Weg. Das hatte fatale Folgen. Viele Großtierarten wurden ausgerottet.

Die gängige Erklärung dafür liest sich folgendermaßen: In seinem afrikanischen Ursprungsgebiet waren die gejagten Großtiere gleichsam mit dem Menschen groß geworden. Sie kannten ihn als eine Art Raubtier besonderer Provenienz. Weil sich die afrikanische Megafauna parallel mit der Menschwerdung entwickelt hat, konnte sie sich auf das außergewöhnliche Raubtier, diesen »Super-Prädator«, einstellen. Auch die asiatische Großtierwelt war seit Jahrhunderttausenden mit Formen des Menschen vertraut und der Nutzung durch den Menschen ausgesetzt. Sie kam damit noch einigermaßen zurecht.

Ein Teil der Großtiere blieb auf der Strecke, als sich die Lebensbedingungen verschlechterten und der Feinddruck durch den Menschen nicht schwächer wurde, sondern in dem Maße zunahm, in dem die Bestände ausdünnten. Am Aussterben von Mammut und Wollhaarnashorn, so muß man annehmen, war der Mensch nicht unschuldig. Wie sonst hätten nahe Verwandte dieser Tiere in Afrika und Südasien überleben können und nicht im Jagdgebiet der Menschen? In die südasiatischen Wälder konnten die Menschen nur langsam eindringen. Diese Wälder waren und sind relativ produktiv, und sie ernähren durchaus Großtiere. Doch in den Dschungeln lohnte die Jagd bei weitem nicht so wie in der schrumpfenden Tundra. Dort vollzog sich die Ausrottung mancher Großtierarten lange bevor wir uns darüber ernsthafte Gedanken machten.

Verheerend wurde das Eindringen des Menschen aber für die Großtiere jener Kontinente, in denen vorher überhaupt niemals Menschen gewesen waren. Nord- und Südamerika sowie Australien waren die drei Kontinente, in denen nun ein späteiszeitliches Massensterben von Großtieren einsetzte, das sich mit natürlichen Prozessen nicht mehr erklären läßt. »Overkill« nannten manche Forscher das Massensterben von Großtieren in den bis dahin menschenfreien Kontinenten. Es pflanzte sich bis in unsere Zeit fort, als die letzten abgelegenen Inseln entdeckt und besiedelt wurden. Kurze Zeit darauf starben die Riesenvögel von Neuseeland, die Moas, aus. Das gleiche Schicksal hatte die Riesenstrauße oder Elefantenvögel von Madagaskar ereilt, als vor rund tausend Jahren die ersten Menschen dorthin gelangten. Menschen wurden dem Riesenalk zum Verhängnis. Beinahe ausgerottet wurden die See-Elefanten entlegener Meeresinseln, die Riesenschildkröten von Galapagos, und als letzter und besonders beschämender Vorgang in dieser Richtung ist auf die Bedrohung unserer nächsten noch lebenden Verwandten, der Gorillas, Schimpansen und Orang-Utans, sowie auf die Gefährdung der großen Wale hinzuweisen. Die Ausbreitung des Menschen über die Welt ist von einer nicht enden wollenden Serie von Ausrottungen von Großtieren begleitet – und von der Einführung der Nutztiere andererseits, die inzwischen längst den Stellenwert der ehemaligen Megafauna überschritten haben und zu einem globalen Umweltproblem geworden sind. Was Nutztiere des Menschen an der Vegetation der Erde anrichten, kommt der direkten Vernichtung von Lebensräumen durch den Menschen gleich. Das Methan aus der Verdauung der millionenköpfigen Schar der Rinder belastet die Atmosphäre und gehört wie Autoabgas zu einer erstrangigen Umweltverschmutzung. Von Gülle ganz zu schweigen. Doch wir schweifen ab.

Die Kernaussage sollte sein, daß der klimatische Rückschlag am Ende der letzten Eiszeit deswegen so ganz andersartige Wirkungen als frühere Zwischeneiszeiten gebracht hatte, weil der Mensch die Rahmenbedingungen neu gesetzt hatte. Seltenheit war für die Großtiere nun kein Schutz mehr, sondern eine existentielle Bedrohung. Nur Arten, die sich eine hohe Fortpflanzungsrate bewahren konnten, vermochten dem zusätzlichen Druck des Menschen standzuhalten. Je weniger eine Fauna Bekanntschaft mit dem Menschen gemacht hatte, desto leichter war sie zu vernichten. Die einzige wirkliche Ausnahme war und blieb Afrika, die Urheimat des Menschen. Dort überlebte die Großfauna, und gegenwärtig überrollen Millionen von Gnus und Zebras die Steppen und Savannen gerade in jener Gegend, von der man zu sagen pflegt, daß dort die Wiege der Menschheit gestanden habe.

Co-Evolution ist das moderne Schlagwort, das als Erklärung angeboten wird. Die afrikanische Megafauna überlebte, so heißt es, weil sie sich mit dem Menschen zusammen entwickelte und sich somit auf ihn einstellen konnte. In Afrika gehört, um es noch zeitgemäßer auszudrükken, der Mensch zum Ökosystem. Dort wäre er, würde er nicht nach europäischem Vorbild leben (wollen), ein Teil der Natur und mit ihr in Harmonie.

Die Wirklichkeit richtet sich nicht nach Schlagworten und Idealisierungen. An der Co-Evolution von Mensch und Großtieren in Afrika darf gezweifelt werden; die Vorstellung von der Harmonie mit der Natur ist nichts weiter als ein Wunschbild fern jeder Realität. Wären diese Vorstellungen in der Tat zutreffend, dann hätte Afrika gleichsam das Paradies für den Menschen sein müssen. Warum sollten Menschen dieses »Paradies« verlassen, um sich in die Kälte der Eiszeit hinauszubegeben? Warum sollten sie die Harmonie mit der Natur aufgegeben haben, um Disharmonie dafür einzutauschen? Und warum, so müssen wir noch bohrender nachfragen, blieb bis in die jüngste Zeit ausgerechnet Afrika der am dünnsten besiedelte Kontinent? Wenn der Schwarze Erdteil schon die Heimstatt des Menschen (gewesen) ist, dann muß man annehmen, daß dort im Entstehungszentrum auch besonders viele Menschen leben, denen es wohl ergeht. Nur der Überschuß sollte abgewandert sein, um neue Lebensmöglichkeiten zu erschließen oder zugrunde zu gehen. Die einfache Erklärung könnte sein, daß sich die Verhältnisse in Afrika eben in den letzten 70 000 Jahren so stark geändert haben, daß es sich nun für den Menschen jenseits von Afrika besser lebt.

Um welche Verhältnisse könnte es sich gehandelt haben, die sich so sehr zuungunsten des Menschen veränderten? Die allgemeinen klimatischen Umstellungen kommen hierfür nicht in Frage, weil sie auch die afrikanischen Großtiere getroffen und dezimiert haben müßten. Das war aber nicht der Fall. In Afrika überlebte fast die gesamte Artenfülle der eiszeitlichen Großtiere, während wesentliche Teile der Megafauna in Europa zusammen mit dem Neandertaler ausstarben. Es muß sich daher in Afrika um einen besonderen Vorgang gehandelt haben. Aber um welchen?

Damit stehen wir wieder am Anfang. Afrika war der Ursprung des Menschen. Dafür gibt es genug Belege. Aber was mag Menschen veranlaßt haben, die afrikanische Heimat zu verlassen? Warum sind Vorstellungen von einem Paradies entstanden? Dieses Wunschbild deckt sich gegenwärtig nirgends auf der Welt mit der Wirklichkeit. Es ist selbst der modernen Technik nicht gelungen, eine Lebenswelt für den Menschen zu entwickeln, die seinen Vorstellungen von einem Paradies entspricht. Wunschbild und Wirklichkeit sind gespalten. Was ist ihr Urgrund? Was steckt hinter der Metapher von der Vertreibung aus dem Paradies?

24. Kapitel

Die Vertreibung aus dem Paradies

Nun stehen wir nicht mehr am Anfang des Puzzles von der Menschwerdung. Wir sind der Lösung schon recht nahe gekommen, es fehlt noch gleichsam das Kernstück, um das sich die Teile gruppieren lassen. Finden wir das entscheidende Glied, wird sich das neue Bild fast von selbst zusammensetzen.

Greifen wir dazu ganz unbiologisch das biblische Gleichnis vom Paradies auf. Was immer es im mythisch-religiösen Sinne besagen soll oder ausdrücken mag, es steckt die bemerkenswerte Tatsache darin, daß eigentlich eine recht irdische Vorstellung vom Paradies vermittelt wird. Die wilden Tiere waren friedlich und es gab Früchte an den Bäumen. Das Menschenpaar, das unseren Ursprung verkörpern soll, war bereits nackt! Diese Tatsache war Adam und Eva im biblischen Sinne offenbar zunächst nicht bewußt. Erst nach ihrer Vertreibung aus dem Paradies mußten sie sich mit ihrer beider Nacktheit auseinandersetzen. Erst in der späteren Vorstellung vom Garten Eden gab es Ackerbau, und da Milch floß, muß es milchliefernde Nutztiere gegeben haben. Mit Blick auf unsere angeblich uralten Jagdinstinkte müssen wir außerdem als bemerkenswert festhalten, daß im Paradies die Tiere keine Angst vor dem Menschen hatten und Jagen und Töten überhaupt nicht erwähnt werden. Dornen und Disteln sollte sodann – in der nachparadiesischen Welt – die Erde tragen, und im Schweiße seines Angesichtes hatte der Mensch sein Brot zu verdienen.

Natürlich ist die Bibel kein Naturkundebuch, und der Schöpfungsmythos der Genesis darf nicht als kurzgefaßter Ablauf der Naturgeschichte betrachtet werden. Allzu wörtliches Auslegen der Bibel hat genug Unheil in der Welt gestiftet. Aber ist es nicht verwunderlich, wie viele Bausteine sich in den wenigen Sätzen der Genesis zum Paradies und der Vertreibung daraus wiederfinden, die bei der biologischen Menschwerdung wichtige Rollen gespielt haben? Warum werden genau die entscheidenden Gegebenheiten und Vorgänge genannt, die den Weg des Menschen begleitet haben?

Da geht es um die Nacktheit und um den Schweiß im Angesicht, um Früchte und um eine friedfertige Ausgabe des Menschen, nicht um wilde Jäger oder behaarte Ungeheuer. Warum mußte sich der Mensch bekleiden, um seine Nacktheit zu verbergen? Was sollte denn Unrechtes daran gewesen sein? Bewegten sich nicht bis in unsere Zeit zahlreiche Naturvölker in natürlicher Nacktheit? Es blieb uns das zweifelhafte Verdienst, diesen »Naturkindern« schäbige Kleidung als Ausdruck einer mißverstandenen Zivilisation gebracht zu haben, mit der sie uns, die Erfolgreicheren, nachäffen oder eigentlich unsere Überheblichkeit und Voreingenommenheit karikieren. Kleidung als Mittel, die angeborene, artgemäße Schamhaftigkeit zu kaschieren; wäre das die Lösung? Sicher nicht. Zu unterschiedlich ist das menschliche Verhalten in dieser Hinsicht, zu sehr unterliegt die Schamhaftigkeit den Modeströmungen, und viel zu einseitig haben wir in unserem westlichen Kulturkreis »Anständigkeit« festgelegt, ohne uns darum zu kümmern, ob die Ureinwohner Australiens, die Aborigenes, ob die Melanesier, die Indios am Amazonas oder die riesigen Völker Süd- und Ostasiens unsere Einstellung teilen.

Wenn es aber stimmt, daß wir alle aus einem gemeinsamen Ursprung hervorgegangen sind und daß es folglich nur eine einzige Art Mensch gibt, dann darf nicht die sich verändernde Norm einer Teilgruppe als Maß für die Gesamtheit der Menschen genommen werden. Vielmehr müssen wir die ganze Bandbreite des Menschseins akzeptieren, und diese enthält eben eine beachtliche Anzahl von Völkern und Kulturkreisen, in denen ein nackter menschlicher Körper nichts Anstößiges oder Abzulehnendes darstellt.

Bewertet also der Bibeltext die Nacktheit des Menschen nur aus dem damaligen Selbstverständnis der Bewohner einer Wüsten- und Halbwüstenlandschaft zwischen Afrika, Asien und Europa? Es gibt so viele andere Schöpfungsmythen aus den verschiedensten Kulturkreisen, die man genauso in die Betrachtung mit einbeziehen könnte. Sie würden die Gewichtung des Bibelgleichnisses nachhaltig verändern. Somit war dieser Abstecher in den mythisch-religiösen Bereich unnötig, die anscheinenden Übereinstimmungen mit der biologischen Evolution des Menschen doch nur zufällig und keiner weiteren Überlegung wert?

Ginge es nur um die Nacktheit, könnte man sich damit zufriedengeben, die Übereinstimmung als zufällig abzutun. Aber es tauchen so gewichtige weitere Entsprechungen auf, daß man nicht zu bereitwillig aufgeben sollte, darüber gründlicher nachzudenken. Wie kommt es, daß in den Mythen der Prärie-Indianer die Jagd eine so hervorragende Rolle spielt, daß sie vielleicht ganz Ähnliches ausdrücken, was wir aus den eiszeitlichen Höhlenmalereien von Altamira und Lascaux herauszulesen versuchen? Warum wird dagegen in der Bibel betont, daß im Paradies der Mensch und die Tiere friedlich zusammenlebten? Warum gab es im Garten Eden Milch, aber keine gebratenen Schweine und Tauben wie im Märchen vom Schlaraffenland? Warum mußte sich der Mensch erst hinterher, nach seinem Auszug aus dem Paradies, abrackern und Schweiß vergießen? Genau diese Vorstellungen fehlen in den Mythen von Völkern, die sich in weit entfernter geographischer Lage zu Afrikas Pforte in die übrige Welt befinden.

Könnte es nicht einfach sein, daß in der Genesis etwas beschrieben wird, was in ferner Vergangenheit tatsächlich für den Menschen *in diesem Raum* von größter Bedeutung gewesen ist?

Versuchen wir die Frage anders zu formulieren, und zwar so, daß sie mit dem Wissen und mit den Befunden der Biologie zu behandeln ist. Sie könnte dann etwa folgendermaßen lauten: Kann Nacktheit lebensbedrohend sein?

Natürlich kann sie das. Zum Beispiel dann, wenn es zu kalt ist, um nackt herumzulaufen. Eine solche Antwort wäre so banal, daß die Frage gar nicht hätte gestellt werden dürfen. Sie ist anders zu verstehen. Ihre Umkehrung klärt das sofort: Unter welchen Umweltbedingungen leben (oder lebten) Naturvölker weitgehend oder ganz nackt? Es sind dies Bewohner tropischer Regenwälder gewesen, wie die Pygmäen im Kongo-Regenwald, zahlreiche Indio-Stämme und -Völker in Amazonien, Naturvölker in den südostasiatischen Regenwäldern und auf tropischen Inseln. Sie bilden die eine Gruppe nackt lebender Menschen: die Tropenwaldbewohner. Zur anderen Gruppe gehören Menschen, die in den tropischen Savannen leben. In Afrika gibt es bis heute solche Stämme, aber auch die australischen Aborigenes waren so gut wie vollständig nackt. Bemerkenswerterweise widerstanden sie sogar den kalten Nächten im australischen Busch und zeigten damit, daß die Bedeckung der Nacktheit als Schutz vor der Kälte eher von nachrangiger Bedeutung ist. Kleidung wurde erst in den gemäßigten und kalten Breiten aus klimatischen Gründen überlebensnotwendig; also lange nach der Zeit, in der die Menschen Afrika verließen.

Da sich die biblische Schöpfungsgeschichte auf einen geographischen Raum bezieht, welcher der Trockenzone der Erde angehört, ist einerseits klar, daß der Mensch im frühen »Zeitalter des Paradieses« nackt sein konnte, andererseits aber um so verblüffender, daß diese Nacktheit mit der Vertreibung aus dem Paradies nun plötzlich zu einem schwerwiegenden Problem geworden war. Der Verdacht liegt nahe, daß sich die Lebensbedingungen ziemlich plötzlich so verändert haben mußten, daß die Nacktheit den Menschen in größte Schwierigkeiten brachte. Erst danach war er gezwungen, »im Schweiße seines Angesichtes« zu arbeiten, das heißt, das Land zu bebauen: er wurde zum Bauern.

Zu kalte Witterung läßt sich gleich ausschließen. Wenn die Aborigenes im zentralaustralischen Busch die Nachtkälte hart am Gefrierpunkt überstehen, gibt es keinen zwingenden Grund für die Annahme, daß unsere Vor-Vorfahren bei ihrem Auszug aus Afrika dazu nicht in der Lage gewesen wären. Außerdem würde ein solcher Zusammenhang keinen Sinn mit dem Schweiß im Angesicht und der Bestellung von Feldern geben. Etwas anderes muß ins Spiel gekommen sein, wenn die Genesis überhaupt so etwas Ähnliches wie eine verschlüsselte Botschaft vom Wandel beinhaltet, den der Mensch durchmachen mußte, als er seine Urheimat verließ.

Greifen wir nun zurück zu den verschiedenen Bausteinen, die sich mehr oder minder zuammenhanglos angesammelt haben und die den Weg der Menschwerdung markieren sollten. Ein letztes Mal nehmen wir den Faden auf, der sich durch die Entstehungsgeschichte der Pferde und ihre Einwanderung nach Afrika gezogen hat. Aber nicht nur die Erkenntnisse aus dem Werdegang der Pferde werden hilfreich sein, die verschlungenen Pfade zusammenzuführen, auch die anderen Befunde zur Menschwerdung müssen widerspruchsfrei zusammenpassen.

Versuchen wir nun, die Nacktheit zum Angelpunkt zu machen. Sie bedeutet im biblischen Zusammenhang so viel, in anderen Kulturen dagegen so wenig. Welchen einschneidenden Nachteil konnte die Nacktheit so plötzlich verursacht haben, nachdem sie den weitaus größten Teil der Menschwerdung offenbar von Vorteil gewesen ist? Dieser Nachteil muß zwei Voraussetzungen gleichermaßen erfüllen, wenn er als Ursache für den Auszug aus dem Paradies überzeugen soll: er mußte ziemlich plötzlich aufgetreten sein, und seine Wirkung muß alle übrigen Unbilden der Natur bei weitem übertroffen haben.

Es gibt nur eine Bedrohung, die gefährlicher ist als wilde Tiere, und die schlimmere Auswirkungen zeitigt als der Hunger, und das ist Krankheit. Es ist uns zwar gelungen, einem Teil der Infektionskrankheiten ihren Schrecken zu nehmen, aber besiegt sind sie keineswegs. Wie tief die latente Angst davor noch in uns sitzt, das zeigte sich überdeutlich in den nahezu panikartigen Reaktionen auf Aids. Dabei wird auch in absehbarer Zukunft nur ein Bruchteil der von Infektionskrankheiten verursachten Todesfälle weltweit von Aids verursacht werden. Die großen Krankheiten sind nach wie vor die Tropenkrankheiten wie Malaria.

Krebs und Herzerkrankungen stellen zwar in vielen Ländern die weitaus überwiegenden Todesursachen dar, aber diese Krankheiten erscheinen uns trotz gegenteiliger Tatsachen weniger bedrohlich, weil sie junge, gesunde Menschen oder gar Kinder nur in sehr geringem Maße treffen. Es geht von ihnen auch keine Ansteckungsgefahr aus. Bei Aids ist das anders. Hier lauert die tödliche Gefahr im verborgenen, und sie ist für die jungen und für die in der Blüte ihres Lebens stehenden Menschen bedrohlicher als für die alten. Dennoch ist es ungleich leichter, sich vor Aids zu schützen als vor Krebs und Herztod. Woher mag dann die weltweite Angst davor kommen?

Vielleicht äußert sich in ihr eine Art »Urangst« vor den ansteckenden, nicht kontrollierbaren Erkrankungen, die den Menschen bedroht haben. Gab es solche Krankheiten, die sich mit dem Bild vom Verlust des Paradieses in Zusammenhang bringen lassen? Der Gedanke an die Malaria mag naheliegen, weil sie bis heute die höchste Zahl von Todesfällen in den Tropenländern verursacht. Könnte sie die Ursache für den Auszug aus Afrika und die Grundlage für die biblische Schilderung der Vertreibung aus dem Paradies gewesen sein? Bei genauerer Betrachtung wohl kaum, denn obzwar es bedeutende Malaria-Herde in Afrika gibt, ist die Krankheit nicht auf diesen Kontinent beschränkt. Im tropischen Süd- und Südostasien kommt sie gleichfalls vor. Dort entstand auch im Gebiet um den Persischen Golf eine Erbänderung (Mutation), die ganz ähnlich wie in West- und in Zentralafrika die roten Blutkörperchen sichelartig deformiert, so daß sich daraus ein beträchtlicher Schutz gegen die Malaria-Erreger ergibt. Daß diese Mutation an mehreren Stellen unabhängig voneinander aufgetreten ist und die sogenannte Sichelzellen-Blutarmut (Anämie) verursacht, bestätigt zwar, wie intensiv sich der Mensch mit dieser Krankheit auseinandersetzen mußte, aber es erklärt nicht, weshalb sich daraus ein Zusammenhang mit dem Bild von der Vertreibung aus dem Paradies ergeben sollte. Im ostafrikanischen Ursprungsgebiet der Menschheit ist Malaria zudem verhältnismäßig selten.

Eher liegen die Verhältnisse umgekehrt. Erst als der Mensch verstärkt in die feuchten Gebiete vorrückte, an den Rand der tropischen Regenwälder, zu den Sümpfen und in die Flußniederungen kam, sah er sich der Bedrohung durch die Malaria ausgesetzt. Nur außerhalb der Tropen- und Subtropenzone hätte es malariafreie Räume gegeben, doch die lagen weit vor den Menschen, die »aus dem Paradies kamen«; nämlich in den Hochländern und Steppen der gemäßigten Breiten. Die Malaria, so folgenreich sie bis heute ist, scheidet daher aus.

Es gibt nur eine einzige Krankheit, die alle Rahmenbedingungen erfüllt: die Schlafkrankheit. Sie kommt nur in Afrika vor, und zwar besonders ausgeprägt in den Feuchtsavannen der Tropenzone. Die Erreger haben ihr großes, allgemeines Reservoir in den Großtierbeständen, von denen der Mensch zu einem wesentlichen Teil lebte, und die Krankheit wirkt unauffällig, schleichend, und gefährdet am stärksten die aktiven Menschen, welche die Nahrung beschaffen. Und sie ist ursächlich mit der Nacktheit verbunden. Der unbedeckte Körper wird zum Ziel der Tsetse-Fliegen, von denen die Erreger übertragen werden. Die Schlafkrankheit kommt nicht nachts in die Hütten wie die Malaria, sondern ihre Gefahr ist dann am größten, wenn wegen der Hitze der Körper die Freiheit der Kühlung durch Schweiß braucht. Sie kommt bei der Nahrungssuche, wenn tote Großtiere draußen in der Savanne gesucht werden oder wenn nach stärkereichen Knollen und Wurzeln gegraben wird. Sie ist, um die Sonderstellung zu unterstreichen, die diese Krankheit einnimmt, mit dem ursprünglichen freien Leben des Menschen in der Savanne verbunden. Nirgendwo außerhalb des afrikanischen Tsetse-Gürtels gibt es die Schlafkrankheit. Mit dem Auszug aus Afrika konnte ihr der Mensch entgehen – aber auch mit dem Wechsel von den Feuchtsavannen in die nahrungsärmeren Wälder und in die schwierigeren Lebensbedingungen der Halbwüsten. Doch Wasserknappheit oder Nahrungsmangel konnten nicht annähernd die Menschengruppen so in Gefahr bringen wie die Tsetse-Fliegen mit ihrer Trypanosomen-Fracht.

So weit mag dieser Lösungsversuch überzeugen. Aber wie steht es um die Plötzlichkeit des Auftretens? Der Auszug von Menschengruppen aus Afrika muß, wenn die neuen Untersuchungsergebnisse stimmen, überraschend schnell vonstatten gegangen sein. Das biblische Bild spricht gar von einer Vertreibung. Müßte die Bedrohung durch die Tsetse-Fliegen nicht allmählich zustande gekommen sein? Bei der Malaria wäre das in der Tat der Fall. Sie baut sich langsam auf. Die Mücken, die sie übertragen, besitzen nur kurze Lebensdauer. Sie sind sehr stark von kleinen Gewässern abhängig. Rauch der Feuer vertreibt die Mücken; während der heißen Tagesstunden sind sie nicht auf Nahrungssuche, und die Heftigkeit der Fieberschauer bringt die Gefährlichkeit des Wohnplatzes sehr drastisch zum Ausdruck.

Ganz anders ist der Verlauf der Schlafkrankheit. Sie schwächt allmählich, zieht sich als Erkrankung lange hin, und es fällt schwer, den

Zusammenhang mit den Stechfliegen zu erkennen. Widerspricht dies nicht der Vorstellung, die Tsetse-Fliege könnte die Vertreibung bewirkt haben?

Dem ist entgegenzuhalten, daß der Stich der Tsetse-Fliege recht schmerzhaft ist und sich darin der Nachteil der ungeschützten Haut sehr drastisch offenbart. Die Fliegen sind zudem so elastisch gebaut, daß sie sich kaum totschlagen lassen.

Am bedeutungsvollsten ist jedoch die Tatsache, daß das Tsetse-Vorkommen sehr eng mit den Niederschlagsverhältnissen schwankt. Steigen die Regenmengen, dehnt sich im heutigen tropischen Afrika das Tsetse-Vorkommen aus, und wenn Perioden mit anhaltender Trockenheit oder sehr unregelmäßigen Niederschlägen folgen, schrumpft der Tsetse-Gürtel wieder. Die Abhängigkeit ist so ausgeprägt, daß sie seit einiger Zeit zur Vorhersage der Tsetse-Bedrohung nach Art einer Wettervorhersage genutzt wird.

Wenn dies aber unter den heutigen Bedingungen funktioniert, um wieviel besser muß die Abhängigkeit gewesen sein, als sich in den Zwischeneiszeiten, die in den Tropen als »Regenzeiten« (Pluvials) ausgebildet waren, die Niederschlagsverhältnisse so veränderten, daß aus den tsetsefreien Trockensavannen und Grasländern Feuchtsavannen mit Tsetse-Vorkommen wurden. Die Umstellungen vollzogen sich ziemlich abrupt. Manches spricht dafür, daß sie sich innerhalb von weniger als einem Jahrhundert abgespielt haben. Das würde bedeuten, daß sich in nur zwei oder drei Menschengenerationen die »paradiesische Savanne« zu einem Reich der Tsetse-Fliegen wandelte und die menschliche Besiedelung unmöglich machte.

Große Wanderungen und Ausweichbewegungen innerhalb von Afrika müssen die Folgen dieser Entwicklung gewesen sein. Ihr Ergebnis spiegelt sich in der heutigen menschlichen Vielfalt wider, die in diesem Kontinent größer ist als in jedem anderen Großraum der Erde. Einigen Gruppen war es gelungen, den Weg nach Norden zu nehmen; jenen Weg, den vorher die Pferde südwärts gezogen waren. Die Möglichkeit wie diese, durch entsprechende Veränderungen ihres Fellmusters den Angriffen der Tsetse-Fliegen zu entgehen, war dem Menschen verwehrt, hatte er doch längst das geschlossene Haarkleid verloren. Eine abwechselnde schwarz-weiße »Zebrastreifung« auszubilden ist für ein Haarkleid vorstellbar, aber nicht für die nackte Haut. Denn die Haare sind tote Gebilde, in denen die Farbstoffe abgelagert werden oder nicht, die Haut aber ein lebendes, sich beständig erneuerndes Gewebe. Pigmentlose Flecken sind kein Gegenargument, sondern örtliche Ausfälle an Farbstoff. Sie unterliegen keiner festen Musterbildung. Solche Flecken würden den Scheckungen freilebender Mustangs im tsetsefreien Nordamerika entsprechen, die dort alle möglichen Variationen, aber kein festes Muster hervorgebracht haben.

Somit verblieb dem Menschen als einzige Abwehrmöglichkeit die Benutzung von schützender (nicht primär wärmender) Kleidung und das Ausweichen in tsetsefreie Räume; eine Strategie, die bis in die jüngste Zeit beibehalten worden ist. Das Ausweichen hieß aber, die nahrungsreichen Lebensräume verlassen, in denen der Mensch gleichsam paradiesisch leben konnte. Vielleicht steckt hierin der tiefere Sinn der »Vertreibung aus dem Paradies« und die unmißverständliche Feststellung, daß die Nacktheit zur Bürde geworden ist und fortan das Leben nur im »Schweiße des Angesichtes« zu führen war.

25. Kapitel

Der Garten Eden

Die Tsetse-Fliege als Schrittmacher der Evolution des Menschen: Ist ein solcher Gedanke nicht absurd? Wo bleiben die vielen anderen Bausteine zum Mosaik? Könnten sie nicht genausogut oder besser in ganz anderer Weise zusammengefügt werden? Widerstand gegen ein allzu einfaches Erklärungsmodell ist angezeigt. Die Schlüsselrolle der Schlafkrankheit muß noch schlüssiger werden, um überzeugen zu können. Sie muß auch genügend Ansätze für kritische Überprüfungen offenhalten, sonst würde sie zum Dogma. Nichts wäre aber unbefriedigender als eine Dogmatisierung, weil sie die Möglichkeit des Weiterforschens, des tieferen Eindringens zerstören würde.

Blicken wir daher nochmals zurück, und versuchen wir Distanz zu halten. Wenn die Nacktheit so sehr in den Vordergrund gerückt wurde, dann ist das Grund genug, einen entsprechend bedeutsamen und wirkungsvollen Mechanismus dahinter zu vermuten und ihn zu suchen. Die Schlafkrankheit bietet hierfür eine durchaus überzeugende Erklärung, weil sie als einzige der heute bekannten Krankheiten die zu fordernden Rahmenbedingungen erfüllt. Sie ist die Ursache dafür, daß bis in die jüngste Vergangenheit das ostafrikanische Ursprungsgebiet des Menschen eine der am dünnsten besiedelten Regionen der Welt geblieben ist. Der Zusammenhang mit der Schlafkrankheit würde auch erklären, warum beim Rückgang der Vereisung und den damit verbundenen ungünstigen Entwicklungen im Lebensraum des Neandertalers in Europa und Westasien diese eiszeitlichen Menschen nicht einfach sich nach Afrika zurückziehen konnten.

Dort herrschte nun nämlich die Tsetse-Fliege, weil das Abschmelzen des Eises vermehrt Niederschläge in den Tropen verursacht hatte. Nur während der Trockenphasen, also während der Höhepunkte der Vereisung, war der diesbezüglich freie Zugang zu Afrika möglich. In diesen Zeiten war jedoch das wildreiche Eiszeitland aus den geschilderten Gründen für Jäger attraktiver. Sie hätten keine Veranlassung gehabt, ihre ertragreichen Tundren zu verlassen und sich dem mageren Wild der afrikanischen Trockengebiete zuzuwenden. Die dort zurückgebliebenen Menschen, aus denen die modernen Menschen hervorgingen, mußten zur Gewinnung von Energie stärkereiche und zuckerhaltige Knollen, Wurzeln und Früchte sammeln. Ihre Jagdtechnik war offensichtlich weniger gut entwickelt als die der Neandertaler im eiszeitlichen Europa. Die afrikanischen Vettern mußten wie zurückgebliebene ferne Verwandte gewirkt haben, als ihre ersten Gruppen, getrieben von der vorrückenden Regenfront und den darauf folgenden Fliegenplagen, das Eiszeitland erreichten. Wie soll das mit dem biblischen Bild vom Paradies zusammenpassen?

Zunächst müssen wir wiederum betonen, daß kein Neandertaler-Blut in unseren Adern nachzuweisen ist. Der Auszug aus dem Paradies ist auf die andere, die neue Menschenlinie gemünzt, die zuletzt aus Afrika kam, und nicht auf die Neandertaler, die schon Jahrhunderttausende lang in den eiszeitlichen Tundren und Steppen Europas lebten. Paradoxerweise wird das aus dem Paradies vertriebene Stammpaar der Menschheit so dargestellt, als hätte es sich um ein hellhäutiges (»weißes«) Menschenpaar gehandelt. Der aus Afrika kommende Mensch war jedoch ohne Zweifel dunkelhäutig, sonst hätte er dort gar nicht überleben können. Der hellhäutige, der »Weiße«, war der Neandertaler gewesen, der in den an Ultraviolettlicht armen außertropischen Breiten lebte. Ironischerweise wäre er weniger anfällig für Tsetse-Angriffe gewesen als die dunkelhäutigen Afrikaner, die recht genau dem Suchbild der Tsetse-Fliegen entsprechen: Körper, die sich dunkel gegen den hellen Horizont abheben.

Die intensive Pigmentierung konnte erst abgebaut worden sein, als Zonen wesentlich geringerer Einstrahlungsintensität im außertropischen Bereich als Lebensraum erreicht waren, oder als mehr oder minder permanent Kleidung den Körper bedeckte und vor der Sonnenstrahlung schützte.

Dieser Punkt ist nicht unwichtig, denn er steht in Zusammenhang mit Bemerkungen im biblischen Paradies-Bericht, die beachtet werden müssen. Es war da nicht nur von der Nacktheit die Rede, sondern auch davon, wie die Natur des Paradieses beschaffen war. Es gab darin Früchte, darunter auch jene verbotenen vom Baum der Erkenntnis. Von Wild, das gejagt worden wäre, ist dagegen nichts erwähnt. Vielmehr wird betont, daß der Mensch in Frieden mit der Natur lebte und die Tiere keine Scheu vor ihm hatten.

Das ist nun wirklich höchst bemerkenswert! Wie kann der Mensch in

Frieden mit den Tieren gelebt haben, wenn er sie jagte? Bringen nicht Speer- und Pfeilspitzen, kunstgerecht gearbeitet aus hartem Feuerstein oder geschärften Knochenspitzen, genau das Gegenteil zum Ausdruck? Zeichnen sie nicht ein Menschenbild, das ihn als Raubtier mit Fernwirkung über Löwen und Hyänen stellt? Diese Einwände haben Gewicht. Sie passen nicht zu einer Paradiesesvorstellung im biblischen Sinne.

Aber sie werden gegenstandslos, wenn wir den Neandertaler als großen Jäger aus der Betrachtung ausklammern, der mit dem Bild vom Paradies offensichtlich nicht gemeint gewesen sein kann. Vielleicht reichte in der ostafrikanischen Heimat das natürlicherweise anfallende tote Großwild aus, um die Bedürfnisse des Menschen, dessen Bestände durch die Schlafkrankheit recht dünn gehalten wurden, zu decken, sofern sie genügend stärkereiche oder zuckerhaltige Nahrung fanden, um den Grundbedarf zu decken. Dann brauchte der Mensch kein Großwild zu jagen, und er konnte in Frieden mit den Großtieren leben. Dieser Gedanke ist gar nicht so abwegig, wie es auf den ersten Blick den Anschein erwecken mag. Denn Tatsache ist, daß es unter den größeren oder großen Wildtieren kein natürliches Feindbild Mensch gibt, so wie Löwen, Wildhunde, Hyänen oder andere Raubtiere Feindbilder abgeben. Wenn freilebende Tiere vor dem Menschen fliehen, dann ist das ein erworbenes Verhalten, das auf den schlechten Erfahrungen in der jüngeren Vergangenheit beruht. Werden die Wildtiere von den Nachstellungen verschont, sind sie sehr schnell nicht mehr »wild«, sondern vertraut oder dem Menschen gegenüber indifferent.

Kurz, das Feindbild Mensch muß erlernt und über Traditionen weitergegeben werden. Es ist nicht von Natur aus vorhanden. Am wenigsten ausgeprägt finden wir Scheu der Großtiere vor dem Menschen interessanterweise gerade dort in Ostafrika, wo sich die Fundstellen konzentrieren, an denen es menschliche Fossilien gibt. Intensiv gejagt wurde hingegen von den Pygmäen als den kleinsten Vertretern der Menschen in den afrikanischen Regenwäldern und von den Buschleuten in der Kalahari. Diese sehr ursprünglich erhalten gebliebenen Menschengruppen waren in diese extremen Lebensräume abgedrängt worden, die eigentlich zu wenig Nahrung liefern, um eine dauerhafte Besiedlung zu ermöglichen. Nur geringe Siedlungsdichte garantiert ihnen das Überleben, auch wenn der tägliche Zeitaufwand für die Beschaffung von Nahrung nicht besonders groß erscheint. Das würde sich in kurzer Zeit ändern, wenn die Siedlungsdichte doppelt so hoch oder noch höher liegen würde. Da nur wenige Jahre notwendig wären, um zu dieser Vergrößerung der Menschenzahl zu kommen, ist klar, daß ein derzeit vergleichsweise geringer Zeitaufwand für die Nahrungsbeschaffung langfristig kein Argument sein kann. Wir erleben in unserer Zeit, wie schnell die Population des Menschen anwachsen kann.

Diese Überlegungen bekräftigen, daß es nicht unbedingt notwendig ist, von einem primär jagenden Vorfahren auszugehen. Weitere Hinweise ergeben sich aus der Bedeutung, die Milch und Honig in den (Wunsch-)Vorstellungen von einem Garten Eden oder vom »gelobten Land«, also von »paradiesischen Lebensbedingungen«, einnehmen. Der äußerst knapp gehaltene Bibeltext verweist sicher nicht ohne Grund darauf.

Für den Honig läßt sich der Zusammenhang mit der fernen Frühzeit der Entstehung des modernen Menschen leicht finden. Es gibt ihn nämlich in Ostafrika, also im »ersten Paradies«, in freier Natur. Die wildlebende afrikanische Honigbiene sammelt dort in so beachtlichem Umfang Honig und sie ist so häufig, daß sich, wie geschildert, der Honiganzeiger darauf spezialisieren konnte.

Die Zusammenarbeit mit dem Menschen zeigt die Bedeutung des Honigs. Das Wechselspiel zwischen Mensch und Vogel muß schon lange existieren. Sie stellt gewiß keine neue Erfindung dar. Das bestätigt das Verhalten der Bienen, die auf dunkelhäutige oder schwarze Menschen mit ungleich größerer Aggressivität reagieren als auf hellhäutige. Wenn ein Insekt schon so eindeutige Reaktionen äußert, kann kein Zweifel bestehen, daß die Zusammenarbeit zwischen Honiganzeiger und Mensch schon uralt sein muß. Als solche afrikanischen Honigbienen, die außerordentlich hohe Erträge liefern, aber eben extrem aggressiv sind, im Jahre 1956 zu Studienzwecken nach Südamerika gebracht wurden, gelang es ihnen, in die Freiheit zu entweichen. Seither breiten sie sich in Amerika aus und bedrohen die »zahme« Honigbiene und die Imkerei.

Übrigens ergaben neueste Untersuchungen an den afrikanischen Honigbienen, die sich in Amerika ausbreiten, daß es zu keiner genetischen Vermischung mit den ansässigen Honigbienen kommt. Die Ergebnisse der Studien am Erbgut der Mitochondrien bestätigen, daß die »neue« Linie der afrikanischen Honigbienen bislang rein geblieben ist, obwohl sie mit den vorhandenen artgleich ist. Der Unterschied ist in genetischer Hinsicht vielleicht ähnlich groß – oder besser gesagt, gering – wie zwischen Neandertaler und modernem Menschen, die von der großen Mehrzahl der Forscher, die sich mit der Stammesgeschichte des Menschen befassen, als zwei Unterarten der gleichen Art Homo sapiens behandelt werden. Sie haben sich aber wie zwei verschiedene Arten verhalten. Grenzen lassen sich oftmals nicht scharf ziehen, zumal wenn es sich um Evolutionsprozesse handelt.

Der Honig blieb bis in die Neuzeit die einzige Zuckerquelle von Bedeutung. Unsere häufig kaum bezähmbare Gier nach Süßem erklärt sich aus dem Mangel an Honig, der vielerorts und über lange Zeiträume herrschte. Seine Erstnutzung läßt sich nach Ostafrika zurückverfolgen, und zwar genau bis ins Ursprungsgebiet der Menschen. Die Berücksichtigung des Honigs paßt also bestens ins Bild der Bedürfnisse und Wünsche der Menschen jenseits des Paradieses. Wie steht es aber mit der Milch?

In einem Land, in dem Milch »fließt«, muß es Haustiere gegeben haben. Die Wildtiere liefern nur in den kurzen Zeiten, in denen sie selbst Junge führen, die begehrte Milch. Sie lassen sich nicht einfach melken. Im heutigen Ostafrika, dort, wo die Massai oder die Samburu mit ihren Rinderherden umherziehen, wären die Bedingungen für einen paradiesischen Zustand erfüllt. Es gibt Honig in den Bäumen, zu dem die Menschen vom Honiganzeiger geführt werden, es herrscht eine erstaunliche Eintracht mit den Wildtieren, die nicht gejagt werden. Nur Löwen wurden mit Speeren getötet, um Mut und Kraft zu demonstrieren, nicht aber um auf die Wildtiere Jagd zu machen. Es mutet in der Tat paradiesisch an, wenn leicht »bekleidete« Massai mit ihren Herden durch die wildreichen Savannen im ostafrikanischen Hochland ziehen, ohne dadurch die uns so wohlvertraute Panik unter den Wildtieren auszulösen. Nicht einmal die Löwen bilden eine ernste Gefahr für diese Nomaden, die sich von Milch und Rinderblut ernähren. Die Milch spielt die Hauptrolle; sie liefert alle wesentlichen Nährstoffe. Wer die hochgewachsenen, ebenmäßigen Massai gesehen hat, wird nicht daran zweifeln, daß sie voller Kraft stecken und ausgewogen ernährt sind.

Dieses »Paradiesbild« wird allerdings von der Tatsache getrübt, daß das domestizierte Rind erst in geschichtlicher Zeit nach Afrika gekommen ist. Es hat keine Immunität gegen die von den Tsetse-Fliegen übertragenen Erreger, die bei den Rindern die Nagana-Seuche auslösen und die in vieler Hinsicht der menschlichen Schlafkrankheit entspricht. Deshalb paßt das milchliefernde Rind nicht in ein paradiesisches Ostafrika. Es stammt aus dem Vorderen Orient, wo es erst nacheiszeitlich domestiziert worden ist. Von dort kam es mit Nomaden nach Afrika.

Gerade weil es aber nicht nach Ostafrika paßt, bringt es uns ein Stück weiter. Die Argumentation hätte sich nämlich selbst gefangen gehabt. Denn wenn der Auszug aus Afrika von den sich ausbreitenden Tsetse-

Fliegen verursacht worden war und wenn diese Menschen keine Jäger waren, sondern sich auf anfänglich primitivere Weise durch Sammeln von Wurzeln und Früchten sowie die Nutzung von toten Tieren und dann durch die zusätzliche Verwertung von Grassamen durchbringen mußten, wie hätten sie außerhalb von Afrika überleben können?

Das noch eiszeitlich geprägte Europa war ein gänzlich anderes Paradies. Dort ließ es sich gut leben, wenn man zu jagen verstand; wenn man wußte, wie man Vorräte an fettreichem Fleisch anlegen konnte und welche Waffen nötig waren, um Großtiere erlegen zu können. Der eiszeitliche Mensch in Europa *war* Jäger, aber er wurde *nicht* zum Träger des Fortschritts.

Für ihn bedeutete das Schwinden der Jagdgründe durch die Ausbreitung des Waldes eine Katastrophe. Der Neandertaler war dieser Herausforderung nicht gewachsen. Er ging mit seiner Großtierbeute unter. Wie in anderen Beziehungsgefügen zwischen Beutetieren und Raubtieren zog er im Endeffekt den kürzeren, weil er zu einseitig auf jagdbares Wild ausgerichtet war. Gerade die leicht erlegbaren Großtiere benötigen aber zum Überleben großflächigen Lebensraum und Mindestbestandsgrößen, die erheblich höher liegen als bei den schon natürlicherweise nur in geringer Bestandsdichte vorkommenden Waldbewohnern. Je seltener seine Großtiere waren, desto mehr verstärkte er den Druck auf die Restbestände, einfach um zu überleben. Das brachte die Ausrottung auch solcher Großtierarten mit sich, die in den vorausgegangenen Zwischeneiszeiten durchgekommen waren, weil damals der Neandertaler noch nicht über annähernd so wirkungsvolle Waffen verfügte.

Seine eigene Bestandsgröße war gering genug, um zu überleben; gerade so, wie bei den Buschleuten in der Kalahari. Das garantierte den Großtieren das Überleben, als während der Warmzeiten die Tundren auf Reste zusammenschrumpften und die darauf lebenden Großtierherden gleichfalls auf Restbestände abnahmen. Erst das Ende der letzten Eiszeit, als die Waffentechnik so fortgeschritten war und schwächere, aber fürs Überleben besser ausgestattete Menschen in den Übergangsbereich zwischen Afrika, Asien und Europa eingedrungen waren, bedeutete dann das Ende für eine Reihe von Großtierarten und für den Neandertaler. Vielleicht überlebten auch die nach ihrem französischen Fundort als Cro-Magnons benannten, modernen Menschen das Ende der Eiszeit in Europa nicht, weil auch sie in erheblichem Umfang auf Jagd eingestellt waren. Mit ihren Höhlenmalereien drücken sie eine ähnliche Beziehung zu den großen Jagdtieren aus wie die Mythen der nordamerikanischen Prärie-Indianer. Auch diese überlebten – viel später – die Ausrottung von Bison und anderen Großtieren, von deren Existenz sie abhängig waren, nicht, während die weniger guten Jäger in den dürren, unproduktiven Bergländern im Südwesten durchkamen. Sie bilden eine Parallele zu den Vorgängen am Ende der Eiszeit, die den Beginn der »schlechten Zeit« markierte. Sie wurde deswegen so verheerend, weil zur Verschlechterung der Lebensbedingungen zwei Menschenformen einen immer stärkeren Druck auf die Großtiere ausübten, was schließlich zu deren Aussterben und zum Ende der einen Form führte. Der Neandertaler überlebte nicht, weil ihm der effizientere Verwandte aus Afrika die Nahrungsbasis streitig machte und schließlich weitgehend vernichtete.

Was hatte sich nun im Vorderen Orient ereignet, daß dort die modernen Menschen nicht nur überlebten, sondern sogar den großen nacheiszeitlichen Aufschwung zuwege brachten? Wohin führt der neue Faden der Milch, die von Rindern stammen mußte?

Er legt die Spur vom Paradies zum »Garten Eden«; jenem zweiten Paradies, das nach dem Auszug aus Afrika bis zum unmittelbaren Ende der letzten Eiszeit, also vor etwa 10 000 Jahren, noch einmal eine Periode günstiger Lebensbedingungen verschafft hatte. Wo lag dieser Garten Eden? Ist er eine Fiktion, ein Gleichnis oder ein Hinweis auf frühe Lebensbedingungen außerhalb von Afrika?

Diese Frage wird sich genausowenig wirklich klären lassen wie unsere Frage nach dem (ersten) Paradies. Aber sie läßt sich plausibel machen. Die Schilderungen der Vorgänge und Zustände im Garten Eden enthalten genügend konkrete Angaben über die Natur, daß es nicht unsinnig ist, nach einem Raum zu suchen, der dieser Garten Eden gewesen sein könnte. Die früheren Überlegungen hierzu brachten allerdings keine überzeugenden Erfolge, bis neuere Forschungen die Eiszeit mit ins Kalkül gezogen hatten.

Während des Höhepunktes der letzten Vereisung lag, wie wir nun sicher wissen, der Meeresspiegel über 100 Meter tiefer als heute. Zahlreiche Flußtäler setzten sich in heute vom Meer bedecktes Gebiet hinaus fort. So auch im Zweistromland, der Flußniederung von Euphrat und Tigris, wo sich die ältesten Zeugnisse von menschlichen Kulturen, von Ackerbau und Siedlungen, finden. Die Fortsetzung dieses Flußtales reicht weit ins Meer hinaus. Noch vor 10 000 Jahren lag ein Großteil davon trocken. Die aus Afrika ausgewanderten Menschengruppen mußten Flußtäler aufgesucht haben, weil es nur dort die ausreichende Ernährungsgrundlage gab. In den Flußniederungen wuchsen die samenliefernden Gräser; dorthin kamen die Gazellen und die Wildrinder zum Grasen und zum Kalben. Es gab trinkbares Wasser, Holz für die Feuer und Fische in den vom Hochwasser zurückbleibenden Lagunen. Die offenen Steppen und Hochländer waren die Jagdgründe für die Jägervölker. Sie konnten erst später zu den Weidegründen für die Hirtenvölker werden, als Rinder und Ziegen domestiziert waren. Bis dahin blieben die Flußtäler die einzig ausreichend produktiven Lebensräume. Dort war es möglich, Jungtiere zu bekommen und großzuziehen, die zahm blieben. Dort konnten kalbende Rinder eingefangen werden, um deren Milch zu nutzen. Die Domestikation des Rindes ist untrennbar mit den Flußniederungen verbunden, die in jenem Raum Flußoasen waren, weil das umliegende Land zu trocken war, um dauerhaften Graswuchs zu ermöglichen. Hier mag das zweite Paradies, der Garten Eden, gelegen haben, in welchem auch die begehrte Milch floß. Ihre Nutzung bildete die Basis für ein friedliches Zusammenleben mit den Großtieren. Hier lag auch das »Gelobte Land«.

In den Flußtälern steckt auch der Ursprung des Ackerbaus. Nur dort war der Boden so gut mit Nährstoffen versorgt, daß mit einfachsten Methoden des Nutzpflanzenbaues Ernten möglich wurden. Hier, im ersten großen Flußtal außerhalb von Afrika und jenseits der Tsetse-Zone, befand sich ein Land, das gleichwertige Lebensbedingungen bieten konnte wie die ostafrikanischen Savannen, die der Ausbreitung der Tsetse-Fliege anheimgefallen waren. Hier gab es noch keine Krankheiten, aber Honig *und* Milch.

Das Ende der Eiszeit bereitete auch diesem zweiten Paradies ein jähes Ende. Die abschmelzenden Eismassen ließen den Pegel des Ozeans unablässig ansteigen, bis ein Großteil der warmen, fruchtbaren Niederung überflutet war. Im höher liegenden Gelände war es nicht mehr so einfach möglich, Nahrung zu beschaffen. Im Schweiße des Angesichtes mußte gesät und auf die Ernte gewartet werden. Dennoch war der Akkerbauer und Viehzüchter dem Jäger überlegen. Während die Bestände an größerem Wild unaufhörlich dahinschmolzen, gewann die vorausschauende Tätigkeit des Bauern buchstäblich immer mehr an Boden. Das hochentwickelte Gehirn des modernen Menschen, seine Intelligenz, gepaart mit Mühen, Ausdauer und Schweiß, bewährten sich über die Einseitigkeit und Kraft der Jäger. Das Land wurde kultiviert. Pflanzen und Milch waren wieder zur Lebensgrundlage der Menschen geworden; die Jagd blieb ein eiszeitliches Zwischenspiel oder später, nach der Ausbreitung der Menschen nach Amerika, eine Ausweichlösung.

Die Menschheit trat damit aus dem Dunkel der Vorzeit in das Licht der Geschichte. Sie mußte nun gegen die Unbilden einer unbeständigen

Witterung ihre Nahrung dem Boden abringen. Damit wurde sie ein zweites Mal im Fluß der Nahrung zurückgestuft. Hatte sie mit dem Ende der Nahrungskette, als Verwerter von Großtierkadavern, angefangen und dann spezielle Naturprodukte wie Milch und Honig genutzt, so ging sie nun dazu über, die Basis der Produktion, die Pflanzen, direkt zu verwerten. Mit jedem Schritt zurück in dieser »Nahrungskette« erweiterte sich das verfügbare Angebot ganz enorm. Jede Stufe abwärts kann einer Verzehn- bis Verhundertfachung der Lebensmöglichkeiten gleichgesetzt werden.

Die Folge dieses »Abstieges« war ein »Aufstieg« in der Zahl der Menschen; bis hin zu den heutigen mehr als fünf Milliarden, die sich weder vom Fleisch verendeter oder gejagter Großtiere noch von Milch oder Honig ernähren könnten. Es gelingt mit dem hohen Stärke- und Eiweißgehalt einer Handvoll Nutzpflanzenarten gerade gut genug, daß ein Teil der Menschheit nicht hungert. Vielleicht schafft man es in vereinten Anstrengungen eines Tages, alle Menschen ausreichend zu ernähren. Ob es aber möglich sein wird, ihren Vermehrungsdrang zu bremsen, das ist die große Frage. Solange Krankheiten ihren Tribut forderten, blieb die Entwicklung der Menschheit innerhalb der Grenzen der Nahrungskapazität. Erst die Ausschaltung dieser Kontrolle durch die moderne Medizin hat die Bevölkerungsexplosion verursacht, deren Ergebnis ist, daß gegenwärtig mehr Menschen leben als insgesamt jemals zuvor.

Die außerordentliche Vermehrungsfähigkeit des Menschen ist eines der besten Argumente für die Bedeutung der Krankheiten im Verlauf der Menschheitsentwicklung. Es hätte bei einem »paradiesischen Ausgangszustand« weniger als ein Jahrtausend gedauert, um zu den heutigen Milliarden von Menschen zu kommen. Über mehr als 99 Prozent der Evolutionszeit des Menschen spielte diese mögliche Zunahme keine Rolle, weil die natürliche Bilanz von Geburten- und Todesraten die Entwicklung kontrollierte. Überall, wo sich der Mensch über längere Zeit in hoher Siedlungsdichte aufgehalten hat, entstanden neue Krankheitsherde. Immer wieder waren die Menschen zum Wandern gezwungen. Das Wandern liegt uns regelrecht im Blut, und wenn wir das so sagen, fällt uns kaum jemals auf, wie wörtlich das zu nehmen ist. Ohne die Gefahr der Schlafkrankheit im Nacken wären wir kaum aus Afrika herausgekommen, ohne die Malaria in den warmen, den »angenehmen« Gebieten hätte sich vielleicht nie die Notwendigkeit ergeben, in die Unwirtlichkeit der nördlichen Regionen auszuweichen, und ohne die Bedrohung durch die Seuchenzüge der Pest und der Cholera hätte sich die Neue Welt weit weniger attraktiv gezeigt als die wohlvertraute Alte Welt. Unser angeborenes Neugierverhalten kam uns dabei zu Hilfe, aber ohne die äußeren Zwänge wäre der Durchbruch vielleicht nie geschafft worden.

In kleinerem Maßstab kam es immer wieder zur Vertreibung aus dem Paradies, das sich der Mensch geschaffen hatte. Die Geschichte des Menschen spiegelt die Auseinandersetzung mit der Natur in ungleich stärkerem Maße wider als das Geschichtsbücher lehren, die voll sind mit Schlachten und Kriegen, Herrschern und Revolutionen. Die Kolonialgeschichte hat das am eindrucksvollsten und grausamsten bewiesen. Die Europäer und Eroberer konnten sich nur in jenen bereits besiedelten Gebieten durchsetzen und ansässig machen, in denen die mitgeschleppten Krankheiten die vorhandenen Völker dezimierten. Wo die bodenständige Bevölkerung hingegen mit eigenen Krankheiten aufwarten konnte, gegen die die Eroberer nicht gefeit waren, mißlang die Unterwerfung. Den Europäern ist es nicht gelungen, sich dauerhaft in Süd- und Ostasien oder im tropischen Afrika festzusetzen. Daß dies kein Tropeneffekt ist, zeigt Brasilien. In die Tropen der Neuen Welt wurden so ziemlich alle Krankheiten aus Afrika und Asien von den weißen und schwarzen Einwanderern mitgebracht, denen die Indios keine Abwehr entgegensetzen konnten. Afrika ist auch bis in die jüngste Zeit der Ursprung aller wesentlichen Krankheiten des Menschen gewesen. Sie folgten dem Menschen auf seinen Wegen quer über die Welt. Irgendwann haben sie ihn dann doch immer wieder eingeholt.

Sehen wir davon ab, so bleibt als weitere biologische Eigenart des Menschen die Tatsache bestehen, daß sein Organismus die Herkunft aus den Tropen bewahrt hat. Unser Stoffwechsel verläuft so, wie wir das bei Säugetieren vergleichbarer Größe aus tropischen Lebensräumen erwarten und vorfinden, nicht wie bei Arten gemäßigter oder kalter Breiten. Die Vielgestaltigkeit unserer Blutfaktoren weist gleichfalls auf die Auseinandersetzung mit den tropisch-subtropischen Infektionskrankheiten hin. Es fällt uns offensichtlich schwer, die Körpertemperatur ohne Schwitzen präzise genug zu regulieren, woraus uns das Problem des Körpergeruches erwachsen ist, mit dem wir nicht zu tun hätten, wenn sich die Schweißabsonderung auf die kurzen Zeiten wirklich intensiver körperlicher Anstrengung oder großer Hitze beschränken würde. Wir stehen vor der Schwierigkeit, in unserer modernen Welt mit zu geringer körperlicher Bewegung, zu fett- oder zuckerreicher Nahrung oder einem zu hohen Eiweißgehalt unseres Essens fertig werden zu müssen. All diese anscheinenden Unzulänglichkeiten unseres eigentlich phantastischen Körpers sind die Folgen davon, daß es uns in jüngster Zeit gelungen ist, den permanenten Mangel zu überwinden und daraus einen »Überfluß« zu machen. Mäßigung mußte zu einem zentralen Leitziel für unser Leben werden, weil wir uns unfähig erwiesen haben, im selbstgeschaffenen Paradies der Kulturlandschaft zu leben und die Natur in Einklang mit uns Menschen mit überleben zu lassen. Doch darüber ist in unserer Zeit genug geschrieben worden.

26. Kapitel

Die verschlungenen Pfade der Menschwerdung

Zweimal hatten Vorläufer des Menschen versucht, sich über die Welt auszubreiten. Der »aufrechte Mensch« (Homo erectus) war vor rund einer Million von Jahren während der ersten Phase des Eiszeitalters bis Nordostchina und bis Java gekommen. Dort fand man seine Überreste und nannte sie Peking-Mensch und Java-Mensch. Die Klimaverschlechterung in den Zwischeneiszeiten drängte ihn zurück. Diese Art Mensch starb außerhalb von Afrika aus, ohne Nachfahren zu hinterlassen. Er wurde gleichsam erdrückt von den sich ausbreitenden Wäldern, vielleicht schon in der ersten großen Zwischeneiszeit. Das wärmer gewordene, wechselhafte Klima wurde ihm zum Schicksal.

Ganz ähnlich erging es der zweiten Menschenform, die Afrika vor etwa 200 000 Jahren verlassen hatte, dem Neandertaler. Er kam anscheinend nicht einmal so weit wie sein Vorläufer Jahrhunderttausende vorher. Seine Verbreitung hatte sich nach dem Großwild auszurichten, das seine Lebensgrundlage darstellte. Größer, kräftiger und insbesondere mit einem weitaus leistungsfähigeren Gehirn als Homo erectus ausgestattet, überstand der Neandertaler etwa 180 000 Jahre lang zwei große Eiszeiten und Zwischeneiszeiten. Mag sein, das weiß man noch nicht genau genug, daß er deswegen die Zwischeneiszeiten überstand, weil der klimatische Rückschlag nicht ganz so kraß ausgefallen ist als nach dem Ende der letzten Eiszeit. Doch viele Anzeichen sprechen dafür, daß er sich letztendlich durch seine höhere Effizienz als Jäger ausrottete, weil er die Hauptbeute vernichtete und sich selbst daher die Lebensgrundlage entzog.

Erst der dritte Anlauf, der vor 70 000 Jahren begann, war erfolgreich: Er führte einen im Vergleich zum Neandertaler schwachen, wenig spezialisierten Menschentyp aus Afrika, der sich nicht auf die Jagd verlegt hatte, sondern eine viel breitere Nahrungsbasis zu nutzen verstand. Sein entscheidender Vorteil war die Fähigkeit, sprechen zu können. Damit übertraf er die wohl nur zu gutturalen Lauten oder einem primitiven

Stammeln befähigten Neandertaler in vergleichbarer Weise wie die Honigbienen mit ihrer Symbolsprache (»Schwänzeltanz«) ihre übrigen Verwandten aus der Welt der Bienen, denen sie als Einzelinsekt unterlegen wären. Die Kommunikation eröffnete einen ungleich wirkungsvolleren Zusammenhalt und ein Zusammenwirken, wie es – im Falle des Menschen – vorher noch nie dagewesen war. Sie legte damit auch das Fundament für Kultur und Tradition.

Versuchen wir, die Gesamtheit der Bausteine zu überblicken, die zur Menschwerdung zusammengetragen worden sind, so machen sie durchaus Sinn. Sie lassen sich zusammenfügen, aber auch, für sich genommen, kritischer Überprüfung unterziehen. Weitere Forschungen werden zeigen müssen, wo Schwachpunkte bestehen und wo Ergänzungen oder neue Arrangements der Bausteine notwendig sind. Das Bild, das sich abzuzeichnen beginnt, ist noch recht grob. Doch es wird zu weiteren Fragen anregen und neue Antworten zu den Fragen nach unserem Ursprung beibringen.

Was bleibt zu tun? Für die Forschung stellen sich neue Herausforderungen, ergeben sich neue Gesichtspunkte und werden immer wieder neue Fragen auftauchen. Wir können nur bescheiden zurückblicken und vielleicht noch ein paar Probleme aufgreifen, die etwas am Rande geblieben sind, und fragen, wie sie mit diesem Bild der Menschwerdung zusammenpassen.

Eine Frage mag sich immer wieder einmal aufgedrängt haben. Es ist dies die Frage nach dem Zufall, die seit der Entdeckung der zufälligen Erbänderungen als Rohmaterial für den evolutionären Fortschritt immer wieder aufgeworfen und heiß diskutiert worden ist. War die Menschwerdung eine Kette von Zufällen?

Lassen wir die einzelnen Etappen Revue passieren, so wird man wohl kaum mit dem Zufall als Erklärung einverstanden sein. Eine solch unglaubliche Verkettung von Zufällen wäre in der Tat »unglaublich«. Doch die Alternative ist keineswegs die Vorbestimmung. Auch das geht aus dem Prozeß der Menschwerdung klar hervor. Er durchlief zu viele Umwege, landete mehrmals in blinden Seitenlinien, die ausgestorben sind, daß eine Vorbestimmung des Weges zum Menschen genauso »unglaublich« wäre wie eine Verkettung von Zufällen.

Deshalb haben wir so weit ausgeholt! Nur durch den Rückgriff in die weit im Tertiär zurückliegenden Vorgänge, die schon den Weg der Primaten immer wieder beeinflußten, lange bevor es die Gattung Mensch überhaupt gab, wird die körperliche Entwicklung des Menschen verständlich. Sie verlief, wie die Fossilfunde beweisen, nicht geradlinig.

Auch ging sie nicht so vonstatten, daß sich alle typisch menschlichen Merkmale nach und nach gemeinsam herausgebildet hätten. Es war kein Fortschritt auf breiter Front, sondern Entwicklungen im einen Bereich zogen Veränderungen an anderen Körperstellen und Organen nach sich. Die Menschenlinie kam sicher nicht »von den Bäumen« in dem Sinne, daß die hangelnden Schimpansen oder Gorillas als unsere nächsten Verwandten einen stammesgeschichtlich primitiveren Zustand repräsentierten. Sie sind vielmehr Parallelentwicklungen, die, von einem gemeinsamen Ahnen ausgehend, ihren Anpassungsweg in den Wald genommen haben, während die Menschenlinie in der Savanne blieb und sich verstärkt diesen Lebensbedingungen anpaßte.

Der weite Rückgriff erklärt auch, weshalb trotz ähnlicher Lebensweise als Kadaververwerter nicht etwa die Hyänen den großen Fortschritt in der Stammesgeschichte gebracht hatten. Es fehlten ihnen so vergleichsweise simple Vorbedingungen, die die Primaten einfach mitgebracht hatten und nicht erst hätten entwickeln müssen, wie die Greifhände. Damit – wir drücken es unbewußt umgangssprachlich sehr treffend aus – läßt sich die Umgebung und die Welt »be-greifen«. Das geht nicht mit Hyänenpfoten.

Es ist auch zu berücksichtigen, daß beim Raubtiertyp unter den Säugetieren die Geruchssphäre eine vorherrschende Rolle einnimmt, während die Verwertung optischer Eindrücke vergleichsweise zurückgeblieben ist. Das gilt für die Schakale wie für die Hyänen oder Löwen. Als sich der werdende Mensch aufgerichtet hatte und »Überblick« gewann, stand ihm kein empfindliches Geruchsvermögen als Sicherung gegen unliebsame Überraschungen und kein hochempfindliches Gehör zur Verfügung. Er mußte fast alles Überlebenswichtige über die Eindrücke und Einblicke entnehmen, die ihm die Augen vermittelten. Der Mensch war und blieb ein »Augenwesen«, das den weitaus größten Teil seines späteren Kulturschaffens über Gezeichnetes, Gemaltes und Geschriebenes weitergab. Die Geruchswelt der Hundenasen werden wir nie »verstehen«. Das »Hörbild« der Fledermäuse hingegen können wir uns viel besser vorstellen, weil wir es gleichsam zu einem Bild zusammenfassen. Solche Grundeigenschaften der biologischen Ausstattung lassen sich weder umgehen noch wegdiskutieren. Sie hatten bei der Evolution des Menschen lange vor der Entwicklung des Gehirns die Weichen gestellt.

Freie Sicht war und ist daher eine der Grundvoraussetzungen für die menschliche Orientierung in der Umwelt. Die Herkunft aus der Savanne drückt sich darin gleichfalls aus. Aber warum war es ausgerechnet die ostafrikanische Savanne und nicht etwa der entsprechende Lebensraum in Südamerika oder im randtropischen Ostasien? Dort hätten doch entsprechende Umweltbedingungen geherrscht? Oder doch nicht? Ostafrika ist in seiner Art einmalig, weil es als einziger Großraum auf den Kontinenten einen Teil des weltumspannenden Rißsystems trägt, aus dem in geologischen Zeiträumen laufend frische Mineralstoffe aus der Erdkruste an die Oberfläche kommen. Die Vulkane im Bereich des Grabenbruches haben riesige Mengen höchst fruchtbarer Asche ausgeworfen, und gewaltige Lavaströme bedeckten Teile des Landes, verwitterten und lieferten dabei wiederum die Nährstoffe, an denen es in den anderen Tropenzonen mangelt.

Nach neuesten Untersuchungen ist für Primaten im südamerikanischen Regenwald so wenig an Nährstoffen zu holen, daß sie nur etwa 6 Kilogramm schwer werden können. Wären sie schwerer, reichten die Fangerfolge bei der Jagd nach Insekten nicht mehr aus, um den Eiweißbedarf zu decken. Nur die pflanzenessenden Brüllaffen werden etwas größer, aber sie bleiben weit unter den Größen afrikanischer Primaten. Die größten von allen sind die Gorillas in den Bergwäldern am Rande des afrikanischen Grabenbruches, wo nicht nur üppige Vegetation wächst, sondern auch der Nährwert, insbesondere der Phosphorgehalt der Pflanzen, relativ hoch ist. Sogar die Tieflandwälder im Kongobecken weisen einen erheblich besseren Versorgungsgrad mit Pflanzennährstoffen auf als die entsprechenden Wälder in Südamerika.

Enge Zusammenhänge mit der Nährstoffversorgung sind für die Primaten und ihre Entwicklung zweifellos gegeben. Doch muß das auch für den Menschen zutreffen? Könnte es nicht sein, daß der Mensch aufgrund seines hohen Grades an Unabhängigkeit von den Lebensbedingungen der Natur den Mangel, der vielerorts herrscht, einfach durch seine besonderen Fähigkeiten und seine Intelligenz ausgeglichen hat? Ein Blick auf die heutige Verbreitung der Menschen und ihre Siedlungsdichte beweist das Gegenteil. Die Menschen drängen sich dort, wo entweder Gebirge und Vulkane nährstoffreiche Böden bedingen oder wo die Eiszeit große Mengen von Lößeinwehungen hinterlassen hat. Auch die Flußtäler sind – als Fortsetzungen der Gebirge – zu Schwerpunkten der menschlichen Besiedlung geworden und sind dies bis heute geblieben. Fortsetzungen der Gebirge sind sie deshalb, weil ihr Schwemmland die jungen Auswitterungen aus den Bergen enthält. Die weiten Ebenen sind viel dünner besiedelt als die Flußtäler, die bis in historische Zeit die ersten Siedlungsräume der Menschen überhaupt darstellten.

Betrachten wir die Verbreitungsgeschichte der Menschheit aus diesem Blickwinkel, so wird klar, weshalb es die kalten, unwirtlichen Hochflächen der südamerikanischen Anden und in Mittelamerika gewesen sind, die Hochkulturen und eine dichte menschliche Besiedlung hervorbrachten, und nicht die warmen, bestens mit Wasser versorgten Niederungen in Amazonien. Die Anden wurden durch die Westwärtsdrift von Südamerika aufgefaltet und dabei von zahlreichen Vulkanen durchsetzt, die mineralstoffreiches Gestein bildeten. Der allergrößte Teil des Amazonas-Tieflandes weist dagegen sehr nährstoffarme Böden auf, die zu den schlechtesten der Welt gehören.

Noch ausgeprägter zeigt sich dieser Unterschied in der Mineralstoffversorgung, wenn wir das dünn besiedelte Borneo oder Sumatra der indonesischen Inselwelt dem extrem dichtbesiedelten Java gegenüberstellen. Java ist eine Vulkaninsel mit mineralstoffreichen Böden, während Borneo und Sumatra über den größten Teil ihrer Fläche nährstoffarme Böden aufweisen.

Das neben China mit seinen Lößböden und fruchtbaren Stromtälern nächst bevölkerungsreiche Gebiet der Erde ist Indien. Trotz unsicherem Monsunklima trägt dieser Subkontinent eine gewaltige Menschenmenge seit Jahrtausenden. Die Fruchtbarkeit des Schwemmlandes der Himalaja-Flüsse einerseits und die durch Verwitterung freigewordenen Nährstoffe der vulkanischen Decken im Hochland von Dekkan in Zentralindien liefern die Nährstoffgrundlage für die anhaltend hohe Besiedlungsdichte. Auch das eiszeitlich geprägte, durch »junge« Böden gekennzeichnete Europa und die Eisrandgebiete in Nordamerika, etwa um die Großen Seen, bilden solche Zentren der menschlichen Siedlungsdichte. So zeigt selbst das heutige Verbreitungsbild der Menschen die engen Verbindungen zum Boden und seinen Nährstoffen. Die Einführung der künstlichen Düngung war die größte »Revolution« seit der Erfindung des Ackerbaues. Es ist bezeichnend, daß wir für den Land-

---

Der dritte Exodus der Gattung Mensch: *Homo sapiens sapiens* erobert die Erde.
Vom ostafrikanischen Ursprungsgebiet wandern Menschengruppen, in Europa als »Cro-Magnons« nach den französischen Hauptfundorten bezeichnet, nach Süd- und Nordasien. Sie erreichen Australien, das sie jedoch auf dem Wasserweg besiedeln, und Amerika, wo sie über die Bering-Landbrücke durch den eisfreien Korridor auf dem gleichen Weg einwandern, auf dem einst – beim Höhepunkt der ersten großen Vereisung – die Pferde ausgewandert waren. Die Einwanderung nach Amerika fand vor 11 000 Jahren statt. In weniger als 2000 Jahren erreichten die Einwanderer die Südspitze Südamerikas und hatten damit den ganzen Doppelkontinent besiedelt.

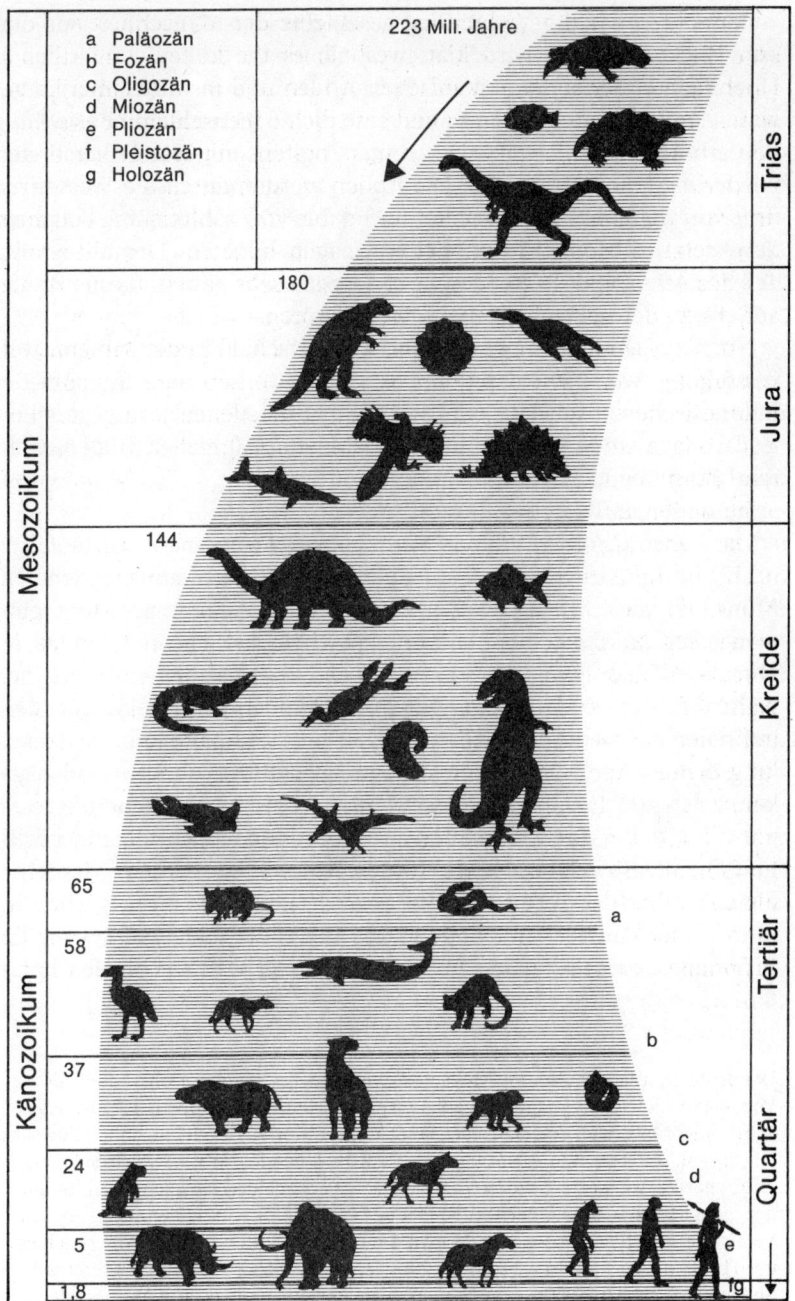

bau als Prozeß das gleiche Wort verwenden wie für die Schaffung dauerhafter Leistungen des Menschen, nämlich »Kultur«.

Die Kultur wurde zur neuen Triebkraft der Evolution des Menschen, daran kann kein Zweifel sein. Sie ging aus der Beherrschung der Produktionsverhältnisse hervor, und sie hängt so grundsätzlich mit der biologischen Ausstattung des Menschen zusammen, daß es nur hoffnungsloser Überheblichkeit entspringen kann, die Wurzeln verleugnen zu wollen und in der Kultur etwas gänzlich Eigenständiges und Neues zu erblicken. Die Rückbesinnung auf den Ursprung stellt daher keine Abwertung der kulturellen Leistungen des Menschen dar, sondern eine notwendige Klärung der Basis, auf der das Kulturgebäude aufbaut. Der Mensch ist nicht nur ein Kulturwesen, sondern auch ein Ergebnis der natürlichen Evolution. Sie war es, die mit einer Vielzahl von Rahmenbedingungen im Laufe der Jahrmillionen den werdenden Menschen zum Menschen gemacht hat.

Diesem Prozeß der Evolution liegt weder eine Verkettung von Zufällen und Zufälligkeiten zugrunde noch eine Vorbestimmung. Der alte Streit um die Abstammung des Menschen tobte an falsch gewählten Fronten. Je mehr wir Einblick gewinnen in die Abläufe unserer Stammesgeschichte, desto besser werden wir unsere Eigenarten und Probleme verstehen. Und um so deutlicher müßte uns bewußt werden, welch enge Bande uns mit der Natur verknüpfen, aus der wir stammen und deren Teil wir geblieben sind. Daß wir diesen unseren Ursprung heute besser denn je verstehen können, zwingt uns zu verantwortungsvollem Handeln nicht nur allen Menschen gegenüber, sondern auch gegenüber der Natur. Vielleicht sind wir deshalb so tief in die Umweltkrise hineingeraten, weil zu viele Menschen ihre Herkunft mißachteten und sich über der Natur stehend dünkten. Wir werden nicht besser, wenn wir unsere Herkunft verleugnen – und nicht schlechter, wenn wir sie kennen. Aber vielleicht verstehen wir uns selbst eher, wenn wir die Rahmenbedingungen berücksichtigen, unter denen wir Menschen entstanden sind.

Nachwort und Dank

Vor zwölf Jahren stand ich in der Olduvai-Schlucht in Tansania an jenen Stellen, die mehr als jeder andere Ort der Erde Zeugnisse der Stammesgeschichte des Menschen freigegeben haben. Damals drängte sich mir erstmals die Frage auf: Warum gerade dort?

In vielen Gesprächen mit Kollegen, die ich in den folgenden Jahren führen konnte, reifte die Vorstellung, daß die Bausteine unserer Kenntnis neu zusammengesetzt werden müßten. Inzwischen kam eine Fülle neuer Befunde hinzu. Sie paßten größtenteils überraschend gut in das Mosaik, aber es war schwer, aus der Vielzahl der Einzelergebnisse so auszuwählen, daß das sich abzeichnende Bild klarer und nicht verwirrender wurde.

Die hierzu nötigen Entscheidungen werden sicher nicht immer die Zustimmung der Fachkollegen und Spezialisten finden. Der Vorwurf der Vereinfachung ist berechtigt. Fehldeutungen und Irrtümer lassen sich gleichfalls nicht ausschließen; sie werden von den rasch fortschreitenden Kenntnissen überholt werden.

Die zusammengestellte Literatur zeigt, wie vehement die Forschung an der Entstehungsgeschichte des Menschen voranschreitet. Viele Veröffentlichungen stammen aus den letzten Jahren. Laufend kommen neue hinzu. Ein »abschließendes Ergebnis« ist deshalb nicht möglich. Das Buch kann nur einen Zwischenbericht geben, der Einsichten in den Prozeß der Menschwerdung vermittelt. Die hierbei versuchte Verknüpfung von Erdgeschichte, Evolutionsbiologie, Ökologie und Paläontologie gleicht einer Bühne, auf welcher die unendlich vielfältigen und langdauernden Veränderungen von Jahrmillionen gleichsam auf das Wesentliche zusammengedrängt in einzelnen Akten ablaufen. Sie mögen nicht mißverstanden werden.

Von den Vielen, die auf die »Evolution« dieses Buches eingewirkt haben, drängt es mich, einige Wenige hervorzuheben, weil sie nicht nur unerläßliche fachliche Hilfe geleistet haben, sondern auch dafür sorgten, daß die Wissenschaftlichkeit nicht allzu stark auf Kosten der Verständlichkeit durchdringen konnte.

Besonders danken möchte ich Ernst Josef Fittkau, Jürgen Haffer und meiner Frau Helgard Reichholf-Riehm für ihre gründliche kritische Durchsicht der Erstfassung. Joachim Soyka ermutigte mich, das Thema in allgemeinverständlicher Form aufzugreifen. Die langen Gespräche darüber waren eine wichtige Voraussetzung für das Zustandekommen des Buches. Großer Dank gebührt Ulrike Buergel-Goodwin für die Lektorenarbeit am Text.

Die Geduld meiner Familie war grenzenlos. Ich danke ihr dafür.

Februar 1990   Josef H. Reichholf

Literaturverzeichnis

Alexander, R. M./G. Goldspink (Eds.): Mechanics and Energetics of Animal Locomotion. Chapman and Hall, London 1977.
Altmann, S. A./J. Altmann: Baboon Ecology. African Field Research. Univ. Chicago Press, Chicago/London 1970.
Anderson, R. M./R. M. May: Population Biology of Infectious Diseases. Springer, Berlin 1982.
Arensburg, B. et al.: A Middle Palaeolithic human hyoid bone. Nature 338 (1989) 758–760.
Armstrong, E.: Brain size and metabolism in mammals. Science 220 (1983) 1302–1304.
Bagema, C. J. (Ed.): Natural Selection in Human Populations. The Measurement of Ongoing Genetic Evolution in Contemporary Societies. J. Wiley & Sons, New York/London 1971.
Bahn, P. G.: Hunting for farmers? Nature 340 (1989) 268.
Barron, E. J.: Explaining glacial periods. Nature 329 (1987) 764–765.
Beynon, A. D./M. C. Dean: Distinct dental development patterns in early fossil hominids. Nature 335 (1988) 509–514.
Binford, L.: Die Vorzeit war ganz anders. Harnack, München 1984.
Birx, H. J.: Human evolution. C. C. Thomas, Springfield/Ill. 1988.
Bischof, N.: Das Rätsel Ödipus. Piper, München 1985.
Box, H. O.: Primate Behaviour and Social Ecology. Chapman and Hall, London/New York 1984.
Brace, C. L./K. R. Rosenberg/K. D. Hunt: Gradual change in Human tooth size in the late pleistocene and post-pleistocene. Evolution 41 (1987) 705–720.
Brady, J.: The visual responsiveness of the tsetse fly Glossina morsitans Westw. (Glossinidae) to moving objects: the effects of hunger, sex, host odour and stimulus characteristics. Bulletin of Entomological Research 62 (1972) 257–279.
Bräuer, G.: Der sogenannte Mensch. Kösel, München 1981.
Bräuer, G.: Adam kam aus Afrika. Bild der Wissenschaft 11 (1987) 38–45.
Bräuer, G.: Ernährung und Milchertrag. Naturwissenschaftliche Rundschau 41 (1988) 499–500 (Bericht).
Bray, W.: The Palaeoindian debate. Nature 332 (1988) 107.
Broecker, W. S.: The Biggest Chill. Natural History 96/10 (1987) 74–81.
Bruemmer, F.: Life upon the Permafrost. Natural History 96/4 (1987) 31–38.
Buettner-Janusch, J. (Ed.): Evolutionary and Genetic Biology of Primates. Vol. I und II. Acad. Press, New York/London 1963.

Burnet, F. M.: Naturgeschichte der Infektionskrankheiten des Menschen. S. Fischer, Frankfurt 1971.
Burney, D. A./R. D. E. MacPhee: Mysterious Island. What killed Madagaskar's large native animals? Natural History 97/7 (1988) 47–54.
Caccone, A./J. R. Powell: DNA Divergence Among Hominoids. Evolution 43 (1989) 925–942.
Cadman, A./R. J. Rayner: Climatic change and the appearance of Australopithecus africanus in the Makapansgat sediments. Journal of Human Evolution 18 (1989) 107–113.
Calder III, W. A.: Size, Function, and Life History. Harvard Univ. Press, Cambridge/Mass. 1984.
Campbell, B.: Ökologie des Menschen. Harnack, München 1985.
Cann, R. L./M. Stoneking/A. C. Wilson: Mitochondrial DNA and human evolution. Nature 325 (1987) 31–36.
Caroll, R. L.: Vertebrate Palaeontology and Evolution. Freeman & Comp., New York 1988.
Catton, W. R.: The World's Most Polymorphic Species. BioScience 37 (1987) 413–419.
Cavalli-Sforza, L. et al.: Genetic and Linguistic evolution. Science 244 (1989) 1128–1129.
Charles-Dominique, P.: Ecology and Behaviour of Nocturnal Primates of Equatorial West Africa. Columbia Univ. Press, New York 1977.
Chernov, Y. and I.: The Living Tundra. Cambridge Univ. Press, Cambridge 1985.
Chivers, D. J./B. A. Wood/A. Bilsborough (Eds.): Food Acquisition and Processing in Primates. Plenum Press, New York 1984.
Ciochon, R. L./J. Fleagle: Primate Evolution and Human Origins. Aldine de Gruyter, New York 1987.
Clutton-Brock, T. H. (Ed.): Primate Ecology. Studies of Feeding and Ranging Behaviour in Lemurs, Monkeys and Apes. Acad. Press London/New York 1977.
COHMAP Members: Climatic Changes of the Last 18,000 Years: Observations and Model Simulations. Science 241 (1988) 1043–1052.
Colinvaux, P.: Why Big Fierce Animals are Rare. An Ecologist's Perspective. Princeton Univ. Press, Princeton/N.J. 1979.
Crosby, A. W.: Ecological Imperialism. The Biological Expansion of Europe, 900–1900. Univ. of Cambridge Press, Cambridge 1986.
Crowley, T. J. et al.: Role of Seasonality in the Evolution of Climate During the Last 100 Million Years. Science 231 (1986) 579–584.
Crowley, T. J./G. R. North: Abrupt Climatic Change and Extinction Events in Earth History. Science 240 (1988) 966–1002.
Daly, M./M. Wilson: Evolutionary Social Psychology and Family Homicide. Science 242 (1988) 519–524.
Delany, M. J./D. C. D. Happold: Ecology of African mammals. Longman, London 1979.
Delcourt, H. R. (Ed.): Interpreting the past for the present. Quaternary Science Reviews 6 (2). Pergamon Press, Oxford 1987.
Delson, E.: Evolution and palaeobiology of robust Australopithecus. Nature 327 (1987) 654–655.
Delson, E.: One source not many. Nature 332 (1988) 206.

Denbrow, J. R./E. N. Wilmsen: Advent and Course of Pastoralism in the Kalahari. Science 234 (1986) 1509–1515.
Diamond, J. M.: Who were the first Americans? Nature 329 (1987) 580–581.
Diamond, J. M.: Founding Fathers and Mothers. Natural History 97/6 (1988) 10–15.
Diamond, J. M.: Were Neanderthals the first humans to bury their dead? Nature 340 (1989) 344.
Diamond, J. M./J. I. Rotter: Observing the founder effect in human evolution. Nature 329 (1987) 105–106.
Dobzhansky, T.: Dynamik der menschlichen Evolution. Gene und Umwelt. S. Fischer, Frankfurt 1962.
Dunbar, R. I. M.: Primate Social Systems. Croom Helm, London 1988.
Eccles, J. C.: Das Gehirn des Menschen. Piper, München 1979.
Eckhard, R. B.: Hominoid nasal region polymorphism and its phylogenetic significance. Nature 328 (1987) 333–335.
Eibl-Eibesfeldt, I.: Die Biologie des menschlichen Verhaltens. Grundriß der Humanethnologie. Piper, München 1984.
Eisenberg, J. F.: The Mammalian Radiations. An Analysis of Trends in Evolution, Adaptation, and Behavior. Univ. of Chicago Press, Chicago 1981.
Eldredge, N./I. Tattersall: The Myths of Human Evolution. Columbia Univ. Press, New York 1982.
Else, J. G./P. C. Lee (Eds.): Primate evolution. Cambridge University Press, Cambridge 1986.
Englund, P. T./A. Sher: The Biology of Parasitism. Alan R. Liss Comp., New York 1989.
Fittkau, E. J./J. H. Reichholf: Environmental Stability and Human Evolution. Spixiana 5 (1982) 323–328.
Fisher, D. E.: The Birth of the Earth. A Wanderlied Through Space, Time, and the Human Imagination. Columbia Univ. Press, New York 1987.
Fisher, D. C.: Mastodon butchery by North American Paleo-Indians. Nature 308 (1984) 271–275.
Fladmark, K. R.: Getting One's Berings. Even at the height of the last glaciation, human groups could have migrated into North America from Siberia. Natural History 95/11 (1986) 8–19.
Fleagle, J. G. et al.: Age of the Earliest African Anthropoids. Science 234 (1986) 1247–1249.
Foley, R.: Another unique species. Pattern in human evolutionary ecology. Longman, Harlow 1987.
Fossey, D.: Gorillas im Nebel. Kindler, München 1989.
Franzen, J. L.: Versuch einer Rekonstruktion der Evolution des Menschen. Aufsätze und Reden der senckenbergischen naturforschenden Gesellschaft 24 (1973) 113–127.
Franzen, J. L.: Die Entstehung des Menschen I. Die ersten Menschen. Natur und Museum 116 (1986) 197–213.
Fredrick, J. F. (Ed.): Origins and Evolution of Eukaryotic Intracellular Organelles. New York Acad. Sciences, New York 1981.
Frost, P.: Human skin color: A possible relationship between its sexual dimorphism and its social perception. Perspectives in Biology and Medicine 32 (1988) 38–58.
Futuyma, D. J.: Evolutionsbiologie. Birkhäuser, Basel 1990.

Gamlin, L./G. Vines: The Evolution of Life. Collins, London 1986.
Gebo, D. L.: Locomotor and phylogenetic considerations in anthropoid evolution. Journal of Human Evolution 18 (1989) 201–233.
Geist, V.: Lifestrategies, Human Evolution and Environmental Design. Toward a Biological Theory of Health. Springer, Berlin 1978.
Geist, V.: On the evolution of Ice Age mammals and its significance to an understanding of speciations. Association of South-eastern Biologists 30 (1983) 109–133.
Geist, V.: On speciation in Ice Age mammals, with special reference to cervids and caprids. Canadian Journal of Zoology 65 (1987) 1067–1084.
Glaubrecht, M: Engpaß in der Evolutionsgeschichte des Menschen (Kurzbericht). Naturwissenschaftliche Rundschau 40 (1987) 407–408.
Goodall, J.: The Chimpanzees of Gombe. Patterns of Behavior. Belknap Press of Harvard Univ. Press. Cambridge, Mass./London 1986.
Gould, S. J.: What, if Anything, Is a Zebra? Natural History 90 (1981) 6–12.
Gould, S. J.: Der falsch vermessene Mensch. Birkhäuser, Basel 1983.
Gould, S. J.: The Flamingo's Smile. Reflections in Natural History. Norton & Comp., New York/London 1985.
Gould, S. J.: Wie das Zebra zu seinen Streifen kommt. Essays zur Naturgeschichte. Birkhäuser, Basel 1986.
Gould, S. J.: Der Daumen des Panda. Betrachtungen zur Naturgeschichte. Birkhäuser, Basel 1987.
Gould, S. J.: Bushes All the Way Down. We are all products of a recent African twig. Natural History 96/6 (1987) 12–19.
Gould, S. J.: A Novel Notion of Neanderthal. Natural History 97/6 (1988) 16–21.
Gowlett, J. A. J.: Auf Adams Spuren. Die Archäologie des frühen Menschen. Herder, Freiburg 1985.
Graham, N. E./W. B. White: The El Niño Cycle: A Natural Oscillator of the Pacific Ocean – Atmosphere System. Science 240 (1988) 1293–1302.
Grine, F. E./R. F. Kay: Early hominid diets from quantitative image analysis of dental microwear. Nature 333 (1988) 765–768.
Groube, L. et al.: A 40,000 year-old human occupation site at Huon Peninsula, Papua New Guinea. Nature 324 (1986) 453–455.
Groves, C. P.: A Theory of Human and Primate Evolution. Clarendon Press, Oxford 1989.
Hall, H. G./K. Muralidharan: Evidence from mitochondrial DNA that African honey bees spread as continuous maternal lineages. Nature 339 (1989) 211–215.
Hamblin, D. J.: Has the Garden Eden been located at last? Smithsonian 18 (1987) 127–135.
Harris, J. M./F. H. Brown/M. G. Leakey/A. C. Walker/R. E. Leakey: Pliocene and Pleistocene Hominid-Bearing Sites from West of Lake Turkana, Kenya. Science 239 (1988) 27–33.
Harvey, P. H./P. M. Bennett: Brain size, energetics, ecology and life history patterns. Nature 306 (1983) 314–315.
Harvey, P. H./R. M. May: Out of the sperm count. Nature 337 (1989) 508–509.
Hasegawa, M./H. Kishino/T. Yano: Estimation of branching dates among primates by molecular clocks of nuclear DNA which slowed down in Hominoidea. Journal of Human Evolution 18 (1989) 461–467.

Hassenstein B. et al.: Freiburger Vorlesungen zur Biologie des Menschen. Quelle & Meyer, Heidelberg 1979.

Hill, W. C. O.: Evolutionary Biology of the Primates. Acad. Press London/New York 1972.

Hobgood, J. S./R. S. Cerveny: Ice-age hurricanes and tropical storms. Nature 333 (1988) 243–245.

Hofman, M. A.: Energy metabolism, brain size and longevity in mammals. Quarterly Review of Biology 58 (1983) 495–512.

Hooton, E. A.: Up from the Ape. Macmillan Comp., New York 1946.

Howell, J. M.: Jungsteinzeitliche Agrarkulturen in Nordwesteuropa. Spektrum der Wissenschaft 1 (1988) 119–125.

Imbrie, J. and K. P.: Ice Ages – Solving the Mystery. Harvard University Press, Cambridge/Mass. 1979, ^{2}1986.

Isack, H. A./H.-U. Reyer: Honeyguides and Honey Gatherers: Interspecific Communication in a Symbiontic Relationship. Science 243 (1989) 1343–1346.

Johanson, D. R./M. Edey: Lucy. Die Anfänge der Menschheit. Piper, München 1982.

Jones, R.: Pleistocene life in the dead heart of Australia. Nature 328 (1987) 666.

Jones, J. S.: A tale of three cities. Nature 339 (1989) 176–177.

Katili, J. A.: Review of past and present geotectonic concepts of Eastern Indonesia. Netherlands Journal of Sea Research 24 (1989) 103–129.

Keffer, T./D. G. Martinson/B. H. Corliss: The Position of the Gulf Stream During Quaternary Glaciations. Science 241 (1988) 440–442.

Kerr, R. A.: Linking Earth, Ocean and Air at the AGU. Science 239 (1988) 259–260.

Kerr, R. A.: Did the Roof of the World Start an Ice Age? Science 244 (1989) 1441–1442.

King, F. A. et al.: Primates. Science 240 (1988) 1475–1482.

Kremer, B. P.: Lebensspuren des ersten Europäers. Spektrum der Wissenschaft 11 (1989) 42–43.

Kuhle, M.: Die Vergletscherung Tibets und die Entstehung von Eiszeiten. Spektrum der Wissenschaft 9 (1986) 42–54.

Kurtén, B.: How To Deep-Freeze a Mammoth. Columbia University Press, New York 1986.

Lambrecht, F. L.: Trypanosomes and Hominid Evolution. BioScience 35 (1985) 640–646.

Lawick-Goodall, J. van: My Friends The Wild Chimpanzees. Nat. Gegr. Soc., Washington, D.C. 1967.

Lawick, H. van/J. van Lawick-Goodall: Unschuldige Mörder. Bei den Raubrudeln in der Serengeti. Rowohlt, Reinbek 1972.

Leakey, R./R. Lewin: Wie der Mensch zum Menschen wurde. Neue Erkenntnisse über den Ursprung und die Zukunft des Menschen. Heyne, München 1977.

Legge, A. J./P. A. Rowley-Conwy: Gazellenjagd im steinzeitlichen Syrien. Spektrum der Wissenschaft 10 (1987) 66–74.

Lenski, R. E.: Evolution of plague virulence. Nature 334 (1988) 473–474.

Lewin, R.: How did humans evolve big brains? Science 216 (1982) 840–841.

Lewin, R.: What killed the Giant Mammals? Science 221 (1983) 1036–1037.

Lewin, R.: Human Evolution. An Illustrated Introduction. W. H. Freeman and Comp., New York 1984.

Lewin, R.: Myths and Methods in Ice Age art. Science 234 (1986) 936–938.

Lewin, R.: The Origin of the Modern Human Mind. Science 236 (1987) 668–670.
Lewin, R.: The Earliest »Humans« Were More Like Apes. Science 236 (1987) 1061–1063.
Lewin, R.: Africa: Cradle of Modern Humans. Science 237 (1987) 1292–1295.
Lewin, R.: The Unmasking of Mitochondrial Eve. Science 238 (1987) 24–26.
Lewin, R.: Domino Effect Invoked in Ice Age Extinctions. Science 238 (1987) 1509–1510.
Lewin, R.: A New Tool Maker in the Hominid Record? Science 240 (1988) 724–725.
Lewin, R.: A Revolution of Ideas in Agricultural Origins. Science 240 (1988) 984–986.
Lewin, R.: New Views Emerge on Hunters and Gatherers. Science 240 (1988) 1146–1148.
Lewin, R.: Hip Joints: Clues to Bipedalism. Science 241 (1988) 1433.
Lewontin, R.: Menschen. Genetische, kulturelle und soziale Gemeinsamkeiten. Spektrum der Wissenschaft, Heidelberg 1986.
Lovejoy, C. O.: The Origins of Man. Science 211 (1981) 341–350.
Lovejoy, C. O.: Die Evolution des aufrechten Gangs. Spektrum der Wissenschaft 1 (1989) 92–100.
Lüning, J./P. Stehli: Die Bandkeramik in Mitteleuropa: von der Natur- zur Kulturlandschaft. Spektrum der Wissenschaft 4 (1989) 78–88.
Marean, C. W.: Sabertooth cats and their relevance for early hominid diet and evolution. Journal of Human Evolution 18 (1989) 559–582.
Martin, B./P. H. Harvey: Human bodies of evidence. Nature 330 (1987) 697–698.
Martin, P. S./R. G. Klein (Eds.): Quarternary Extinctions. A Prehistoric Revolution. Univ. Arizona Press, Tucson/Arizona 1984.
Martin, R. D.: Primate Origins and Evolution. A phylogenetic reconstruction. Chapman and Hall, London 1990.
Matthew, H./D. V. Nitecki (Eds.): The Evolution of Human Hunting. Plenum Press, New York 1987.
McNab, B. K./J. F. Eisenberg: Brain size and its relation to the rate of metabolism in mammals. American Naturalist 133 (1989) 157–167.
McNaughton, S. J./L. L. Wolf: General Ecology. Holt, Rinehart and Winston, Inc., New York/Toronto/London/Sydney 1973.
Meier, H. (Hrsg.): Die Herausforderung der Evolutionsbiologie. Piper, München 1989.
Miyamoto, M. M./J. L. Slightom/M. Goodman: Phylogenetic Relations of Humans and African Apes from DNA Sequences in the $\psi\mu$-Globin Region. Science 238 (1987) 369–373.
Montgomery, G. G. (Ed.): The Ecology of Arboreal Folivores. Smithsonian Inst. Press, Washington, D.C. 1978.
Morris, D.: Der nackte Affe. Droemer Knaur, München 1970.
Moynihan, M.: The New World Primates. Adaptive Radiation and the Evolution of Social Behavior, Languages and Intelligence. Princeton Univ. Press, Princeton, N.J. 1976.
Napier, J. R. and P. H.: The natural history of the primates. British Museum (Natural History), London 1985.
Neuville, H.: On the extinction of the Mammoth. Smithsonian Report for 1919 (1921) 327–338.

Niemitz, C.: Stammesgeschichte der Primaten und des Menschen. In: Evolution, hrsg. von W. Laskowski: S. 121–133. Duncker & Humblot, Berlin 1986.
Olsen, S. L./D. T. Rasmussen: Paleoenvironment of the Earliest Hominoids: New Evidence from the Oligocene Avifauna of Egypt. Science 233 (1986) 1202–1204.
Olsen, S. L.: Solutré: A theoretical approach to the reconstruction of Upper Palaeolithic hunting strategies. Journal of Human Evolution 18 (1989) 295–327.
Overpeck, J. T. et al.: Climate change in the circum-North Atlantic region during the last deglaciation. Nature 338 (1989) 553–557.
Owen-Smith, R. N.: Megaherbivores: The Influence of Very Large Body Size on Ecology. Cambridge Univ. Press, Cambridge 1988.
Oxnard, C. E.: Fossils, Teeth and Sex: Perspectives on Human Evolution. Univ. of Washington Press 1987.
Peel, D. A.: Ice-age clues for warmer world. Nature 339 (1989) 508–509.
Peters, R. H.: The Ecological Implications of Body Size. Cambridge Univ. Press, Cambridge 1983.
Petri, W.: Haarlosigkeit – wesentliches Merkmal des Homo sapiens. (Bericht). Naturwissenschaftliche Rundschau 40 (1987) 64–65.
Pfeiffer, J. E.: Cro-Magnon hunters were really us, working out strategies for survival. Smithsonian 17 (1986) 75–82.
Pianka, E. R.: Evolutionary Ecology. Harper & Row, New York/London 1974.
Pielou, E. C.: Biogeography. Wiley-Interscience, New York 1979.
Potts, R.: Early Hominid Activities at Olduvai. Aldine de Gruyter, New York 1988.
Prenschoft, H./D. J. Chires/W. Y. Brockelman/N. Creel (Eds.): The Lesser Apes. Evolutionary and Behavioural Biology. Edinburgh University Press, Edinburgh 1984.
Probst, E.: Deutschland in der Urzeit. Von der Entstehung des Lebens bis zum Ende der Eiszeit. C. Bertelsmann, München 1986.
Purves, D.: Body and Brain. A Trophic Theory of Neural Connections. Harvard Univ. Press, Cambridge/Mass. 1988.
Putman, R. J.: Grazing in Temperate Ecosystems. Large Herbivores and the Ecology of the New Forest. Croom Helm, London 1986.
Queisser, H. R.: Nachrichten aus der Eiszeit. Rasch und Röhring, Hamburg 1988.
Reader, J.: Die Jagd nach den ersten Menschen. Birkhäuser, Basel 1981.
Reader, J.: Man on Earth. Collins, London 1988.
Reader, J./J. Gurche: Aufstieg des Lebens. Die ersten 3,5 Milliarden Jahre. Interbook, Hamburg 1987.
Reichholf, J.: Funktion und Evolution des Streifenmusters bei den Zebras. Säugetierkundliche Mitteilungen 32 (1985) 89–95.
Reichholf, J.: Die Säugetiere: Entstehungsgeschichte. Grzimeks Enzyklopädie Säugetiere. Band 1 (1988) S. 6–33. Kindler, München.
Reichholf, J.: Der Tropische Regenwald. dtv, München 1990.
Remmert, H.: Arctic Animal Ecology. Springer, Berlin/Heidelberg/New York 1980.
Remmert, H.: The Evolution of Man and the Extinction of Animals. Naturwissenschaften 69 (1982) 524–527.
Rensch, B.: Homo Sapiens. Vom Tier zum Halbgott. Vandenhoeck & Rupprecht, Göttingen 1965.
Rensch, B./J. L. Franzen: Theoretische Aspekte der Menschwerdung. Waldemar Kramer, Frankfurt 1974.

Reynolds, V.: The Apes. The Gorilla, Chimpanzee, Orangutan and Gibbon. Their History and Their World. Harper & Row, New York/London 1967.
Richard, A. F.: Primates in Nature. W. H. Freeman and Company, New York 1985.
Rodman, P. S./J. G. H. Cant (Eds.): Adaptions for Foraging in Nonhuman Primates. Contributions to an Organismal Biology of Prosimians, Monkeys and Apes. Columbia Univ. Press, New York 1984.
Rotter, J. I./J. M. Diamond: What maintains the frequencies of human genetic diseases? Nature 329 (1987) 289–299.
Rubenstein, D./R. W. Wrangham (Eds.): Ecological Aspects of Social Evolution. Princeton Univ. Press, Princeton, N.J. 1986.
Saitou, N./K. Omoto: Time and place of human origins from mt DNA data. Nature 327 (1987) 288.
Saunders, J. J.: Britain's newest mammoths. Nature 330 (1987) 419.
Schaller, G. B.: Unter Löwen in der Serengeti. Herder, Freiburg 1973.
Schmid, P.: Muß die menschliche Stammesgeschichte umgeschrieben werden? Naturwissenschaftliche Rundschau 40 (1987) 53–55.
Schneider, J. E./G. N. Wade: Availability of Metabolic Fuels Controls Estrous Cyclicity of Syrian Hamsters. Science 244 (1989) 1326–1328.
Schwartz, J. H.: The Red Ape. Orang-utans and Human Origins. Houghton Mifflin Comp., Boston 1987.
Schwartz, J. H. (Ed.): Orang-utan Biology. Oxford Univ. Press, Oxford/New York 1988.
Shipman, P.: What does it take to be a meat eater? Discover 9 (1989) 39–44.
Simmons, A. H.: Extinct pygmy hippopotamus and early man in Cyprus. Nature 333 (1988) 554–557.
Simon, K. H.: Wie kamen Neandertaler-Babies zur Welt? Naturwissenschaftliche Rundschau 40 (1987) 309–310.
Simpson, G. G.: Splendid Isolation. The Curious History of South American Mammals. Yale Univ. Press, New Haven/London 1980.
Sinclair, A. R. E./M. Norton-Griffiths (Eds.): Serengeti. Dynamics of an Ecosystem. Univ. Chicago Press, Chicago/London 1979.
Sinclair, A. R. E./M. D. Leakey/M. Norton-Griffiths: Migration and hominid bipedalism. Nature 324 (1986) 307–308.
Siewing, R. (Hrsg.): Evolution. Bedingungen – Resultate – Konsequenzen. Fischer UTB, Stuttgart/New York 1987.
Smuts, B. B./D. L. Cheney/R. M. Seyfarth/R. W. Wrangham/T. T. Struhsaker (Eds.): Primates Societies. Univ. Chicago Press, Chicago/London 1986.
Southwood, T. R. E.: Species-time relationship in human parasites. Evolutionary Ecology 1 (1987) 245–246.
Speth, J. D.: Early hominid hunting and scavenging: the role of meat as an energy source. Journal of Human Evolution 18 (1989) 329–343.
Spuhler, J. N.: Raymond Pearl Memorial Lecture, 1988: Evolution of Mitochondrial DNA in Human and Other Organisms. American Journal of Human Biology 1 (1989) 509–528.
Stanley, S. M.: Earth and Life Through Time. W. H. Freeman and Company, New York 1986.
Steele, J.: Hominid evolution and primate social cognition. Journal of Human Evolution 18 (1989) 421–432.

Straus, L. G.: Age of the modern Europeans. Nature 342 (1989) 476–477.
Stringer, C. B./P. Andrews: Genetic and Fossil Evidence for the Origin of Modern Humans. Science 239 (1988) 1263–1268.
Stringer, C.: The dates of Eden. Nature 331 (1988) 565–566.
Strum, S.: Almost Human. A Journey into the World of Baboons. Elm Tree Books, London 1987.
Susman, R. L. (Ed.): The Pigmy Chimpanzee. Evolutionary Biology and Behavior. Plenum Press, New York/London 1984.
Susman, R. L.: Hand of Paranthropus robustus from Member 1, Swartkrans: Fossil Evidence for Tool Behavior. Science 240 (1988) 781–784.
Sutcliffe, A. J.: On the track of Ice Age mammals. British Museum (Natural History), London 1985.
Taylor, R. J.: Predation. Chapman and Hall, New York 1984.
Terborgh, J.: Five New World Primates. A Study in Comparative Ecology. Princeton Univ. Press, Princeton, N.J. 1983.
Toth, N.: Die ersten Steinwerkzeuge. Spektrum der Wissenschaft 6 (1987) 124–134.
Trevathan, W. R.: Human Birth: An Evolutionary Perspective. Aldine de Gruyter, New York 1987.
Trivers, R.: Social Evolution. The Benjamin/Cummins Comp., Menlo Park, C.A. 1985.
Turner, A./A. Chamberlain: Speciation, morphological change and the status of African Homo erectus. Journal of Human Evolution 18 (1989) 115–130.
Turner II, C. G.: Zähne als Zeugnisse für die Besiedlung des pazifischen Raums. Spektrum der Wissenschaft 4 (1989) 120–126.
Tuttle, R. H.: Apes of the World. Their Social Behavior, Communication, Mentality and Ecology. Noyes Publications, Park Ridge, N.J. 1986.
Valladas, H. et al.: Thermoluminescence dates for the Neanderthal burial site at Kebara in Israel. Nature 330 (1987) 159–160.
Valladas, H. et al.: Thermoluminescence dating of Mousterian ›Proto-Cro-Magnon‹ remains from Israel an the origin of modern man. Nature 331 (1988) 614–616.
Waage, J.: The evolution of insect/vertebrate associations. Biological Journal of the Linnean Society of London 12 (1979) 187–224.
Waage, J.: Curse of the vampire: The evolution of blood-sucking insects. Antenna 4 (1980) 112–116.
Wainscoat, J.: Out of the garden of Eden. Nature 325 (1987) 13.
Walker, A./M. Teaford: Die Suche nach Proconsul. Spektrum der Wissenschaft 3 (1989) 102–113.
Walsh, J.: Rift Valley Fever Rears Its Head. Science 240 (1988) 1397–1399.
Wang, L. W. (Ed.): Animal Adaptation to Cold. Comparative & Environmental Physiology, 4. Springer, Berlin 1989.
Weischet, W.: Die ökologische Benachteiligung der Tropen. B. G. Teubner, Stuttgart 1977.
Whythe, R. D. (Ed.): The evolution of the Asian environment, vol. 2. University of Hong Kong Press, Hong Kong 1984.
Wieser, W.: Bioenergetik. Energietransformationen bei Organismen. Georg Thieme, Stuttgart 1986.
Wilson, E. O.: Sociobiology: The new synthesis. Belknap Press of Harvard Univ. Press, Cambridge, Mass. 1975.

Wilson, E. O.: On Human Nature. Harvard Univ. Press. Cambridge, Mass./London 1978.
Wilson, E. O.: Biophilia. The Human Bond with other Species. Harvard Univ. Press, Cambridge, Mass./London 1984.
Wood, B./L. Martin/P. Andrews (Eds.): Major topics in primate and human evolution. Cambridge Univ. Press, Cambridge 1986.
Zvelebil, M.: Nacheiszeitliche Wildbeuter in den Wäldern Europas. Spektrum der Wissenschaft 7 (1986) 118–125.

Ergänzung zur 3. Auflage

Arensburg, B., et al.: A Reappraisal of the Anatomical Basis for Speech in Middle Palaeolithic Hominids. American Journal of Physical Anthropology 83 (1990) 137–146.
Cavalli-Sforza, L. L., et al.: Reconstruction of human evolution: Bringing together genetic, archaeological, and linguistic data. Proceedings of the National Academy of Science, USA, 85 (1988) 6002–6006.
Dunchin, L. E.: The evolution of articulate speech: comparative anatomy of the oral cavity in Pan and Homo. Journal of Human Evolution 19 (1990) 687–697.
Smith, D. R./O. R. Taylor/W. M. Brown: Neotropical Africanized honey bees have African mitochondrial DNA. Nature 339 (1989) 213–215.

Register

Kursiv gesetzte Seitenzahlen verweisen auf Abbildungen

Aasjägerei 120
Abstand, genetischer 53
Ackerbau 254
Adenosin-Triphosphat (ATP) 117
Äquatorialströme 82
Afrikanisches Grabenbruchsystem 75
Altruismus, reziproker 156f.
Altweltaffen 51
Atavismen 97, 168
Australopithecus 25f., 29, 32, 37–39, *41*, 42, 52, 56, 62, 87, *88*, 115f., 118f., 124, 131, 141, 183
Australopithecus afarensis 35
Australopithecus africanus 27, 29, 33
Australopithecus robustus 27

Bartgeier 139
Becken *40*, 157, 208
Becken, Bau des 115
Bergzebra 101
Beringia 93, 234
Beringstraße 93f., 96, 233f., *262*
Beuteltier 77
Biber 36
Bildung, exzessive 198
Braten von Fleisch 180
Brot 226–228, 234

Calciferol 203
Camargue-Pferd 104
Caribou 199, 216
Catarrhina 51
Chinook 93
Chlorophyll 117

Code, genetischer 220
Co-Evolution 61, 109, 237
Coriolis-Kraft 82
Cro-Magnon-Mensch 203, 231, 233, 252, *262*

Darwin, Charles 202
Dauerfrostboden 91, 188, 210, 213
Dauerlauf 143
Delphin 118
Desoxyribonukleinsäure, mitochondriale siehe DNS, mt
Dinosaurier 46f.
DNS, mt 15, *16*
Domestikation 254

Einhufer 61
Eiskeller 210
Eisrandgebiet 186
Eiszeit *31*, 171, 184, 211, 213, 253
Eiszeitklima 190
Eiweiß 117
Equus 95
Evolution 33

Feinddruck 98
fermentieren 60
Fett 199, 206, 234
Fettvorräte 197, 206
Feuer 171, 186, 209, 226
Feuerstein 135
Flaschenhals 18
Fledermaus 49
Flußoase 254
Föhn 94

277

Fötus 152, 158, 160
Fortbewegung 38f.
Fossey, Dian 54f.
Frühgeburt 158
Fuß 127

Gärung 227
Gang, aufrechter 34, 115, 125, 131
Garten Eden 250, 253
Geburt 150
Geburtsschmerz 159f.
Gehirn 34, 56, 115, 121, 128, 148, 151, 159, 165, 225
Gehirnentwicklung 116, 130
Gehirngröße 88, *88*, 123, 157f., 160, 173
Gehirnvolumen *89*, 140
Gehör 49
Geier 120f., 132, 134, 144, 172, 176
Genesis 239, 242
Gepard 42, 144
Geschlechtsdimorphismus 153
Gibbon 130
Gicht 152
Glossina 105
Golfstrom 80, *83*, 91, 185, 213
Gondwanaland 70
Goodall, Jane 54f.
Gorilla 25, 28, 34, 37, 39, 52, *53*, 54, 158, 236, 260f.
Grabenbruch siehe Afrikanisches Grabenbruchsystem 84
Gräser 57
Grammatik 225
Greiforgan 39
Grevy-Zebra 99, 101f., *101*, 111
Großraubtier 62
Großtierfauna 80
Großtierkadaver 119, 141, 172, 255
Großtierleben, eiszeitliches 196
Grundumsatz 191
Grzimek, Bernhard 105
Guereza 130

Haarkleid 45, 115
Hand 127, 137
Hangeln 39

Hebamme 159
Heterozygote 113
Hetzjagd 142
Hirtenvölker 172
Holozän 221
Homo erectus 8, 12, *25*, 29, 34, 86–88, 115, 123, 165, 170, 173, 176, 180, 183, 200, 224f., 230, 258
Homo habilis 87, 115, 119, 123, 133–138, 141f., 151, 165, 170, 176, 183
Homo sapiens 86, *88*, 138, 148, 200
Homo sapiens neanderthaliensis siehe Neandertaler
Homo sapiens sapiens 8, 29, 163, 224, 229f., 262
homozygot 113
Honig 228, 234, 250, 254
Honiganzeiger 228
Honigbiene 250
Hyäne 87, 98, 105, 120, 132f., 135–137, 151, 174, 176
Hydrokultur, natürliche 194

Immunisierung 176
Immunität 106, 251
Informationsfluß 220
Insektenplage 204
Interglazial 221

Jäger 220, 224, 234, 240, 247
Jagd 123, 131, 154, 203, 210, 252
Java-Mensch 23f., 224, 258

Kadaver 121, 175
Kältesteppe 91, 186
Kaltzeit 91
Kalzium 198
Kehlkopf 115, 162f., *164*, 225
Kernfamilie 153
Kjökkenmöddinger 235
Klammerreflex 174
Kleidung 181
Kleinhirn *88*
Klima, eiszeitliches 189
Knochen 139
Knochenmark 118, 135, 139

Knöchel-Gehen 34
Kommunikation 168, 259
Konkurrenz 32, 120, 137, 151, 231
Kontinentaldrift 71, 74
Konvergenz 78
Konzentratselektierer 37
Korridor, eisfreier 93
Krankheit 242, 256
Kühlung 144f., 204, 211
Kultur 264
Kurzstreckensprint 143

Läufertyp 42
Laterit 79
Laufbein 61
Laufen 143
Laufjunge 173
Laufvermögen 137
Laurasia 70
Löß 195
Löwe 98, 105, 120f., 132f., 135–137, 144, 151, 153f., 174
Lucy 35

Malaria 112, 243f., 255
Mammut 214f., 217, 233, 235
Marathonlauf 142
Megafauna 86, 196, 211, 216, 222, 235–237
Melanin 111, 148
Menschenaffe 153
Menschenbaby 158
Menschenlinie 87
Milch 250f., 254
Milz 67
Mineralstoffversorgung 198
Mitochondrien 14, 16f., 202, 220, 250
Mitochondrien-DNS *18*
Mittelmeer 81
Monster, hoffnungsvolle 28
Monsun 82, 90
Moschusochse 216, 218
Muschelhaufen 235
Mutterlinie 17, 20
Muttermilch 152

Nacktheit 142, 239–242, 246–248
Nacktmull *(Heterocephalus glaber)* 45
Nässe 181
Nagana-Seuche 103, 106, 110, 251
Nahrungskette 255
Neandertaler 9, 20, 23, *25*, 29, *88*, 89, 115, 118, 157, 160, 163, *164*, 200f., *205*, 206, *207*, *215*, 217f., 221f., *225*, 230, 247, 252, 258
Neocortex 87, 157
Neotenie 158
Neuweltaffe 51
Nomaden 173, 226
Nutzpflanze 255

Obsidian 135
Östrus 155
Olduvai 24, 35, 113
Orang-Utan 24, 37, 52, 53, *129*, 236
Osmose 146
Overkill 236

Paarhufer 61
Pangaea 70
Pansenciliaten 64
Pansenmikroben 95
Paradies 169, 229, 237, 239, 242, 244, 248, 252f.
Passat 81, *83*, 185
Pavian 124, 126, 174
Peking-Mensch 23, 224, 258
Permafrost 188, 194, 210, 216
Pferd 60, 67, 90, *93*, 94, 109, 184, 186, 235, 242, *262*
Phosphor 117, 139
Photosynthese 117
Pigmentierung 226
Plattentektonik 71, *72*
Platyrrhina 51
Pleistozän 27, 29, 84, 91, 222, 231
Pluvial 185, 230, 245
Pollenanalyse 213
Postglazial 221
Primat 44
Primatenlinie 29
Pygmäen 249

Quagga 99, 101f., *101*, 111
Rabenvögel 166
Rachitis 118, 203
Raubaffe 131
Refugien 91
Reh 36
Rentier 199, 216
Retardation des Somatischen 159
Riesenhirsch 197
Riesenwuchs 197
Rind 67, 254
Rollenteilung 151

Säbelzahnkatze 62
Säuger, plazentale 77
Salzverlust 146
Sambaquis 235
Sargasso-See 82
Sauerteig 227
Sauerteig-Bakterien 60
Savanne 43
Schabrackenschakal 122
Schimpanse 25, 28, 34, 37, 39, *40f.*,
  42, 52, *53*, 54, 118, 124, 158, 163,
  236, 260
Schlafkrankheit 103, 106, 110, 112f.,
  244, 247, 255
Schmutzgeier 138
Schrift 169
Schweiß, schwitzen 42, 240
Schweißdrüse 145f., 173, 226
Selektionsdruck 105, 111, 143
Seuchenzüge 255
Sichelzellen-Anämie 112, 243
Singvögel 166
Somali-Wildesel 101f., 111
Sonnenschutz 111
Sprache 162, 219, 221, 225
Stammbaum 44
Steppenzebra 101f., 111
Stoffwechsel 256
Syrinx 166

Taiga 214
Talgdrüse 149, 226

Tethys 70, 72
Tibet 90
Tier-Mensch-Übergangsfeld 25, 131
Trypanosomen 103f., 106, 109–111,
  113f., 244
Tsetse-Fliege 103–106, 112–114, 123
  244f., 247, 251
Tsetse-Gürtel *93*, *101*
Tüpfelhyäne 121
Tundra 186, 192, 194, 213f., 218, 235

Überhitzung 173
Uhr, molekulare 16
Ultraschall 49
Umweltkapazität 175
Unterhaut-Fettgewebe 149
Ursprache 221
UV-Strahlung 111, 148

Vegetarier 153
Vegetationspunkt 59
Vitamin D 203

Waage, Jeffry 103f.
Wärme, überschüssige 143
Wärmeabgabe 144
Wärmestrahlung 148
Waffe 136, 140
Wainscoat, Jim 18
Wandern 255
Wasser 173
Weidegänger 68
Wein 228
Werkzeug 119
Werkzeuggebrauch 135, 138f.
Wiederkäuer 64, 109, 114
Wildesel 95, *101*
Wildhund 120f.
Wildpferd, asiatisches 97, 102
Wilson, Allan 13f., 18
Wollhaarnashorn 217

Zebra 95f., 101, 111, 172
Zebrastreifung 97, 111, 245
Zungenbein *164*
Zweistromland 253